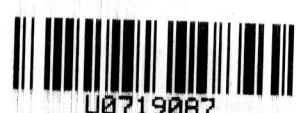

现代物理基础丛书　65

物理学中的群论

（第三版）

——有限群篇

马中骐　著

科学出版社

北　京

内 容 简 介

《物理学中的群论》第三版分两篇出版，本书是有限群篇，但也包含李代数的基本知识. 本书从物理问题中提炼出群的概念和群的线性表示理论、通过有限群群代数的不可约基介绍杨算符和置换群的表示理论、引入标量场，矢量场，张量场和旋量场的概念及其函数变换算符、以转动群为基础解释李群和李代数的基本知识和半单李代数的分类、由晶体的平移不变性出发讲解晶体对称性和晶体的分类. 书中附有习题，与本书配套的《群论习题精解》涵盖了习题解答.

本书适合作为凝聚态物理，固体物理和光学等专业研究生的群论课教材或参考书，也可供青年理论物理学家自学群论参考.

图书在版编目(CIP)数据

物理学中的群论：有限群篇/马中骐著. —3 版. —北京：科学出版社，2015

(现代物理基础丛书；65)

ISBN 978-7-03-043973-4

Ⅰ. ①物… Ⅱ. ①马… Ⅲ. ①群论-应用-物理学 Ⅳ. ①O411.1

中国版本图书馆 CIP 数据核字 (2015) 第 057750 号

责任编辑：刘凤娟／责任校对：张凤琴
责任印制：赵 博／封面设计：耕者设计工作室

科学出版社 出版
北京东黄城根北街 16 号
邮政编码：100717
http://www.sciencep.com

北京华宇信诺印刷有限公司印刷
科学出版社发行　各地新华书店经销

*

2006 年 12 月第 二 版　开本：720×1000 1/16
2015 年 4 月第 三 版　印张：14 1/4
2024 年 5 月第十九次印刷　字数：267 000

定价：68.00 元

(如有印装质量问题，我社负责调换)

第三版前言

对称性研究在物理学各个领域都起着越来越重要的作用. 群论是研究系统对称性质的有效工具, 因此群论方法已成为物理工作者必备的基础知识. 群论课程是许多物理专业或理论化学专业研究生的必修课或选修课.

作为“中国科学院研究生教学丛书”之一,《物理学中的群论》由北京科学出版社于 1998 年出版. 经过几年的教学实践和改进, 又于 2006 年在科学出版社出版了第二版, 已有 11 次印刷. 该教材是按照 120 学时的教学计划来写作的. 随着近年教学改革的进展, 各院校教学计划都有相当大的变化. 群论课程的教学时间一般都有较大的压缩. 据作者了解, 目前各院校的群论课程一般在 60 学时左右, 原来教材很难适应形势的变化. 很多朋友建议重写一本精读教材, 以适应新形势的需要.

针对缩短了的教学时间, 教学安排应该更有针对性. 在内容的选择上, 应该根据读者的不同专业有所取舍. 粒子物理、核物理和原子物理等专业的研究生, 需要知道各种单纯李代数不可约表示及其波函数的具体计算方法, 但对晶格对称性的细节就需要较少. 凝聚态物理、固体物理和光学等专业的研究生, 则对有限群和晶格对称理论就更重视一些, 对李代数理论虽需要有一般性的了解, 但可能不太关注具体的计算细节. 在一些朋友和研究生的建议下, 作者决定把《物理学中的群论》第三版分两篇出版, 分别适用于不同专业的教学需要. 本书是《有限群篇》, 书中偏重有限群的内容, 但也包含李代数的基本知识, 篇幅大致相当于《物理学中的群论》第二版正文的一半. 书中有些内容是供读者自学参考的, 如 58 页费罗贝尼乌斯定理的证明, 1.5.2 和 3.2.4 小节关于正二十面体对称群的讨论, 5.5 节空间群的不可约表示等. 如果每学时按 45 分钟计算, 预计 60 学时的教学时间可以完成课程教学. 建议使用本书作为教材的教师, 根据学生的具体情况, 还可再做适当增删. 有些内容, 如 3.3 节置换群不可约表示的内积和外积、4.7.5 小节球旋函数、4.6.2 小节的后半部分关于典型李群的具体讨论等内容, 可安排学生自学参考, 不一定都在课堂上讲授. 即将出版的《李代数篇》, 把有限群内容进一步删减, 加入单纯李代数不可约表示的计算方法、SU(N) 群不可约张量基、SO(N) 群旋量表示和洛伦茨群的简单介绍等内容, 以适合粒子物理等专业研究生的群论教学需要.

既然是重新撰写群论教材, 本书尽量融入近十年作者在教学和科研上的新成果和新体会. 本书坚持原有的特点, 从物理中提出问题, 抽象成数学概念, 提炼出具体计算方法, 培养学生独立解决物理学中数学问题的能力. 作者希望本书能更适合当前群论教学的需要.

在立意写作本书和具体写作过程中, 作者得到阮东教授、刘玉鑫教授、李康教授、傅宏忱教授、苏刚教授、龚新高教授、王剑华教授、仝殿民教授、王美山教授、阎凤利教授、高亭教授等的鼓励和支持，得到夫人李现女士的全力支持和协助, 一并在此表示感谢. 作者感谢中国科学院大学把本书纳入中国科学院大学研究生教材系列, 资助本书由科学出版社出版.

马中骐

2014 年于北京

目　　录

第1章　群的基本概念

群论是研究系统对称性质的有力工具. 本章首先从系统对称性质的研究中概括出群的基本概念, 通过一些简单的和物理中常见的群的例子, 使读者对群有较具体的认识; 然后, 引入群的各种子集的概念、群的同构与同态的概念和群的直接乘积的概念. 对有限群来说, 群的全部性质都体现在群的乘法表中. 我们将介绍填写群乘法表的方法和如何由群的乘法表来分析有限群性质.

1.1　对　　称

对称是一个人们十分熟悉的用语. 世界处在既对称又不严格对称的矛盾统一之中. 房屋布局的对称给人一种舒服的感觉, 但过分的严格对称又会给人死板的感觉. 科学理论的和谐美, 其中很大程度上表现为对称的美. 在现代科学研究中, 对称性的研究起着越来越重要的作用.

我们常说, 斜三角形很不对称, 等腰三角形比较对称, 正三角形对称多了, 圆比它们都更对称. 但是, 对称性的高低究竟是如何描写的呢?

对称的概念是和变换密切联系在一起的, **所谓系统的对称性就是指它对某种变换保持不变的性质**. 保持系统不变的变换越多, 系统的对称性就越高. 只有恒等变换, 也就是不变的变换, 才保持斜三角形不变. 等腰三角形对底边的垂直平分面反射保持不变, 而正三角形对三边的垂直平分面反射都保持不变, 还对通过中心垂直三角形所在平面的轴转动 $\pm 2\pi/3$ 角的变换保持不变. 圆对任一直径的垂直平分面的反射都保持不变, 也对通过圆心垂直圆所在平面的轴转动任何角度的变换保持不变. 因为保持圆不变的变换最多, 所以它的对称性最高.

量子系统的物理特征由系统的哈密顿量 (Hamiltonian) 决定, 量子系统的对称性则由保持系统哈密顿量不变的变换集合来描写. 例如, N 个粒子构成的孤立系统的哈密顿量为

$$H = -\frac{\hbar^2}{2}\sum_{j=1}^{N} m_j^{-1}\nabla_j^2 + \sum_{i<j} U(|\boldsymbol{r}_i - \boldsymbol{r}_j|),$$

其中, $\boldsymbol{r}_j$ 和 m_j 是第 j 个粒子的坐标矢量和质量, ∇_j^2 是关于 $\boldsymbol{r}_j$ 的拉普拉斯 (Laplace) 算符, U 是两个粒子间的二体相互作用势, 它只是粒子间距离的函数. 拉普拉斯算符是对坐标分量的二阶微商之和, 它对系统平移、转动和反演都保持不变. 作用势只依赖于粒子间的相对坐标绝对值, 也对这些变换保持不变. 若粒子是全同粒

子, 哈密顿量还对粒子间的任意置换保持不变. 这个量子系统的对称性质就用系统对这些变换的不变性来描述.

保持系统不变的变换称为系统的对称变换, 对称变换的集合描写系统的全部对称性质. 根据系统的对称性质, 通过群论方法研究, 可以直接得到许多精确的、与细节无关的重要性质. 我们还没有学习群论方法, 还无法用群论方法对系统的复杂对称性质进行研究, 但为了使读者对群论方法有一个直观的了解, 下面举一个简单例子说明群论方法的基本思路.

研究一个具有空间反演对称性的量子系统. 系统哈密顿量对空间反演变换保持不变, 因而哈密顿量的本征函数 ψ 通过空间反演, 仍是哈密顿量同一本征值的本征函数. 用 P 代表在空间反演下波函数的变换算符

$$P\psi(\boldsymbol{r}_1,\ \boldsymbol{r}_2,\ \cdots) = \psi(-\boldsymbol{r}_1,\ -\boldsymbol{r}_2,\ \cdots),$$

则对哈密顿量, ψ 和 $P\psi$ 有相同的本征值, 而且由于哈密顿量是线性算符, ψ 和 $P\psi$ 的任何线性组合仍有相同的本征值. 取如下组合

$$\begin{aligned} &\phi_S \sim \psi + P\psi, \quad &\phi_A \sim \psi - P\psi, \\ &P\phi_S = \phi_S, \quad &P\phi_A = -\phi_A. \end{aligned} \tag{1.1}$$

在空间反演中按式 (1.1) 变换的波函数 ϕ_S 和 ϕ_A 分别称为具有偶宇称和奇宇称的波函数. 我们看到, 不管系统的具体性质如何, 只要系统具有空间反演对称性, 它的定态波函数 (即哈密顿量本征函数) 总可组合成具有确定宇称状态的函数. 这就是说, 宇称是该系统的守恒量, 可以用宇称来对该系统的定态波函数进行分类. 进一步, 作为一级近似, 电偶极跃迁的概率与电偶极算符在初末态间的矩阵元模平方成比例, 这个矩阵元表达成初末态波函数和电偶极算符的乘积关于坐标的积分. 因为电偶极算符与坐标算符成比例, 是坐标的奇函数, 它在空间反演中改符号, 所以当初末态宇称相同时, 这个矩阵元的被积函数是坐标的奇函数, 它的空间积分为零. 也就是说, 在宇称状态相同的初末态间电偶极跃迁概率的一级近似为零. 这一性质在量子力学中称为电偶极跃迁选择定则.

这一简单例子说明, 尽管系统哈密顿量可能很复杂, 薛定谔方程难以精确求解, 但从研究系统的对称性质着手, 可以得到系统某些精确的与细节无关的重要性质 (例如, 根据对称性, 可确定系统的守恒量), 可对系统的定态波函数进行分类, 并可得出精确的跃迁选择定则.

1.2 群及其乘法表

保持系统不变的变换称为系统的对称变换, 系统的对称性质由对称变换的集合来描写. 我们先来研究系统对称变换集合的一般性质. 按照物理中的惯例, 两个变

换的乘积 RS 定义为相继做两次变换, 即先做 S 变换, 再做 R 变换. 显然, 两个对称变换的乘积仍是系统的对称变换, 三个对称变换的乘积满足结合律. 不变的变换, 即恒等变换 E 也是一个对称变换, 它与任何一个对称变换 R 的乘积仍是该变换 R. 对称变换的逆变换也是系统的一个对称变换. 上述性质是系统对称变换集合的共同的性质, 与系统的具体性质无关. 把对称变换集合的这些共同性质归纳出来, 得到群 (group) 的定义.

定义 1.1 在规定了元素的"乘积"法则后, 元素的集合 G 如果满足下面四个条件, 则称为群.

(1) 集合对乘积的封闭性. 集合中任意两元素的乘积仍属此集合:

$$RS \in \mathrm{G}, \quad \forall\ R \text{ 和 } S \in \mathrm{G}. \tag{1.2}$$

(2) 乘积满足结合律:

$$R(ST) = (RS)T, \quad \forall\ R,\ S \text{ 和 } T \in \mathrm{G}. \tag{1.3}$$

(3) 集合中存在恒元 E, 用它左乘集合中的任意元素, 保持该元素不变:

$$E \in \mathrm{G}, \quad ER = R, \quad \forall\ R \in \mathrm{G}. \tag{1.4}$$

(4) 任何元素 R 的逆 R^{-1} 存在于集合中, 满足

$$\forall\ R \in \mathrm{G}, \quad \exists\ R^{-1} \in \mathrm{G},\ \text{使 } R^{-1}R = E. \tag{1.5}$$

作为数学中群的定义, 群的元素可以是任何客体, 元素的乘积法则也可任意规定. 一旦确定了元素的集合和元素的乘积规则, 满足上述四个条件的集合就称为群. 系统对称变换的集合, 对于变换的乘积规则, 满足群的四个条件, 因而构成群, 称为系统的对称变换群. 在物理中常见的群大多是线性变换群、线性算符群或矩阵群. 如果没有特别说明, 当元素是线性变换或线性算符时, 元素的乘积规则都定义为相继做两次变换; 当元素是矩阵时, 元素的乘积则取通常的矩阵乘积.

在群的定义中, 群元素是什么客体并不重要, 重要的是它们的乘积规则, 也就是它们以什么方式构成群. 如果两个群, 它们的元素之间可用某种适当给定的方式一一对应起来, 而且元素的乘积仍以此同一方式一一对应 (常称对应关系对元素乘积保持不变), 那么, 从群论观点看, 这两个群完全相同. 具有这种对应关系的两个群称为同构 (isomorphism).

定义 1.2 若群 G′ 和 G 的所有元素间都按某种规则存在一一对应关系, 它们的乘积也按同一规则一一对应, 则称两群同构. 用符号表示, 若 R 和 $S \in \mathrm{G}$, R' 和 $S' \in \mathrm{G}'$, $R' \longleftrightarrow R$, $S' \longleftrightarrow S$, 必有 $R'S' \longleftrightarrow RS$, 则 $\mathrm{G}' \approx \mathrm{G}$, 其中符号" $\longleftrightarrow$ "代表一一对应, " $\approx$ "代表同构.

互相同构的群, 它们群的性质完全相同. 研究清楚一个群的性质, 也就了解了所有与它同构的群的性质. 在群同构的定义里, 元素之间的对应规则没有什么限制. 但如果选择的规则不适当, 使元素的乘积不再按此规则一一对应, 并不等于说, 这两个群就不同构. 只要对某一种对应规则, 两个群符合群同构的定义, 它们就是同构的.

从群的定义出发, 可以证明, 恒元和逆元也满足

$$RE = R, \quad RR^{-1} = E. \tag{1.6}$$

第二个式子表明元素与其逆元是相互的. 由此易证群中恒元是唯一的, 即若 $E'R = R$, 则 $E' = E$. 群中任一元素的逆元是唯一的, 即若 $SR = E$, 则 $S = R^{-1}$. 于是, 恒元的逆元是恒元, 且 $(RS)^{-1} = S^{-1}R^{-1}$. 作为逻辑练习, 习题第 1 题让读者证明这些结论. 证明中除了群的定义外, 不能用以前熟悉的任何运算规则, 因为它们不一定适合群元素的运算. 下面我们认为这些结论已经证明, 可以应用了.

一般说来, 群元素乘积不能对易, $RS \neq SR$. 元素乘积都可以对易的群称为阿贝尔 (Abel) 群. 若群中至少有一对元素的乘积不能对易, 就称为非阿贝尔群. 元素数目有限的群称为有限群, 元素的数目 g 称为有限群的阶 (order). 元素数目无限的群称为无限群, 如果无限群的元素可用一组连续变化的参数描写, 则称为连续群.

把群的子集, 即群中部分元素的集合 $\mathcal{R} = \{R_1, R_2, \cdots, R_m\}$, 看成一个整体, 称为复元素. 作为集合, 复元素不关心所包含元素的排列次序, 且重复的元素只取一次. 两复元素相等, 即 $\mathcal{R} = \mathcal{S}$ 的充要条件是它们包含的元素相同, 即 $\mathcal{R} \subset \mathcal{S}$ 和 $\mathcal{S} \subset \mathcal{R}$. 普通元素和复元素相乘仍是复元素. $T\mathcal{R}$ 是由元素 TR_j 的集合构成的复元素, 而 $\mathcal{R}T$ 则由元素 R_jT 的集合构成. 设 $\mathcal{S} = \{S_1, S_2, \cdots, S_n\}$, 两复元素的乘积 $\mathcal{RS}$ 是所有形如 R_jS_k 的元素集合构成的复元素. 上面出现的元素乘积, 如 TR_j, R_jT 和 R_jS_k, 均按群元素的乘积规则相乘. 复元素的乘积满足结合律. 如果复元素的集合, 按照复元素的乘积规则, 符合群的四个条件, 也可构成群.

定理 1.1(重排定理)　设 T 是群 $\mathrm{G} = \{E, R, S, \cdots\}$ 中的任一确定元素, 则下面三个集合与原群 G 相同:

$$\begin{aligned} T\mathrm{G} &= \{T, TR, TS, \cdots\}, \\ \mathrm{G}T &= \{T, RT, ST, \cdots\}, \\ \mathrm{G}^{-1} &= \{E, R^{-1}, S^{-1}, \cdots\}. \end{aligned}$$

用复元素符号表达为

$$T\mathrm{G} = \mathrm{G}T = \mathrm{G}^{-1} = \mathrm{G}. \tag{1.7}$$

证明　以 $T\mathrm{G} = \mathrm{G}$ 为例证明. 集合 $T\mathrm{G}$ 的所有元素都是群 G 的元素, 故 $T\mathrm{G} \subset \mathrm{G}$. 反之, 群 G 的任意元素 R 都可表成 $R = T(T^{-1}R)$, 而 $(T^{-1}R)$ 是群 G 的元素, 故 R 属于 $T\mathrm{G}$, $\mathrm{G} \subset T\mathrm{G}$. 证完.

对于有限群, 群元素数目有限, 因此有可能把元素的乘积全部排列出来, 构成一个表, 称为群的乘法表 (multiplication table), 简称群表. 为了确定起见, 对于 $RS = T$, 今后称 R 为左乘元素, S 为右乘元素, 而 T 为乘积元素. 乘法表由下法建立: 在表的最左面一列, 把全部群元素列出来, 作为左乘元素, 在表的最上面一行, 也把全部群元素列出来, 作为右乘元素, 元素的排列次序可以任意选定, 但常让左乘元素和右乘元素的排列次序相同, 恒元排在第一位. 表的内容有 $g \times g$ 格, 每一格填入它所在行最左面一列的元素 R (左乘元素) 和它所在列最上面一行的元素 S (右乘元素) 的乘积 RS. 如果恒元排在表中第一个位置, 因它与任何元素相乘还是该元素, 故乘法表内容中第一行和右乘元素相同, 第一列和左乘元素相同. 由重排定理, 乘法表乘积元素中每一行 (或列) 都不会有重复元素. **乘法表完全描写了有限群的性质**.

对两个阶数相同的有限群, 当把群元素分别按一定次序列在乘法表上时, 实际上已给出了它们元素之间的一种一一对应关系. 如果在此对应下, 它们的乘法表完全相同, 则此两群同构. 当然, 如果由于群元素排列次序选得不适当, 本来同构的群也可能看起来似乎有不同的乘法表. 当阶数确定后, 重排定理大大限制了互相不同构的有限群数目. 例如, 以后我们将证明, 阶数为相同素数的有限群都同构.

我们先来看二阶群和三阶群的乘法表. 当把第一列和第一行按左乘元素和右乘元素填完后, 重排定理已完全确定了表中剩余位置的填充, 如表 1.1 和表 1.2 所示.

表 1.1 二阶群的乘法表

C_2	e	σ
e	e	σ
σ	σ	e

表 1.2 三阶群的乘法表

C_3	e	ω	ω'
e	e	ω	ω'
ω	ω	ω'	e
ω'	ω'	e	ω

在二阶群中, 可让 e 代表恒等变换, σ 代表空间反演变换, 则此群正是对空间反演不变的系统的对称变换群, 常记为 V_2. 也可让 e 代表数 1, σ 代表数 -1, 按普通的数乘积, 它们也构成二阶群, 记为 C_2. 这两群是同构的, $V_2 \approx C_2$, 从群论观点看它们完全相同. 三阶群中, 可设 $e = 1$, $\omega = \exp(-i2\pi/3)$ 和 $\omega' = \exp(i2\pi/3)$, 按复数的乘积, 它们构成三阶群, 记为 C_3.

这两个例子有一个共同的特点, 就是群中所有元素都可由其中一个元素的幂次来表达. 二阶群中, $e = \sigma^2$; 三阶群中, $\omega' = \omega^2$, $e = \omega^3$. 推而广之, 由一个元素 R 及其幂次构成的有限群称为由 R 生成的循环群, N 是循环群的阶, R 称为循环群的生成元. N 阶循环群的一般形式是

$$C_N = \{E,\ R,\ R^2,\ \cdots,\ R^{N-1}\}, \quad R^N = E, \quad R^{-1} = R^{N-1}. \tag{1.8}$$

循环群中元素乘积可以对易, 因而循环群是阿贝尔群. 循环群生成元的选择不是唯

一的. 例如, 三阶循环群中 ω 和 ω' 都可作为生成元. 循环群的乘法表有共同的特点, 当表中元素按生成元的幂次排列时, 表的每一行都可由前一行向左移动一格得到, 而最左面的元素移到最右面去.

循环群的一个典型例子是由绕空间固定轴转动变换构成的群. 按右手螺旋法则, 绕轴的正向旋转 $2\pi/N$ 角的转动记为 C_N. 由 C_N 生成的循环群, 记为 C_N. 此轴常称为 N 次固有转动轴, 简称 N 次轴, C_N 称为 N 次固有转动, 简称 N 次转动. 对二次轴不必规定轴的正向, 因为 $C_2 = C_2^{-1}$. N 次转动和空间反演 σ 的乘积记为 S_N, $S_N = \sigma C_N = C_N\sigma$, 称为 N 次非固有转动. 由 S_N 生成的循环群记为 $\overline{\mathrm{C}}_N$, 有时也记为 S_N, 它的阶数 g 根据 N 是偶数或奇数, 分别是 N 或 $2N$. 此转动轴称为 N 次非固有转动轴.

既然有限群的元素数目是有限的, 那么有限群任一元素的自乘, 当幂次足够高时必然会有重复. 由群中恒元唯一性知, 有限群任一元素自乘若干次后必可得到恒元. 若 $R^n = E$, n 是 R 自乘得到恒元的最低幂次, 则 n 称为元素 R 的阶, R 生成的循环群称为 R 的周期. 恒元的阶为 1, 其他元素的阶可以相等, 也可以不相等, 但都大于 1. 不同元素的周期也可有重复或重合. 请注意不要混淆群的阶和元素的阶这两个不同的概念, 只有循环群生成元的阶才等于该群的阶.

有限群中任一元素 R 的周期构成群中一个子集. 若此子集尚未充满整个群, 则在子集外再任取群中一元素 S, 由 R 和 S 所有可能的乘积构成一个更大的子集. 若它还没有充满整个群, 则再取第三个、第四个元素加入上述乘积, 最后总能充满整个有限群, 即群中所有元素都可表为若干个元素的乘积. 适当选择这些元素, 使有限群中所有元素都可表为尽可能少的若干个元素的乘积, 这些元素称为有限群的生成元, 生成元不能表成其他生成元的乘积. 有限群生成元的数目称为有限群的秩.

现在来研究四阶群的乘法表. 如果群中有一个元素的阶数为 4, 则此群是四阶循环群 C_4, 它的乘法表如表 1.3 所示. 容易检验, 四阶群中元素的阶不能为 3, 否则它的周期构成三阶循环群, 而在乘法表中第四个元素所在行 (和列) 必定会出现重复元素. 余下的情况是, 除恒元外所有元素的阶数都是 2, 这样的四阶群乘法表如表 1.4 所示. 设 σ, τ 和 ρ 分别是空间反演、时间反演和时空全反演, 则此群称为四阶反演群 V_4. 对于给定的四阶群, 如何判断它与哪个群同构呢? 如果四阶群中有阶数大于 2 的元素, 它就与 C_4 群同构; 反之, 如果在四阶群中阶数等于 2 的元素多于一个, 它就与 V_4 群同构.

最简单的非阿贝尔群是正三角形对称群 D_3, 它由六个元素组成: 过三角形中心 O 垂直三角形所在平面的轴是三次轴, 以向上方向为轴的正向, 转动 $2\pi/3$ 角的元素记为 D, 逆元为 $F = D^{-1}$, 恒等变换为 E, 若三角形三个顶点分别记为 A, B 和 C, 则三个轴 OA, OB 和 OC 都是二次轴, 相应转动 π 角的元素分别也记为 A, B 和 C. 三角形顶点和对称变换元素用相同的符号标记, 一般不会引起混淆. 这些转动是保持正三角形不变的全部变换, 因而它们的集合构成正三角形的对称变换群. 恒元的阶为 1, 三次转动元素 D 和 F 的阶为 3, 二次转动元素 A, B 和 C 的阶为 2.

表 1.3 四阶循环群 C_4 的乘法表

C_4	E	R	S	T
E	E	R	S	T
R	R	S	T	E
S	S	T	E	R
T	T	E	R	S

表 1.4 四阶反演群 V_4 的乘法表

V_4	e	σ	τ	ρ
e	e	σ	τ	ρ
σ	σ	e	ρ	τ
τ	τ	ρ	e	σ
ρ	ρ	τ	σ	e

建立群表的方法有很多, 下面结合 D_3 群, 介绍两种典型的方法. 在平面上建立平面直角坐标系 OXY, 画正三角形 $\triangle A'B'C'$, 中心在原点, A' 点在正 x 轴上, 三个顶点的坐标 (图 1.1) 分别为: $A'(2,\ 0)$, $B'(-1,\ -\sqrt{3})$ 和 $C'(-1,\ \sqrt{3})$. 把同样大小的正三角形 $\triangle ABC$ 放在平面上, A 和 A' 重合, B 和 B' 重合, C 和 C' 重合. 现在固定坐标平面, 用上述六种变换来变动 $\triangle ABC$, 使三个顶点 A, B 和 C 分别以不同方式与 A', B' 和 C' 点重合. 六种对称变换的结果列于表 1.5. 现在可利用表 1.5 来计算两变换的乘积. 例如, 计算变换乘积 DA, 点 A 在变换 A 中保持不变, 再经变换 D 变到点 C', 点 B 经变换 A 变到点 C', 然后把它看成新的 C 点, 经变换 D 变到点 B'. 两点已经完全确定了三角形变换后的位置, C 点经变换 DA 只能变到点 A'. 既然 A, B 和 C 三点经变换 DA 分别变到 C', B' 和 A' 点, 从表中查出它与变换 B 的结果相同, 可见 $DA = B$. 同理可计算其他元素的乘积. 以后为方便起见, 在与表 1.5 类似的表中把撇都省略掉.

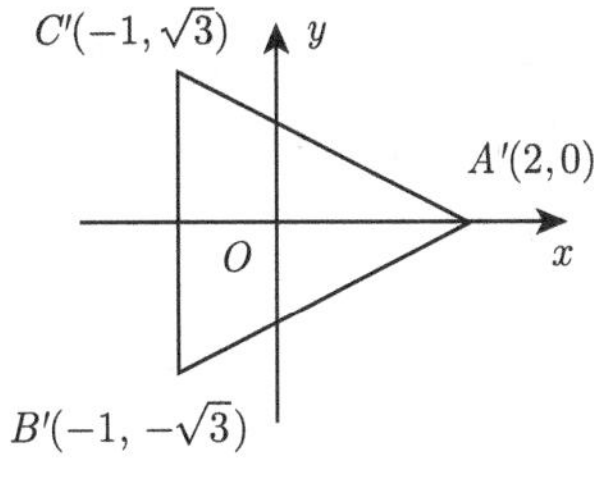

图 1.1 正三角形的坐标

学会了计算群元素乘积的方法，就可以来填写 D_3 群的乘法表. 因 D_3 群含六个元素, 乘法表中有 36 个位置要填写. 事实上, 我们不必用上法计算 36 次, 因为许多乘积可用更简单的方法算出来. 在表 1.6 中先把第一行和第一列填好, 它们代表恒元和群元素的乘积. 因为三次固有转动轴的三个元素 E, D 和 F 构成三阶循环群, 它们的乘法表已由表 1.2 给出, 可以先填好. 二次转动轴的元素 A, B 和 C 的阶为 2, 它们的平方是恒元 E, 这样在后三行对角线位置都填入 E. 再根据刚才的计算, $DA = B$, 把 B 填入第二行第四列, 第二行的剩余两格可以根据每行和每列

元素不重复的原则 (重排定理), 分别填以 C 和 A, 重排定理也决定了第三行后面三格的填充. 再根据 A, B 和 C 是二阶元素, 在 $DA = B$ 两边, 用 A 右乘得 $D = BA$, 再用 B 左乘得 $BD = A$, 从而把 D 和 A 分别填入第五行的第四和第二列. 余下的格子都可根据重排定理, 由左向右逐列填过去. 这样只用到 D_3 群群元素的阶数和公式 $DA = B$, 就完成了乘法表的填写. 由乘法表可知, D_3 群的秩为 2, 两个生成元可取 D 和 A, 则 $F = D^2$, $E = D^3$, $B = DA$ 和 $C = AD$. 一般说来, 对阶数为 g 的群, 只需要知道群元素的阶数分布和若干对元素的乘积规则, 就可以算出全部 $g \times g$ 个乘积公式来.

表 1.5　正三角形的对称变换

	E	D	F	A	B	C
A	A'	C'	B'	A'	C'	B'
B	B'	A'	C'	C'	B'	A'
C	C'	B'	A'	B'	A'	C'

表 1.6　正三角形对称群 $\mathbf{D_3}$ 的乘法表

	E	D	F	A	B	C
E	E	D	F	A	B	C
D	D	F	E	B	C	A
F	F	E	D	C	A	B
A	A	C	B	E	F	D
B	B	A	C	D	E	F
C	C	B	A	F	D	E

对六阶群, 若有一个元素的阶为 6, 则此群为循环群 C_6. 习题第 5 题中请大家证明: 准确到同构, 六阶群只有循环群 C_6 和正三角形对称群 D_3. 对于给定的六阶群, 如何判断它与哪个群同构呢? 如果六阶群中阶数等于 2 的元素多于一个, 它就与 D_3 群同构; 反之, 如果群中存在阶数大于 3 的元素 (自乘三次还未出现恒元), 则它就与 C_6 群同构.

现在介绍建立群乘法表的第二种典型方法. 把正三角形的变换看成平面上点的坐标变换, 变换前的坐标记为 $(x,\ y)$, 变换后的坐标记为 $(x',\ y')$, 它们都用列矩阵表出, 而变换元素表为 2×2 矩阵

$$\begin{pmatrix} x' \\ y' \end{pmatrix} = \begin{pmatrix} a & b \\ c & d \end{pmatrix} \begin{pmatrix} x \\ y \end{pmatrix}. \tag{1.9}$$

对每一个变换, 把变换前后三角形顶点的坐标代入式 (1.9), 就可定出群元素对应的矩阵形式. 注意, A' 点的坐标有一个分量为零, 计算中要尽量多利用. 例如, 变换 D 把 A 点变到 C' 点, 把 B 点变到 A' 点, 于是有等式

$$\begin{pmatrix} -1 \\ \sqrt{3} \end{pmatrix} = \begin{pmatrix} a & b \\ c & d \end{pmatrix} \begin{pmatrix} 2 \\ 0 \end{pmatrix}, \quad \begin{pmatrix} 2 \\ 0 \end{pmatrix} = \begin{pmatrix} a & b \\ c & d \end{pmatrix} \begin{pmatrix} -1 \\ -\sqrt{3} \end{pmatrix}.$$

由前式不难解得 $a = -1/2$ 和 $c = \sqrt{3}/2$, 代入后式得 $b = -\sqrt{3}/2$ 和 $d = -1/2$. 用同样方法可得 6 个群元素的矩阵形式如下.

$$E=\begin{pmatrix}1&0\\0&1\end{pmatrix},\quad D=\frac{1}{2}\begin{pmatrix}-1&-\sqrt{3}\\\sqrt{3}&-1\end{pmatrix},\quad F=\frac{1}{2}\begin{pmatrix}-1&\sqrt{3}\\-\sqrt{3}&-1\end{pmatrix},$$
$$A=\begin{pmatrix}1&0\\0&-1\end{pmatrix},\quad B=\frac{1}{2}\begin{pmatrix}-1&\sqrt{3}\\\sqrt{3}&1\end{pmatrix},\quad C=\frac{1}{2}\begin{pmatrix}-1&-\sqrt{3}\\-\sqrt{3}&1\end{pmatrix}. \tag{1.10}$$

由这 6 个矩阵的乘积同样可以得到乘法表 2.6. 从另一角度说, 这 6 个矩阵的集合, 按照矩阵乘积构成群, 式 (1.10) 给出了 D_3 群元素和 6 个矩阵集合的元素间一个一一对应关系, 元素的乘积仍按同一规则一一对应, 因而这六个矩阵集合构成的群和 D_3 群同构.

应用上面的方法可以研究正 N 边形对称群 D_N. 把正 N 边形放在 xy 平面上, 中心和原点重合, 一个顶点在正 x 轴上. 保持正 N 边形不变的变换有两类. z 轴是 N 次固有转动轴, 绕 z 轴转动 $2\pi/N$ 角的变换记作 T, 则有 N 个对称变换 T, T^2, $\cdots$, T^{N-1} 和 $T^N=E$. 在 xy 平面上, 当 N 是偶数时, 两相对顶点的连线和两对边中点的连线都是二次固有转动轴, 当 N 是奇数时, 顶点和对边中点的连线都是二次固有转动轴, 绕它们转动 π 角的变换都保持正 N 边形不变. 这样的二次转动轴共有 N 个, 它们与 x 轴的夹角分别为 $j\pi/N$ 角, 对应的对称变换记为 S_j, $0\leqslant j\leqslant N-1$. D_N 群由这 $2N$ 个元素 T^m 和 S_j 构成. 与正三角形对称群 D_3 的符号相比, T 就是 D, 而 S_0, S_1 和 S_2 分别是 A, B 和 C.

研究 D_N 群元素的乘积规则. T 的周期是 N 阶循环群, 现在关键是要计算 TS_j 等于什么. 既然这些变换都不移动原点, 那么再有两点就完全确定了平面图形的位置. 设与 S_j 相应的二次轴上有点 A, 它在变换 S_j 中保持不变, 而在变换 T 中逆时针转动了 $2\pi/N$ 角, 设转到 B 点. 相应地, 原先的 B 点, 经 S_j 变到与二次轴对称的位置, 再经 T 变换, 恰好转到 A 点 (图 1.2). 可见 TS_j 是绕 $\angle AOB$ 的角平分线转动 π 角的变换, 因为此角平分线与原二次轴夹角为 π/N, 所以

$$TS_j=S_{j+1},\quad j \mod N, \tag{1.11}$$

$j \bmod N$ 是一种常用的数学符号, 它把取值相差 N 的两个 j 看成相同的, 即 $S_{j+N}=S_j$.

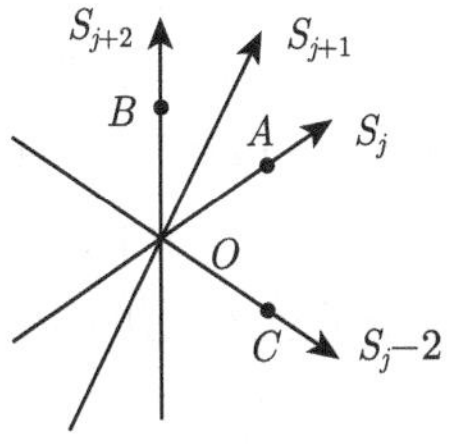

图 1.2 $TS_j=S_{j+1}$ 的计算示意图

式 (1.11) 是 D_3 群中公式 $DA = B$ 的推广. 注意到 S_j 的阶是 2, 由式 (1.11) 可推得群中所有元素的乘积规则:

$$\begin{aligned} &T^N = S_j^2 = E, \quad T^m S_j = S_{m+j}, \\ &T^m = S_{m+j} S_j = S_j S_{j-m}, \quad S_j T^m = S_{j-m}, \end{aligned} \qquad j \text{ 和 } m \bmod N. \tag{1.12}$$

D_N 群的生成元可取为 T 和 S_0, 而 $S_m = T^m S_0$. 式 (1.12) 用公式法给出了有限群的元素乘积规则. 当群的阶数较高时, 公式法比乘法表更方便. 阶数较低时采用乘法表更直观.

现在我们来研究全同粒子体系的置换对称性, 介绍置换 (permutation)、轮换 (cycle) 和对换 (transposition) 的概念, 它们的乘积规则和它们构成的置换群.

n 个客体排列次序的变换称为置换. 设原来排在第 j 位置的客体, 经过置换 R 后排到了第 r_j 位置, 用一个 $2 \times n$ 矩阵来描写这一置换 R:

$$R = \begin{pmatrix} 1 & 2 & \cdots & n \\ r_1 & r_2 & \cdots & r_n \end{pmatrix}. \tag{1.13}$$

对一个给定的置换, 式 (1.13) 中各列的排列次序是无关紧要的, 重要的是每一列上下两个数字的对应关系, 也就是各客体在变换前后所处的位置关系. 因此式 (1.13) 中各列次序可以任意交换. 例如,

$$R = \begin{pmatrix} 1 & 2 & 3 & 4 & 5 \\ 3 & 4 & 5 & 2 & 1 \end{pmatrix} = \begin{pmatrix} 5 & 4 & 1 & 2 & 3 \\ 1 & 2 & 3 & 4 & 5 \end{pmatrix}. \tag{1.14}$$

今后, 常把以数字标记的客体间的置换, 简单地说成数字间的置换. 这样的说法通常不会引起混淆.

两个置换的乘积定义为相继作两次置换. 例如, 乘积 SR, 客体先按 R 置换重新排列, 然后在此新排列的基础上再作 S 置换. 在作 S 置换时, 把新排列中第 j 位置的客体移到第 s_j 位置去, 而不管这第 j 位置的客体原先排在什么位置. 这正是全同粒子体系的实际情况. 粒子经过置换以后, 只知道目前粒子排在什么位置, 而"忘却"了变换前它排在什么位置. 按照这一观念, 在具体计算两个置换乘积 SR 时, 先改变 S 各列的排列次序, 使 S 的第一行和 R 的第二行一样, 然后用 S 的第二行代替 R 的第二行, 就得到乘积置换 SR. 也可以等价地, 先改变 R 各列的排列次序, 使 R 的第二行和 S 的第一行一样, 然后用 R 的第一行代替 S 的第一行, 就得到乘积置换 SR. 两种方法的计算结果是完全相同的. 例如,

$$S = \begin{pmatrix} 1 & 2 & 3 & 4 & 5 \\ 3 & 1 & 2 & 4 & 5 \end{pmatrix} = \begin{pmatrix} 3 & 4 & 5 & 2 & 1 \\ 2 & 4 & 5 & 1 & 3 \end{pmatrix},$$

$$SR = \begin{pmatrix} 3 & 4 & 5 & 2 & 1 \\ 2 & 4 & 5 & 1 & 3 \end{pmatrix} \begin{pmatrix} 1 & 2 & 3 & 4 & 5 \\ 3 & 4 & 5 & 2 & 1 \end{pmatrix} = \begin{pmatrix} 1 & 2 & 3 & 4 & 5 \\ 2 & 4 & 5 & 1 & 3 \end{pmatrix}, \quad (1.15)$$

或

$$SR = \begin{pmatrix} 1 & 2 & 3 & 4 & 5 \\ 3 & 1 & 2 & 4 & 5 \end{pmatrix} \begin{pmatrix} 5 & 4 & 1 & 2 & 3 \\ 1 & 2 & 3 & 4 & 5 \end{pmatrix} = \begin{pmatrix} 5 & 4 & 1 & 2 & 3 \\ 3 & 1 & 2 & 4 & 5 \end{pmatrix}. \quad (1.16)$$

我们看到, 式 (1.15) 和 (1.16) 给出的结果, 每一列上下的数字关系都是相同的, 就是说它们是相等的. 例如, 第 4 位置的客体经变换 R 排到了第 2 位置, 再经过 S 变换, 从第 2 位置变到第 1 位置, 而式 (1.15) 和 (1.16) 给出的结果中, 数字 4 下方填的数字都是 1.

置换变换虽用矩阵来描写, 但置换的乘积并不服从通常的矩阵乘积规则. 作为变换的乘积, 两个置换的乘积仍是一个置换, 置换乘积满足结合律, 但不满足交换律. 所有客体位置不变的置换是恒等变换 E, 它的上下两行数字完全相同.

$$E = \begin{pmatrix} 1 & 2 & 3 & \cdots & n \\ 1 & 2 & 3 & \cdots & n \end{pmatrix}. \quad (1.17)$$

E 与任何置换 R 相乘仍得 R, 起恒元的作用. 把置换上下两行交换得逆置换. 例如,

$$R^{-1} = \begin{pmatrix} r_1 & r_2 & \cdots & r_n \\ 1 & 2 & \cdots & n \end{pmatrix}, \quad (1.18)$$

$$R^{-1}R = \begin{pmatrix} r_1 & r_2 & \cdots & r_n \\ 1 & 2 & \cdots & n \end{pmatrix} \begin{pmatrix} 1 & 2 & \cdots & n \\ r_1 & r_2 & \cdots & r_n \end{pmatrix} = E.$$

n 个客体共有 $n!$ 个不同的置换. 按照上述置换乘积规则, n 个客体的所有置换的集合满足群的四个条件, 构成群, 称为 n 个客体置换群, 记为 S_n. S_n 群的阶数为 $g = n!$.

在文献中对置换及其乘积有不同的定义. 例如, 有的书把式 (1.14) 给出的置换 R 定义为第 j 位置的客体"变成"第 r_j 位置的客体, 即原来排在第 r_j 位置的客体, 经过置换 R 后排到了第 j 位置, 这种定义正好与我们的定义差一个逆变换. 读者在看一本书时要注意书中采用的定义.

轮换是一类特殊的置换. 如果在一个置换中, 有 $n-\ell$ 个客体保持不变, 而余下的 ℓ 个客体顺序变换, 即第 a_1 位置的客体排到第 a_2 位置, 第 a_2 位置的客体排到第 a_3 位置, 以此类推, 最后第 a_ℓ 位置的客体排到第 a_1 位置, 形成一个循环, 则这样的置换称为轮换, ℓ 称为轮换长度. 轮换常用一行矩阵来描写:

$$(a_1\ a_2\ \cdots\ a_\ell) = \begin{pmatrix} a_1 & a_2 & \cdots & a_{\ell-1} & a_\ell & b_1 & \cdots & b_{n-\ell} \\ a_2 & a_3 & \cdots & a_\ell & a_1 & b_1 & \cdots & b_{n-\ell} \end{pmatrix}. \quad (1.19)$$

在用行矩阵描写轮换时, 数字的排列次序不能改变, 但允许数字顺序变换

$$(q\ a\ b\ c\ \cdots\ p) = (a\ b\ c\ \cdots\ p\ q) = (b\ c\ \cdots\ p\ q\ a)\,. \tag{1.20}$$

例如,

$$(1\ 2\ 3) = (2\ 3\ 1) = (3\ 1\ 2) = \begin{pmatrix} 1 & 2 & 3 \\ 2 & 3 & 1 \end{pmatrix}$$

$$\neq (2\ 1\ 3) = (1\ 3\ 2) = (3\ 2\ 1) = \begin{pmatrix} 1 & 2 & 3 \\ 3 & 1 & 2 \end{pmatrix} = (1\ 2\ 3)^{-1}\,.$$

长度为 1 的轮换是恒等变换, 长度为 2 的轮换称为对换. 显然对换满足

$$(a\ b) = (b\ a)\,, \quad (a\ b)\,(a\ b) = E. \tag{1.21}$$

推而广之, 长度为 ℓ 的轮换, 它的 ℓ 次自乘等于恒元, 即它的阶数为 ℓ.

两个没有公共客体的轮换, 乘积次序可以交换. 对一给定的置换 R, 任选一数 a_1, 设经过置换 R, 第 a_1 位置的客体变到第 a_2 位置, 第 a_2 位置的客体变到第 a_3 位置, 以此类推, 在此客体链中总会有某客体, 如第 a_ℓ 位置的客体变到第 a_1 位置, 形成一个循环, 则置换 R 包含一个长度为 ℓ 的轮换 $(a_1\ a_2\ \cdots\ a_\ell)$. 然后, 再在余下的数中任选一数 b_1, 如上法找出它的客体链, 确定 R 中包含的另一个轮换. 两轮换没有公共客体, 因而乘积次序可以交换. 把这做法继续下去, 总能穷尽全部 n 个数, 从而把置换 R 分解为若干个没有公共客体的轮换乘积. 这些轮换的乘积次序可以互相交换. 在这意义上说, **任何置换都可以唯一地分解为若干个没有公共客体的轮换乘积**. 例如, 式 (1.15) 用到的两个置换 R 和 S 可分别分解为

$$R = (1\ 3\ 5)\,(2\ 4) = (2\ 4)\,(1\ 3\ 5)\,,$$

$$S = (1\ 3\ 2)\,(4)\,(5) = (1\ 3\ 2)\,.$$

把一置换分解为没有公共客体的轮换乘积时, 各轮换长度 ℓ_i 的集合, 称为该置换的**轮换结构**. 例如, 在式中, R 的轮换结构是 $(3\ 2)$, S 的轮换结构是 $(3,1,1) \equiv (3,1^2)$. 在表达一个置换的轮换结构时, 轮换长度 ℓ_i 的排列次序可以任意. 相同的轮换长度可用幂次方式给出. 一般地, n 个客体的任一置换 R 的轮换结构可表为

$$(\ell_1, \ell_2, \cdots)\,, \quad \sum_i \ell_i = n. \tag{1.22}$$

把一个正整数 n 分解为若干个正整数 ℓ_i 之和, 这样的正整数 ℓ_i 的集合称为 n 的一组配分数 (partition). **置换的轮换结构是由一组配分数来描写的**.

虽然每一置换都可分解为没有公共客体的轮换乘积, 但在计算两个置换乘积时, 我们必须计算两个有公共客体的轮换乘积问题. 通常认为, 只有把置换乘积化为没有公共客体的轮换乘积时, 才算把乘积化到了最简形式.

先讨论只有一个公共客体的轮换乘积的计算方法. 例如,

$$\begin{aligned}(a\,b\,c\,d)\,(d\,e\,f) &= \begin{pmatrix} a & b & c & e & f & d \\ b & c & d & e & f & a \end{pmatrix}\begin{pmatrix} a & b & c & d & e & f \\ a & b & c & e & f & d \end{pmatrix} \\ &= \begin{pmatrix} a & b & c & d & e & f \\ b & c & d & e & f & a \end{pmatrix} = (a\,b\,c\,d\,e\,f).\end{aligned}$$

推而广之

$$(a\,b\,\cdots\,d)\,(d\,e\,\cdots\,f) = (a\,b\,\cdots\,d\,e\,\cdots\,f). \tag{1.23}$$

这公式可以作如下两种理解. 从左面向右面看, 式 (1.23) 提供有一个公共客体的两轮换的乘积规则: 先按式 (1.20), 在每个轮换内部, 把公共客体顺序变到最右面或最左面的位置, 然后按式 (1.23) 把两个轮换"接"起来. 从右面向左面看, 式 (1.23) 提供把一个轮换分解为有一个公共客体的两轮换乘积的规则: **在轮换中任一客体的位置, 如 d 处, 把轮换"切断"成两个轮换的乘积, 并让 d 同时出现在两个轮换中.**

按照这样的理解, 很容易利用式 (1.23) 计算有任意多个公共客体的轮换乘积问题. 其基本思想就是先把轮换切断, 使每一对轮换乘积都只包含一个公共客体, 从而可用式 (1.23) 接起来. 例如, 有两个公共客体的轮换乘积可用下法计算:

$$\begin{aligned}&(a_1\,\cdots\,a_i\,c\,a_{i+1}\,\cdots\,a_j\,d)\,(d\,b_1\,\cdots\,b_r\,c\,b_{r+1}\,\cdots\,b_s) \\ =\,&(a_1\,\cdots\,a_i\,c)\,(c\,a_{i+1}\,\cdots\,a_j\,d)\,(d\,b_1\,\cdots\,b_r\,c)\,(c\,b_{r+1}\,\cdots\,b_s) \\ =\,&(a_1\,\cdots\,a_i\,c)\,(a_{i+1}\,\cdots\,a_j\,d\,c)\,(c\,d\,b_1\,\cdots\,b_r)\,(c\,b_{r+1}\,\cdots\,b_s) \\ =\,&(a_1\,\cdots\,a_i\,c)\,(a_{i+1}\,\cdots\,a_j\,d)\,(d\,c)\,(c\,d)\,(d\,b_1\,\cdots\,b_r)\,(c\,b_{r+1}\,\cdots\,b_s) \\ =\,&(a_1\,\cdots\,a_i\,c)\,(a_{i+1}\,\cdots\,a_j\,d)\,(d\,b_1\,\cdots\,b_r)\,(c\,b_{r+1}\,\cdots\,b_s) \\ =\,&(a_1\,\cdots\,a_i\,c\,b_{r+1}\,\cdots\,b_s)\,(a_{i+1}\,\cdots\,a_j\,d\,b_1\,\cdots\,b_r).\end{aligned}$$

可以用置换的乘积规则计算正三角形对称群的乘法表. 把三角形的三个顶点看成三个客体, 如把 A, B, C 记为 1, 2, 3, 正三角形的每个对称变换就是把三个客体重新排列. 这样 6 个对称变换分别表成下面 6 个置换,

$$\begin{aligned}&E = \begin{pmatrix} 1 & 2 & 3 \\ 1 & 2 & 3 \end{pmatrix}, \quad D = \begin{pmatrix} 1 & 2 & 3 \\ 3 & 1 & 2 \end{pmatrix}, \quad F = \begin{pmatrix} 1 & 2 & 3 \\ 2 & 3 & 1 \end{pmatrix}, \\ &A = \begin{pmatrix} 1 & 2 & 3 \\ 1 & 3 & 2 \end{pmatrix}, \quad B = \begin{pmatrix} 1 & 2 & 3 \\ 3 & 2 & 1 \end{pmatrix}, \quad C = \begin{pmatrix} 1 & 2 & 3 \\ 2 & 1 & 3 \end{pmatrix}.\end{aligned} \tag{1.24}$$

通过这 6 个置换的乘积, 也可以得到乘法表 1.6. 例如,

$$DA = \begin{pmatrix} 1 & 2 & 3 \\ 3 & 1 & 2 \end{pmatrix} \begin{pmatrix} 1 & 2 & 3 \\ 1 & 3 & 2 \end{pmatrix} = (1\ 3\ 2)(2\ 3) = (1\ 3) = B.$$

因为这 6 个置换包含了 3 个客体的全部置换, 构成三个客体置换群 S_3, 所以 S_3 群和 D_3 群同构, $S_3 \approx D_3$.

1.3 群的各种子集

1.3.1 子群

群 G 的子集 H, **如果按照原来的元素乘积规则**, 也满足群的四个条件, 则称为群 G 的子群 (subgroup). 注意, 乘积规则是群的最重要的性质, 如果给子集元素重新定义新的乘积规则, 那它就与原群脱离了关系, 即使此子集构成群, 也不能称为原群的子群. 任何群都有两个平庸的子群, 恒元和整个群, 但通常更关心非平庸子群. 任一元素的周期构成子群, 称为循环子群 (cyclic subgroup). 阶数为 n 的循环子群, 通常就记为 C_n, 必要时用撇来加以区分.

如何来判定一个子集是否构成子群? 既然子集元素满足原群的元素乘积规则, 结合律是显然满足的. 如果子集对元素乘积封闭, 则它必定包含子集中任一元素的周期, 对有限群来说, 元素 R 的周期包含了恒元和逆元 R^{-1}, 因此**对有限群, 检验子集是否满足封闭性就可以判定子集是否构成子群**. 当然对无限群, 判定子群还必须检验恒元和逆元是否在子集中. **不含恒元的子集肯定不是子群**, 这是否定子集为子群的最简单的判据.

寻找有限群的子群的最好方法就是先列出它的全部循环子群, 然后把若干循环子群并起来, 看它们是否满足封闭性. 正三角形对称群 D_3 只包含循环子群, 它们是 $\{E,\ A\}$, $\{E,\ B\}$, $\{E,\ C\}$ 和 $\{E,\ D,\ F\}$. V_4 群包含三个循环子群 $\{e,\ \sigma\}$, $\{e,\ \tau\}$ 和 $\{e,\ \rho\}$. C_6 群包含两个循环子群 $\{E,\ R^3\}$ 和 $\{E,\ R^2,\ R^4\}$. 正六边形对称群 D_6 除包含绕 z 轴转动的循环子群 C_2, C_3, C_6 和六个二次轴对应的六个循环子群 C_2 外, 还包含三个 D_2 和两个 D_3 子群, 它们的差别仅在于所取的二次转动元素不同:

$$\begin{aligned} &D_2 = \{E,\ R^3,\ S_0,\ S_3\}, \quad D_2' = \{E,\ R^3,\ S_1,\ S_4\}, \\ &D_2'' = \{E,\ R^3,\ S_2,\ S_5\}, \quad D_3 = \{E,\ R^2,\ R^4,\ S_0,\ S_2,\ S_4\}, \\ &D_3' = \{E,\ R^2,\ R^4,\ S_1,\ S_3,\ S_5\}. \end{aligned} \tag{1.25}$$

在 n 个客体置换群 S_n 中任选 $m < n$ 个客体, 这 m 个客体的所有置换变换构成置换群 S_m, 它是 S_n 群的子群.

1.3.2 陪集和不变子群

设群 G 阶为 g, 有子群 H, 阶为 h,

$$\mathrm{H}=\{S_1,\ S_2,\ S_3,\ \cdots,\ S_h\},\quad S_1=E.$$

任取群 G 中不属于子群 H 的元素 R_j, 把它左乘或右乘到子群 H 上, 得到群 G 的两个子集:

$$\begin{aligned} &R_j\mathrm{H}=\{R_j,\ R_jS_2,\ R_jS_3,\ \cdots,\ R_jS_h\}, \\ &\mathrm{H}R_j=\{R_j,\ S_2R_j,\ S_3R_j,\ \cdots,\ S_hR_j\}, \end{aligned}\quad R_j\in\mathrm{G},\quad R_j\overline{\in}\mathrm{H}. \tag{1.26}$$

$R_j\mathrm{H}$ 称为子群 H 的左陪集 (left coset), $\mathrm{H}R_j$ 称为右陪集 (right coset).

陪集和子群没有公共元素. 以左陪集为例, 用反证法证明. 设 $R_jS_\mu=S_\nu$, 用 S_μ^{-1} 右乘, 得 $R_j=S_\nu S_\mu^{-1}\in\mathrm{H}$, 与假设矛盾, 因此陪集不包含恒元, 陪集一定不是群 G 的子群.

陪集中没有重复元素, 因而陪集也包含 h 个不同的元素. 以左陪集为例, 若 $R_jS_\mu=R_jS_\nu$, 用 R_j^{-1} 左乘后必有 $S_\mu=S_\nu$.

若 H 和 R_jH 的并还没有充满整个群 G, 则再选 G 中不属于 H 和 $R_j\mathrm{H}$ 的元素 R_k 构造新的左陪集 $R_k\mathrm{H}$. 同理可证, $R_k\mathrm{H}$ 也包含 h 个不同的元素, 它们都不属于 H 和 $R_j\mathrm{H}$. 事实上, **两个有公共元素的左陪集必全同**, 因为若 $R_jS_\mu=R_kS_\nu$, 则

$$R_k=R_j\left(S_\mu S_\nu^{-1}\right),\quad R_k\mathrm{H}=R_j\left(S_\mu S_\nu^{-1}\right)\mathrm{H}=R_j\mathrm{H}.$$

后式用到了重排定理. 用上法继续做下去, 群 G 一定可分解为子群 H 和若干个左陪集 R_jH 之并, 这些子集间都没有公共元素, 每个子集包含 h 个不同元素. 因此, **群 G 的阶数 g 一定是子群 H 阶数 h 的整数倍**.

$$\mathrm{G}=\mathrm{H}\cup R_2\mathrm{H}\cup R_3\mathrm{H}\cup\cdots\cup R_d\mathrm{H},\quad g=dh. \tag{1.27}$$

d 称为子群 H 的指数 (index), 它等于子群的左陪集数加 1. **如果群 G 的一个子集包含的元素数目不是群 G 阶数 g 的约数, 则此子集一定不构成子群**. 这也是判定一个子集不是子群的简单方法. 根据这一方法, **阶数为素数的群不会有非平庸子群, 因而一定是循环群**.

群 G 中两元素 R 和 T 属同一左陪集的充要条件是 $R^{-1}T\in\mathrm{H}$. 因为如果此条件成立, 则 $T=RS_\mu$, 而 $R=RE$, 它们同属左陪集 $R\mathrm{H}$; 反之, 若 $T\in R\mathrm{H}$, 则 $T=RS_\mu$, $R^{-1}T=S_\mu\in\mathrm{H}$.

上述性质同样适用于右陪集. 群 G 一定可分解为子群 H 和 $d-1$ 个右陪集 $\mathrm{H}R_j$ 之并, 这些子集间都没有公共元素, 每个子集包含 h 个不同元素, 两个有公共元素的右陪集必全同, 群 G 中两元素 R 和 T 属同一右陪集的充要条件是 $TR^{-1}\in\mathrm{H}$.

用群 G 中子群 H 外一个元素 R_j, 左乘和右乘子群 H, 得到的左陪集 $R_j\mathrm{H}$ 和右陪集 $\mathrm{H}R_j$ 不一定相同. 若子群 H 的所有左陪集都与对应的右陪集相等,

$$R_j \mathrm{H} = \mathrm{H} R_j, \quad \text{即}\ R_j S_\mu = S_\nu R_j, \tag{1.28}$$

则此子群称为不变子群 (invariant subgroup), 或称正规子群 (normal subgroup). 注意, 此定义并不要求不变子群的元素和群 G 中所有其他元素对易. 当然, **阿贝尔群的所有子群都是不变子群. 指数为 2 的子群必为不变子群**, 因为它只有一个陪集, 左右陪集只能相等.

不变子群 H 及其所有陪集, 作为复元素的集合, 按复元素的乘积, 满足群的四个条件, 构成群, 称为群 G 关于不变子群 H 的商群 (quotient group), 记为 G/H. 商群的恒元是子群 H, 阶数是子群的指数. 在证明上述复元素的集合满足群的四个条件过程中, 用到了不变子群的定义式 (1.28),

$$\begin{aligned}
&R_j \mathrm{H} R_k \mathrm{H} = R_j R_k \mathrm{H}\mathrm{H} = (R_j R_k)\,\mathrm{H},\\
&\mathrm{H} R_j \mathrm{H} = R_j \mathrm{H}\mathrm{H} = R_j \mathrm{H},\\
&R_j^{-1} \mathrm{H} R_j \mathrm{H} = R_j^{-1} R_j \mathrm{H}\mathrm{H} = \mathrm{H},
\end{aligned}$$

因此不能由一般子群及其陪集定义商群.

从群的乘法表上很容易找到子群的陪集. 事实上, 乘法表里与子群元素有关的各列中, 每一行的元素分别构成子群或左陪集, 而与子群元素有关的各行中, 每一列的元素分别构成子群或右陪集. 例如, 从表 2.6 读出, D_3 群的子群 $\{E,\ A\}$ 有两个左陪集: $\{D,\ B\}$ 和 $\{F,\ C\}$, 右陪集也有两个: $\{D,\ C\}$ 和 $\{F,\ B\}$. 左右陪集不对应相等, 因而此子群不是不变子群. 另一子群 $\{E,\ D,\ F\}$ 的指数为 2, 它是不变子群, 陪集是 $\{A,\ B,\ C\}$.

设 H 是群 G 的非平庸不变子群, 若群 G 不包含比 H 阶数更高的非平庸不变子群, 则 H 称为群 G 的极大不变子群. 指数为 2 的不变子群当然是极大不变子群. 置换群 S_n 有一个指数为 2 的极大不变子群, 称为交变子群 (alternating subgroup), 常记为 S_n'. 现在来研究这一子群.

在轮换每一客体处都切断, 则长度为 ℓ 的轮换分解为 $\ell - 1$ 个对换的乘积:

$$(a\ b\ c\ \cdots\ p\ q) = (a\ b)\,(b\ c)\cdots(p\ q)\,.$$

当然, 这些对换有公共客体, 而且这种分解不是唯一的. 例如,

$$E = (a\ b)\,(a\ b)\,(b\ c)\,(b\ c) = (a\ b)\,(a\ c)\,(a\ b)\,(b\ c)\,.$$

同理, 任何置换都可以分解为若干个对换的乘积. 这种分解虽然不是唯一的, 但容易证明, 它包含对换个数的偶奇性与分解方式无关. 为了证明这一命题, 借用范德蒙德 (Vandermonde) 行列式的概念

$$D(x_1,x_2,\cdots,x_n)=\begin{vmatrix}1 & 1 & \cdots & 1\\ x_1 & x_2 & \cdots & x_n\\ x_1^2 & x_2^2 & \cdots & x_n^2\\ \vdots & \vdots & & \vdots\\ x_1^{n-1} & x_2^{n-1} & \cdots & x_n^{n-1}\end{vmatrix}=\prod_{i>j}(x_i-x_j),$$

把 n 个 x_j 做置换 R, 行列式可能保持不变, 或改变符号, 这完全由 R 本身决定. 但把 x_j 做任何对换, 行列式一定改变符号. 当把 R 分解为对换乘积时, 包含对换的偶奇性决定了行列式是否改号. 因此在给定 R 的分解中包含对换个数的偶奇性是完全确定的.

当把置换分解为对换乘积时, 对换数目是偶数的置换称为偶置换, 对换数目是奇数的置换称为奇置换. 长度为奇数的轮换是偶置换, 长度为偶数的轮换是奇置换. 两个偶置换的乘积或两个奇置换的乘积是偶置换, 一个偶置换和一个奇置换的乘积是奇置换. 恒元是偶置换. 常引入置换宇称 (permutation parity) $\delta(R)$ 的概念来区分 R 是偶置换还是奇置换:

$$\delta(R)=\begin{cases}1, & R\text{是偶置换},\\ -1, & R\text{是奇置换}.\end{cases} \tag{1.29}$$

两个置换相乘时, 它们的置换宇称也对应相乘. 当 $n>1$ 时, 置换群 S_n 中所有偶置换的集合构成置换群的一个指数为 2 的不变子群, 称为交变子群, 奇置换的集合是它的陪集, 商群是二阶群.

1.3.3 共轭元素和类

对群 G 中任意元素 S, 元素 $R'=SRS^{-1}$ 和 R 称为互相共轭 (conjugate) 的元素. 共轭是相互的. 与同一元素共轭的元素也互相共轭:

$$R'=SRS^{-1},\quad R''=TRT^{-1}=\left(TS^{-1}\right)R'\left(TS^{-1}\right)^{-1}.$$

所有互相共轭的元素的集合称为类 (class), 记为

$$\mathcal{C}_\alpha=\left\{R_1,\ R_2,\ \cdots,\ R_{n(\alpha)}\right\}=\left\{R_k|R_k=SR_jS^{-1},S\in G\right\}, \tag{1.30}$$

$n(\alpha)$ 是类 $\mathcal{C}_\alpha$ 中所包含的元素数目. 显然, 恒元本身自成一类, 常记为 $\mathcal{C}_1=E$. 阿贝尔群每个元素自成一类. 两个类不会有公共元素, 因而除恒元外, 类不是子群. 设 g_c 是群 G 包含的类数, 则

$$\sum_{\alpha=1}^{g_c}n(\alpha)=g. \tag{1.31}$$

对任意给定的群 G 元素 $S \in \mathrm{G}$, 当 R_j 取遍类中所有元素时, SR_jS^{-1} 不会有重复元素, 故有

$$S\mathcal{C}_\alpha S^{-1} = \mathcal{C}_\alpha, \quad S\mathcal{C}_\alpha = \mathcal{C}_\alpha S. \tag{1.32}$$

这说明, **类 $\mathcal{C}_\alpha$ 作为复元素, 可以和群 G 任意元素 S 对易**. 反之, 对类 $\mathcal{C}_\alpha$ 中固定的元素 R_j, 让 S 取遍群 G 中所有元素, SR_jS^{-1} 会有重复的元素, 而且可证类中每一个元素 R_k 的重复次数 $m(\alpha)$ 都相同 (习题第 18 题), 可见**类 $\mathcal{C}_\alpha$ 中包含的元素数目 $n(\alpha) = g/m(\alpha)$ 是群 G 阶数 g 的因子**.

类 $\mathcal{C}_\alpha$ 中各元素的逆元也必定互相共轭:

$$R_k = SR_jS^{-1}, \quad R_k^{-1} = SR_j^{-1}S^{-1}. \tag{1.33}$$

逆元 R_j^{-1} 的集合也构成类, 记为 $\mathcal{C}_\alpha^{-1}$. $\mathcal{C}_\alpha$ 和 $\mathcal{C}_\alpha^{-1}$ 称为相逆 (reciprocal) 类, 它们包含的元素数目 $n(\alpha)$ 相同. 若元素与其逆元互相共轭, 则 $\mathcal{C}_\alpha$ 与其相逆类 $\mathcal{C}_\alpha^{-1}$ 重合, 这样的类称为自逆 (self reciprocal) 类.

互相共轭的元素存在某种共同的性质, 这就是互相共轭元素的集合称为类的原因. 例如, 若 $R^n = E$, 则 $(SRS^{-1})^n = SR^nS^{-1} = E$, 同类元素的阶必相同. 但阶数相同的元素不一定属于同一类. 尽管如此, 在寻找类时, 我们只需在阶数相同的元素中去判别它们是否共轭. TS 和 ST 是共轭的, 因为 $(ST) = S(TS)S^{-1}$. 反之, 互相共轭的元素一定可表达成某两元素的不同次序的乘积, 因为若 $R' = S(RS^{-1})$, 则 $R = (RS^{-1})S$. 如果群表中取左乘元素和右乘元素的排列次序相同, 则在群表中关于对角线对称的两元素互相共轭, 互相共轭的元素也一定会在乘法表关于对角线对称的位置出现. 在阶数相同的元素中, 根据它们是否在群表对称位置出现, 就可以确定群 G 的类. 这是计算有限群类的重要方法.

三维空间的纯粹转动, 也就是绕空间某轴的转动变换, 称为固有转动. 按照物理中常用的符号, 用 $R(\hat{\boldsymbol{n}}, \omega)$ 描写绕 $\hat{\boldsymbol{n}}$ 方向转动 ω 角度的固有转动, 其中加 "∧" 是强调 $\boldsymbol{n}$ 是单位矢量. 固有转动保持空间任意两点的距离不变, 也保持坐标系手征性不变, 即右手坐标系经变换后仍是右手坐标系. 保持空间一个固定点 O (常取为原点) 不变的若干固有转动的集合构成的有限群称为固有点群 (proper point group).

现设固有点群 G 中包含沿 $\hat{\boldsymbol{n}}$ 方向和沿 $\hat{\boldsymbol{m}}$ 方向两个 N 次转动轴, 又包含把 $\hat{\boldsymbol{n}}$ 方向转到 $\hat{\boldsymbol{m}}$ 方向的转动 S. 讨论元素乘积 SRS^{-1} 的性质, 其中 $R = R(\hat{\boldsymbol{n}}, 2\pi/N)$ 是绕 $\hat{\boldsymbol{n}}$ 轴的 N 次转动. S^{-1} 变换先把 $\hat{\boldsymbol{m}}$ 方向转到 $\hat{\boldsymbol{n}}$ 方向, 然后 R 变换把系统绕 $\hat{\boldsymbol{n}}$ 方向转动 $2\pi/N$ 角, 最后 S 变换又把 $\hat{\boldsymbol{n}}$ 方向转回到 $\hat{\boldsymbol{m}}$ 方向. 这样, 转动 SRS^{-1} 保持 $\hat{\boldsymbol{m}}$ 方向不变, 它就是绕 $\hat{\boldsymbol{m}}$ 方向的 N 次转动, 即

$$S\hat{\boldsymbol{n}} = \hat{\boldsymbol{m}}, \quad SR(\hat{\boldsymbol{n}}, 2\pi/N)S^{-1} = R(\hat{\boldsymbol{m}}, 2\pi/N), \tag{1.34}$$

这两个转动轴称为等价轴. 绕等价轴转动相同角度的变换互相共轭. 等价轴一定是同次轴. 不同次的转动轴不可能通过对称群中的元素联系起来. 转动不同角度的元素当然不共轭. 绕两个次数不相同的转动轴的转动, 即使转动角度相同也一定不共轭. 若一个 N 次轴的正反两个方向可以通过对称群中的元素联系起来, 则此轴称为双向轴, 或非极性轴. 绕双向轴转动正负相同角度的变换互相共轭. 二次轴不需要规定轴的方向, 一定是双向轴.

由不变子群的定义式 (1.28) 知, 不变子群必须包含子群中每个元素的共轭元素, 即不变子群是由群 G 中若干个完整的类组成. 寻找群的类和不变子群是分析有限群性质的关键步骤. 对有限群, 首先根据群表确定每个元素的阶数, 在阶数相同元素中判断它们是否共轭, 从而找出所有的类, 然后把若干类并起来, 判断此子集是否构成子群. 若它是子群, 则它也是不变子群. 判断的方法, 首先检查此子集是否满足子群的必要条件: 子群包含恒元, 子群的元素数目是群阶数的约数, 子群完整地包含每一元素的周期. 只有在这些条件都满足后, 才进一步利用群表检验子集的封闭性是否满足.

由 R 生成的循环群 C_N 是阿贝尔群, 它的每个元素都自成一类, C_N 群的类数 g_c 等于群的阶数 N. 除恒元是自逆类外, 只有当 N 是偶数时, $R^{N/2}$ 是自逆类, 其他类都不是自逆类. 当 N 是素数时, C_N 群不存在非平庸子群. 若 N 可分解因子, $N=nm$, 则由 R^n 和 R^m 分别生成的循环子群 C_m 和 C_n 都是 C_N 群的不变子群.

D_3 群中, D 和 F 的阶数是 3, A, B 和 C 的阶数是 2. 从群表中看到, 这些阶数相同的元素都互相共轭, 因而 D_3 群有三个类, 恒元 E 构成一类, 三次转动 D 和 F 构成一类, 二次转动 A, B 和 C 构成一类, 这三个类都是自逆类. 事实上, D_3 群中, 二次转动使三次轴成为双向轴, 三次转动使三个二次轴互相等价, 从而构成上述三类.

推广到 D_N 群, 它包含一个称为主轴的 N 次轴和垂直平面均匀分布的 N 个二次轴, N 次轴的生成元记为 T, N 个二次轴生成元分别记作 S_j, 乘法规则已由式 (1.12) 给出. 二次转动使 N 次轴成为双向轴. N 是奇数时, N 次转动使所有二次轴互相等价; N 是偶数时, N 次转动使二次轴分成两组, 分别互相等价. 因此, D_{2n+1} 群包含 $n+2$ 个自逆类:

$$\{E\}, \quad \{T^m, T^{-m}\}, \quad \{S_0, S_1, \cdots, S_{2n+1}\}, \quad 1 \leqslant m \leqslant n. \tag{1.35}$$

D_{2n+1} 群包含的不变子群, 除了由 T 生成的循环子群 C_{2n+1} 外, 还有 C_{2n+1} 群可能包含的一些不变子群. D_{2n} 群包含 $n+3$ 个自逆类:

$$\begin{aligned} &\{E\}, \quad \{T^m, T^{-m}\}, \quad \{T^n\}, \quad 1 \leqslant m \leqslant n-1, \\ &\{S_0, S_2, \cdots, S_{2n-2}\}, \quad \{S_1, S_3, \cdots, S_{2n-1}\}. \end{aligned} \tag{1.36}$$

作为正 N 边形的对称变换, 后两个类包含的元素, 几何意义是不同的. 它们都是系统的二次转动, 但 S_{2m} 是关于相对顶点连线的转动, 而 S_{2m+1} 是关于对边中点连线的转动. D_{2n} 群包含的不变子群, 除了由 T 生成的循环子群 C_{2n} 及其可能包含的一些不变子群外, 还有两个不变子群:

$$\mathrm{D}_n = \{E, T^2, T^4, \cdots, T^{2n-2}, S_0, S_2, \cdots, S_{2n-2}\},$$

$$\mathrm{D}'_n = \{E, T^2, T^4, \cdots, T^{2n-2}, S_1, S_3, \cdots, S_{2n-1}\}.$$

例如, D_5 群只包含一个非平庸的不变子群:

$$\mathrm{C}_5 = \{E, T, T^2, T^3, T^4\}.$$

D_6 群包含 5 个非平庸不变子群:

$$\mathrm{C}_2 = \{E, T^3\}, \quad \mathrm{C}_3 = \{E, T^2, T^4\}, \quad \mathrm{C}_6 = \{E, T, T^2, T^3, T^4, T^5\},$$

$$\mathrm{D}_3 = \{E, T^2, T^4, S_0, S_2, S_4\}, \quad \mathrm{D}'_3 = \{E, T^2, T^4, S_1, S_3, S_5\}.$$

现在讨论置换群的类. 从另一角度来理解两置换乘积的公式 (1.15) 和公式 (1.16). 式 (1.15) 告诉我们, 当把 S 从左面乘到 R 上, 其结果是把 R 置换的第二行数字作 S 置换, 而式 (1.16) 告诉我们, 当把 R 从右面乘到 S 上, 其结果是把 S 置换的第一行数字作 R^{-1} 置换. 结合起来, 共轭元素 SRS^{-1} 把描写 R 置换的两行数字同时作 S 置换. 特别当 R 是一个轮换时,

$$S\,(a\ b\ c\ \cdots\ d)\,S^{-1} = (s_a\ s_b\ s_c\ \cdots\ s_d)\,, \tag{1.37}$$

共轭变换不改变轮换的长度, 只改变轮换涉及的客体编号. 因此, 置换群中有相同轮换结构的元素互相共轭, 它们的集合构成置换群的类. **置换群的类是由轮换结构 (1.22) 来描写的**. 式 (1.37) 还可做另一种理解. 把式 (1.37) 的 S^{-1} 移到等式右面

$$S\,(a\ b\ c\ \cdots\ d) = (s_a\ s_b\ s_c\ \cdots\ s_d)\,S, \tag{1.38}$$

此式说明, **当 S 从轮换左面移到轮换右面时, 轮换中的客体作 S 置换; 反之, 当 S 从轮换右面移到轮换左面时, 轮换中的客体作 S^{-1} 置换**. 把轮换换成任意置换, 这结论也成立. 利用式 (1.38) 还可以讨论置换群的秩.

任何置换都可表为对换的乘积, 而任何对换又都可表为相邻客体对换 $P_a = (a\ \ a+1)$ 的乘积. P_a 满足

$$\begin{aligned} &P_a^2 = E, \\ &P_aP_b = P_bP_a, \quad |a-b| \geqslant 2, \\ &P_aP_{a+1}P_a = (a\ \ a+2) = P_{a+1}P_aP_{a+1}, \end{aligned} \tag{1.39}$$

$$\begin{aligned}(a\ \ d)=(d\ \ a)&=P_{a-1}P_{a-2}\cdots P_{d+1}P_dP_{d+1}\cdots P_{a-2}P_{a-1},\\ &=P_dP_{d+1}\cdots P_{a-2}P_{a-1}P_{a-2}\cdots P_{d+1}P_d,\quad d<a.\end{aligned}\tag{1.40}$$

引入长度为 n 的轮换 W：

$$W=(1\ 2\ \cdots\ n),\quad W^{-1}=W^{n-1},\tag{1.41}$$

则

$$P_a=WP_{a-1}W^{-1}=W^{a-1}P_1W^{-a+1}.\tag{1.42}$$

因此, W 和 P_1 是置换群的生成元, 置换群的秩为 2.

置换群 S_n 的任一类 $\mathcal{C}_\alpha$ 所包含的元素数目 $n(\alpha)$ 有一个解析公式可以计算. 设类 $\mathcal{C}_\alpha$ 中包含长度为 ℓ 的轮换个数为 m_ℓ, 轮换的最大长度为 k, 则类 $\mathcal{C}_\alpha$ 的轮换结构是

$$(k^{m_k},(k-1)^{m_{k-1}},\cdots,1^{m_1}),\quad \sum_{\ell=1}^{k}\ell m_\ell=n,\tag{1.43}$$

其中长度不大于 ℓ 的轮换包含的客体数为 T_ℓ:

$$T_\ell=\sum_{a=1}^{l}am_a,\quad T_k=n,\quad T_1=m_1.\tag{1.44}$$

容易计算类 $(k^{m_k},1^{T_{k-1}})$ 中包含的元素数目 $N[n,k,m_k]$:

$$N[n,k,m_k]=\{m_k!\}^{-1}\{(k-1)!\}^{m_k}\prod_{a=0}^{m_k-1}\begin{pmatrix}n-ak\\ k\end{pmatrix}=\frac{n!}{k^{m_k}m_k!T_{k-1}!}.$$

因此类 $(k^{m_k},(k-1)^{m_{k-1}},1^{T_{k-2}})$ 中包含的元素数目是乘积 $N[n,k,m_k]N[T_{k-1},k-1,m_{k-1}]$. 推广得

$$n(\alpha)=\prod_{\ell=1}^{k}N[T_\ell,\ell,m_\ell]=n!\prod_{\ell=1}^{k}\{m_\ell!\ell^{m_\ell}\}^{-1}.\tag{1.45}$$

1.4 群的同态关系

我们已经介绍过群的同构关系. 两个同构的群, 元素之间存在一一对应的关系, 而且这种对应关系对元素乘积保持不变. 尽管这两个群可以有完全不同的物理或几何背景, 但从群论观点看, 它们的性质完全相同, 一个群完全描写了另一个群. 如果这种对应关系不是一一对应, 而是一多对应, 并且对应关系仍对群元素乘积保持不变, 那么, 这两个群不再是“全等”关系, 而变成类似“相似”关系, 称为同态 (homomorphism) 关系. 本节将研究群的同态关系是如何建立起来的, 群的哪些性质在同态关系中保留了下来, 哪些性质被掩盖了.

定义 1.3 若群 G′ 和 G 的所有元素间都按某种规则存在一多对应关系, 即 G 中任一元素都唯一地对应 G′ 中一个的元素, G′ 中任一元素至少对应 G 中一个元素, 也可以对应 G 中若干个元素, 而且群元素的乘积也按同一规则一多对应, 则称两群同态. 用符号表示, 若 R 和 $S \in \mathrm{G}$, R' 和 $S' \in \mathrm{G}'$, $R' \longleftarrow R$, $S' \longleftarrow S$, 必有 $R'S' \longleftarrow RS$, 则 $\mathrm{G}' \sim \mathrm{G}$, 其中符号" $\longleftarrow$ " 代表一多对应, " $\sim$ " 代表同态, 写在左面的群 G′ 的元素一多对应于写在右面的群 G 的元素.

两个群元素间的对应关系不是唯一的. 只要在两个群元素间存在一种一多对应关系, 而且这种对应关系对群元素乘积保持不变, 这两个群就同态. 若 $\mathrm{G}' \sim \mathrm{G}$, 则群 G′ 只反映了群 G 的部分性质, 下面定理将精确地告诉我们群 G′ 反映了群 G 的哪部分性质.

定理 1.2 若 $\mathrm{G}' \sim \mathrm{G}$, 则与 G′ 恒元相对应的 G 中元素的集合 H 构成群 G 的不变子群, 与 G′ 中其他每一个元素相对应的 G 中元素的集合构成 H 的陪集, 群 G′ 与群 G 关于 H 的商群同构, $\mathrm{G}' \approx \mathrm{G/H}$, H 称为同态对应的核.

证明 证明过程主要用到与群 G 元素对应的 G′ 中元素是唯一确定的. 先证明与 G′ 恒元 E' 相对应的 G 中元素的集合 H 构成群 G 的子群, 再证明它是不变子群, 最后, 证明与 G′ 中其他元素 R' 相对应的 G 中元素的集合构成 H 的陪集 $R\mathrm{H}$. 由此, G′ 与商群 G/H 同构是显然的.

设所有与 G′ 中恒元 E' 对应的 G 中元素构成子集 H, $\mathrm{H} = \{S_1, S_2, \cdots, S_h\}$. 由于 $\mathrm{G}' \sim \mathrm{G}$, $S_\mu S_\nu$ 仍对应 E', 故属于子集 H, 即子集 H 对元素乘积封闭. 将 G 中恒元 E 对应 G′ 中的元素记为 T', 则 ES_μ 对应 $T'E' = T'$, 但 $ES_\mu = S_\mu$ 对应 E'. 因为 G 中元素对应的 G′ 中元素是唯一的, 所以 $T' = E'$, 即恒元 E 属于子集 H. 将 G 中任意元素 R 及其逆元 R^{-1} 对应的 G′ 中元素分别记为 R' 和 P', 则 $R^{-1}R = E$ 既对应 $P'R'$ 又对应 E', 由逆元唯一性知, $P' = R'^{-1}$. G 中互逆的元素对应 G′ 中的元素也互逆, 因而 S_μ 的逆元 S_μ^{-1} 也对应 G′ 中恒元 E', 也属于 H. 子集 H 满足群的四个条件, 故是群 G 的子群. 又因为 $RS_\mu R^{-1}$ 对应 G′ 中元素 $R'E'R'^{-1} = E'$, 所以 H 是群 G 的不变子群.

H 陪集 $R\mathrm{H}$ 的元素都对应 G′ 中元素 $R'E' = R'$. 反之, 将与 G′ 中 R' 对应的 G 中任意元素记为 R_μ, 则因 $R'^{-1}R' = E'$, $R^{-1}R_\mu$ 对应 G′ 中的恒元, 故 $R^{-1}R_\mu \in \mathrm{H}$, 即 R 和 R_μ 同属陪集 $R\mathrm{H}$. 这样, 我们证明了商群 G/H 的每一个复元素 H 或 $R\mathrm{H}$ 分别与 G′ 中元素 E' 或 R' 存在一一对应关系, 它们的乘积也以同一规则一一对应, 因此 $\mathrm{G/H} \approx \mathrm{G}'$. 证完.

定理 1.2 说明, 当 $\mathrm{G}' \sim \mathrm{G}$ 时, G′ 反映了 G 中商群 G/H 的性质, 但同态对应的核 H 内部元素的差别没有被反映出来.

今后会经常遇到如下命题：一个集合 G′ 的元素与已知群 G 的元素间有一一

对应或一多对应关系, 而且这对应关系对元素乘积保持不变, 要证明集合 G′ 构成群, 且与已知群 G 同构或同态. 下面的定理给出了此命题.

定理 1.3 设 G 是一已知群, G′ 是一个定义了乘积规则又对此乘积规则封闭的集合, 若群 G 中任一元素 R 都按某种规则唯一地对应集合 G′ 中一个元素 R', G′ 中任一元素 R' 至少对应 G 中一个元素 R, 而且这种一一对应或一多对应的关系对元素乘积保持不变, 则集合 G′ 构成群, 且与已知群 G 同构或同态.

证明 此定理只需证明集合 G′ 构成群, 然后由定义可知它同构或同态于群 G. 证明方法仍是用与群 G 元素对应的 G′ 元素的唯一性. 下面按一多对应情况来证明, 一一对应情况的证明是完全一样的.

集合 G′ 对元素乘积的封闭性已由定理的假设条件给出. 设 $R' \longleftarrow R$, $S' \longleftarrow S$ 和 $T' \longleftarrow T$, 则 $R'S' \longleftarrow RS$, $S'T' \longleftarrow ST$, 且 $(R'S')T' \longleftarrow (RS)T$, $R'(S'T') \longleftarrow R(ST)$, 由 $(RS)T = R(ST)$ 得 $(R'S')T' = R'(S'T')$, 集合 G′ 的元素乘积满足结合律. 同理, 由 $E' \longleftarrow E$, $R' \longleftarrow R$ 和 $E'R' \longleftarrow ER = R$ 得 $E'R' = R'$, 集合 G′ 包含恒元 E'. 又设 $P' \longleftarrow R^{-1}$, $P'R' \longleftarrow R^{-1}R = E$, 则 $P'R' = E'$, P' 是 R' 的逆元, 存在于集合 G′ 中. 证完.

1.5 正多面体的固有对称变换群

正多面体是三维空间具有较大对称性的几何图形, 把它的中心放在坐标原点, 它的对称变换就都保持原点不变. 对称变换中的固有转动变换集合也构成群, 称为正多面体固有点群.

正 N 面体的侧面是 N 个全等的正 n 边形, 侧面的边界是棱, 每条棱连接两个顶点, 又为两个侧面所共有. 设正 N 面体包含 L 条棱和 V 个顶点, 每个顶点有 m 条棱相会, 也为 m 个侧面所共有. 根据这些简单的几何联系可写出上述参数间的关系式

$$nN = 2L = mV. \tag{1.46}$$

正 n 边形的内角为 $\alpha = (n-2)\pi/n$. 为了构成立体图形, $m \geqslant 3$ 和 $m\alpha < 2\pi$, 即

$$3 \leqslant m < 2n/(n-2). \tag{1.47}$$

当侧面是正三角形时, $n = 3$, m 只能等于 3, 4 或 5, 分别对应正四面体 (tetrahedron)、正八面体 (octahedron) 和正二十面体 (icosahedron). 当侧面是正方形或正五边形时, m 只能等于 3, 分别对应立方体 (正六面体, cube) 和正十二面体 (dodecahedron). 侧面的正 n 边形的边数超过 5 时, 由于内角太大, 无法构成立体图形. 因此, 正多面体只有这五种, 它们的参数列于表 1.7.

表 1.7　正多面体的参数

侧面数 N	4	6	8	12	20
顶点数 V	4	8	6	20	12
侧面多边形边数 n	3	4	3	5	3
交于每顶点棱数 m	3	3	4	3	5
总棱数 L	6	12	12	30	30
固有点群	T	O	O	I	I
固有点群阶数 $g = 2L$	12	24	24	60	60

把正多面体各个侧面的中心作为顶点连接起来构成的图形也是正多面体, 称为原正多面体的对偶正多面体. 图形的对偶关系是相互的. 两对偶正多面体的面数 N 和顶点数 V 对换, 侧面边数 n 和在每个顶点交会的棱数 m 对换, 总棱数 L 保持不变. 正八面体的对偶图形是立方体, 正二十面体的对偶图形是正十二面体, 正四面体与自己对偶, 是自对偶图形. 显然, 互相对偶的正多面体有相同的对称变换群. 正四面体的固有点群记为 T, 立方体和正八面体的固有点群记做 O, 正十二面体和正二十面体的固有点群记为 I. 因为坐标原点是正多面体的中心, 正多面体的位置可由一条棱的位置来确定, 每个对称变换可由这条棱在变换后的新位置来描写. 经过对称变换, 这条棱可置于 L 条棱中的任一条位置, 再考虑棱的两种取向, 因此正多面体固有点群的阶数 $g = 2L$.

1.5.1　正四面体、正八面体和立方体

正四面体、正八面体和立方体有密切关系. 如图 1.3 所示建立直角坐标系, 原点在立方体的中心, 坐标轴指向三个面的中心, 在 xy 平面上方的四个顶点, 按逆时针取向, 顺序记为 A_1, A_2, A_3 和 A_4, 其中 A_1 在第一卦限. 在 xy 平面下方的四个顶点分别记为 B_j, 对原点对称的两顶点有相同的下标. 立方体六个侧面的中心及其连线和面构成正八面体, 而正八面体八个侧面的中心及其连线和面也构成立方体, 即立方体和正八面体互为对偶图形, 它们有着完全相同的对称变换群. 立方体中不相邻的顶点 A_1, A_3, B_2 和 B_4 及其连线和面构成正四面体. 正四面体是自对偶图形. 正四面体的对称变换都是立方体的对称变换, 反之则不然. 正四面体的固有点群 T 是立方体固有点群 O 的子群.

从图 1.3 可以看出, 三个坐标轴是立方体的四次固有转动轴, 但对正四面体来说, 它们只是二次轴. 用 T_μ, $\mu = x,\ y,\ z$, 代表绕三个坐标轴正向转动 $\pi/2$ 角的变换, T_μ^2 才属于 T 群. 立方体四个对角线方向是三次固有转动轴, 分别以指向正四面体顶点方向为正向, 绕这些轴转动 $2\pi/3$ 角的变换分别记为 R_j. 用坐标轴单位矢量表出三次转动轴的方向如下:

$$\begin{aligned}
&R_1: 由B_1指向A_1, \quad (\boldsymbol{e}_x+\boldsymbol{e}_y+\boldsymbol{e}_z)/\sqrt{3},\\
&R_2: 由A_2指向B_2, \quad (\boldsymbol{e}_x-\boldsymbol{e}_y-\boldsymbol{e}_z)/\sqrt{3},\\
&R_3: 由B_3指向A_3, \quad (-\boldsymbol{e}_x-\boldsymbol{e}_y+\boldsymbol{e}_z)/\sqrt{3},\\
&R_4: 由A_4指向B_4, \quad (-\boldsymbol{e}_x+\boldsymbol{e}_y-\boldsymbol{e}_z)/\sqrt{3}.
\end{aligned} \tag{1.48}$$

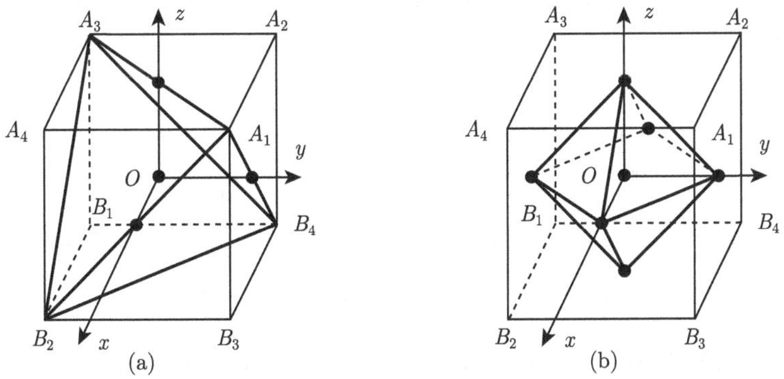

图 1.3 立方体、正四面体和正八面体的示意图

R_j 及其逆元 R_j^2, $1 \leqslant j \leqslant 4$, 都同时属于 T 群和 O 群. 此外, 连接立方体相对棱中点的连线是立方体的六个二次固有转动轴, 绕这些轴转动 π 角的变换记为 S_k, $1 \leqslant k \leqslant 6$. 二次转动轴的具体取向如下:

$$\begin{aligned}
&S_1: (\boldsymbol{e}_x+\boldsymbol{e}_y)/\sqrt{2}, \quad S_2: (\boldsymbol{e}_x-\boldsymbol{e}_y)/\sqrt{2},\\
&S_3: (\boldsymbol{e}_y+\boldsymbol{e}_z)/\sqrt{2}, \quad S_4: (\boldsymbol{e}_y-\boldsymbol{e}_z)/\sqrt{2},\\
&S_5: (\boldsymbol{e}_x+\boldsymbol{e}_z)/\sqrt{2}, \quad S_6: (\boldsymbol{e}_x-\boldsymbol{e}_z)/\sqrt{2}.
\end{aligned} \tag{1.49}$$

它们不属于 T 群, 只属于 O 群. 设立方体的棱长为 1, 则正四面体的棱长为 $\sqrt{2}$, 外接圆半径记为 R, 立方体和正四面体的内切圆半径分别记为 $r_{\rm O}$ 和 $r_{\rm T}$, 相邻的四次轴和三次轴的夹角记为 θ, 则有

$$\begin{aligned}
&R=\sqrt{3}/2, \quad r_{\rm O}=1/2, \quad r_{\rm T}=\sqrt{1/12}\,,\\
&\cos\theta=\sqrt{1/3}, \quad \theta=54.73^\circ.
\end{aligned} \tag{1.50}$$

两相邻三次轴正向间的夹角为 2θ, $\cos(2\theta)=-1/3$, 相邻的四次轴和二次轴的夹角为 $\pi/4$, 相邻的三次轴和二次轴的夹角为 $\pi/2-\theta$.

O 群包含三个互相垂直的四次轴, 四个三次轴和六个二次轴, 共有 24 个元素. 四个三次轴围绕四次轴对称分布, 每个二次轴都平分两相邻的四次轴, 也平分两相邻的三次轴. O 群所有同次轴都是双向轴, 且互相等价. 因此 O 群包含 5 个类: $\mathcal{C}_1=\{E\}$, $\mathcal{C}_2=\{S_k; 1\leqslant k\leqslant 6\}$, $\mathcal{C}_3=\{R_j^{\pm1}; 1\leqslant j\leqslant 4\}$, $\mathcal{C}_4=\{T_\mu^{\pm1}; \mu=x,\ y,\ z\}$ 和

$\mathcal{C}_5 = \{T_\mu^2; \mu = x,\ y,\ z\}$. T 群是 O 群的指数为 2 的不变子群, 它由 $\mathcal{C}_1$, $\mathcal{C}_3$ 和 $\mathcal{C}_5$ 三个类组成, 共 12 个元素. 注意在 T 群中二次轴和三次轴仍分别互相等价, 但三次轴是极性轴, 因而 $\mathcal{C}_3$ 类分成两个类. 由 $\mathcal{C}_1$ 和 $\mathcal{C}_5$ 构成的 D_2 群是 T 群和 O 群共同的不变子群, 商群分别是 C_3 群和 D_3 群.

研究 O 群元素的乘法表. 除元素的幂次关系外, 式 (1.34) 给出元素的共轭关系. 因为存在沿 z 轴的四次转动 T_z, 它使其他元素每四个为一组, 围绕 z 轴均匀分布, 这些组是

$$\begin{aligned}
&\{R_1,\ R_2^2,\ R_3,\ R_4^2\}, \qquad \{R_1^2,\ R_2,\ R_3^2,\ R_4\},\\
&\{S_5,\ S_3,\ S_6,\ S_4\}, \qquad \{S_1,\ S_2,\ S_1,\ S_2\},\\
&\{T_x,\ T_y,\ T_x^{-1},\ T_y^{-1}\}, \qquad \{T_x^2,\ T_y^2,\ T_x^2\ T_y^2\},
\end{aligned} \tag{1.51}$$

每一组元素依次满足式 (1.34) 给出的共轭关系. 例如, 第一组元素间满足

$$T_zR_1T_z^{-1} = R_2^2, \quad T_zR_2^2T_z^{-1} = R_3, \quad T_zR_3T_z^{-1} = R_4^2, \quad T_zR_4^2T_z^{-1} = R_1.$$

此外, 还需要建立各类元素间的乘积关系, 也就是 D_3 群中公式 $DA = B$ 的推广. 从图 1.3 可以看出, 有

$$A_1 \xrightarrow{T_z} A_2 \xrightarrow{R_1} A_4, \quad A_4 \xrightarrow{T_z} A_1 \xrightarrow{R_1} A_1,$$

即乘积 R_1T_z 正是 S_5 转动:

$$R_1T_z = S_5. \tag{1.52}$$

把 O 群和四阶置换群 S_4 相比较. S_4 群也包含 24 个元素和 5 个类, 各类包含的元素数和元素的阶数也分别和 O 群所包含的相同, 即 $\mathcal{C}_1$ 类由恒元 E 构成; $\mathcal{C}_2$ 类的轮换结构是 $(2,1,1)$, 包含 6 个元素, 元素的阶数是 2; $\mathcal{C}_3$ 类的轮换结构是 $(3,1)$, 包含 8 个元素, 元素的阶数是 3; $\mathcal{C}_4$ 类的轮换结构是 (4), 包含 6 个元素, 元素的阶数是 4; $\mathcal{C}_5$ 类的轮换结构是 $(2,2)$, 包含 3 个元素, 元素的阶数是 2. S_4 群也包含指数为 2 的不变子群 S_4' 和指数为 6 的不变子群, 后者由 $\mathcal{C}_1$ 和 $\mathcal{C}_5$ 类构成, 商群是 D_3 群 (习题第 17 题). 因为 O 群和置换群 S_4 的类和不变子群的结构完全相同, 所以它们应该是同构的. 为了完全确定它们的同构关系, 必须具体列出两群元素间的一一对应关系, 并证明此对应关系对元素乘积保持不变. 对两个群来说, 元素的幂次关系显然是一一对应的, 共轭关系也容易对应起来, 我们需要检验的只是式 (1.52) 给出的乘积关系. 换言之, 先设四次转动 T_z 和长度为 4 的轮换 $(1\ 2\ 3\ 4)$ 相对应, 则三次转动 R_1 只有两种实质不同的选择, 就是和长度为 3 的轮换 $(1\ 2\ 3)$ 或 $(2\ 1\ 3)$ 对应. 根据式 (1.52) 的要求, 有

$$\begin{aligned}
&R_1 \leftrightarrow (1\ 2\ 3), \quad S_5 \leftrightarrow (1\ 2\ 3)(1\ 2\ 3\ 4) = (2\ 1\ 3\ 4),\\
&R_1 \leftrightarrow (2\ 1\ 3), \quad S_5 \leftrightarrow (2\ 1\ 3)(1\ 2\ 3\ 4) = (3\ 4).
\end{aligned}$$

前者把 S_5 和四阶元素相对应, 显然不对, 因而只能选择后者. 现在每一类元素都找到了对应关系, 其他元素的对应关系就可以用幂次关系和共轭关系来计算了. 注意 $T_x = R_1 T_z R_1^{-1}$ 和 $S_1 = R_1 S_5 R_1^{-1}$, 有

$$\begin{array}{lll} T_z \leftrightarrow (1\ 2\ 3\ 4), & R_1 \leftrightarrow (3\ 2\ 1), & R_2^2 \leftrightarrow (4\ 3\ 2), \\ R_3 \leftrightarrow (1\ 4\ 3), & R_4^2 \leftrightarrow (2\ 1\ 4), & S_5 \leftrightarrow (3\ 4), \\ S_3 \leftrightarrow (4\ 1), & S_6 \leftrightarrow (1\ 2), & S_4 \leftrightarrow (2\ 3), \\ T_x \leftrightarrow (1\ 2\ 4\ 3), & T_y \leftrightarrow (2\ 3\ 1\ 4), & \\ S_1 \leftrightarrow (2\ 4) & S_2 \leftrightarrow (1\ 3). & \end{array} \tag{1.53}$$

还可以通过式 (1.34) 来验算一些共轭元素的对应关系. 例如,

$$T_x = S_5 T_z S_5 \leftrightarrow [(3\ 4)](1\ 2\ 3\ 4)[(3\ 4)] = (1\ 2\ 4\ 3),$$
$$R_4^2 = S_5 R_1 S_5 \leftrightarrow [(3\ 4)](3\ 2\ 1)[(3\ 4)] = (4\ 2\ 1).$$

作为不变子群, 式 (1.53) 也给出了 T 群和四阶置换群 S_4 的交变子群 S_4' 间的同构关系

$$\mathrm{O} \approx \mathrm{S}_4, \quad \mathrm{T} \approx \mathrm{S}_4'. \tag{1.54}$$

由此同构关系 (1.54) 可以很容易地计算出 O 群和 T 群的乘法表.

1.5.2 正十二面体和正二十面体

正十二面体和正二十面体互为对偶图形, 它们有相同的固有对称变换群 I. 把正二十面体中心和原点重合 (图 1.4), A_0 在正 z 方向, 与 A_0 相邻的 5 个顶点, 按正 z 轴的右手螺旋方向顺序记为 A_μ, $1 \leqslant \mu \leqslant 5$, A_1 在 xz 平面内的偏正 x 方向. 在 xy 平面下方的 6 个顶点分别记为 B_μ, $0 \leqslant \mu \leqslant 5$, 以原点对称的上下两顶点有相同的下标. 正二十面体有 12 个顶点, 30 条棱, 20 个侧面, 侧面是正三角形, 每个顶点汇聚 5 条棱. 两个相对的顶点连线是五次转动轴, 生成元记为 T_μ, $0 \leqslant \mu \leqslant 5$. 因为有沿 z 轴的五次转动 T_0, I 群中所有其他元素每 5 个构成一组, 围绕 z 轴均匀分布. 每组的转动有相同的极角, 两相邻转动的方位角相差 $2\pi/5$. 除 T_0 外的 5 个五次转动, 极角记为 θ_1, T_1 的方位角为零. 以后会算得 $\tan\theta_1 = 2$, $\theta_1 \approx 63.43°$.

两个相对棱中点的连线是二次转动轴, 生成元记为 S_k, $1 \leqslant k \leqslant 15$, 分成三组, 以 S_1, S_6 和 S_{11} 为代表, 分别沿 $\hat{\boldsymbol{n}}(\theta_4, 0)$, $\hat{\boldsymbol{n}}(\theta_5, \pi/5)$ 和 $\hat{\boldsymbol{n}}(\pi/2, \pi/10)$ 方向, $\theta_4 = \theta_1/2$, $\tan\theta_4 = (\sqrt{5}-1)/2$, $\theta_5 = (\pi - \theta_1)/2$, $\tan\theta_5 = (\sqrt{5}+1)/2$.

两个相对侧面中心的连线是三次转动轴, 以向上方向为正向 (极角为锐角), 生成元记为 R_j, $1 \leqslant j \leqslant 10$, 分成两组, 以 R_1 和 R_6 为代表, 分别沿 $\hat{\boldsymbol{n}}(\theta_2, \pi/5)$ 和 $\hat{\boldsymbol{n}}(\theta_3, \pi/5)$ 方向. 设棱长为 1, 根据简单的几何关系, 可算得外接圆半径 $R = (2\sin\theta_4)^{-1}$, 内切圆半径 $r = (R^2 - 1/3)^{1/2}$, 然后算得 $\tan\theta_2 = 3 - \sqrt{5}$ 和 $\theta_3 = \pi - \theta_1 - \theta_2$, $\tan\theta_3 = 3 + \sqrt{5}$.

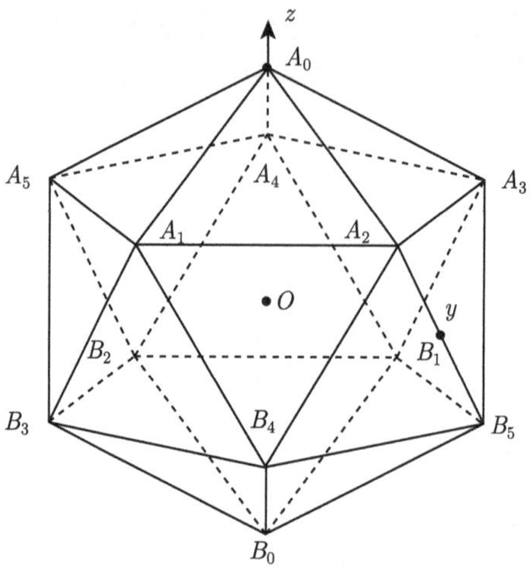

图 1.4　正二十面体示意图

正二十面体具有很高的对称性, 所有同次轴都互相等价, 而且是双向轴. 因此 I 群包含 5 个类: $\mathcal{C}_1 = \{E\}$, $\mathcal{C}_2 = \{S_k; 1 \leqslant k \leqslant 15\}$, $\mathcal{C}_3 = \{R_j^{\pm 1}; 1 \leqslant j \leqslant 10\}$, $\mathcal{C}_4 = \{T_\mu^{\pm 1}; 0 \leqslant \mu \leqslant 5\}$ 和 $\mathcal{C}_5 = \{T_\mu^{\pm 2}; 0 \leqslant \mu \leqslant 5\}$, 共 60 个元素. I 群没有非平庸的不变子群.

把 I 群和五阶置换群 S_5 的交变子群 S_5' 相比较, S_5' 群也包含 60 个元素和 5 个类, 各类包含的元素数和元素的阶数也分别和 I 群所包含的相同, 即 $\mathcal{C}_1$ 类由恒元 E 构成; $\mathcal{C}_2$ 类的轮换结构是 $(2,2,1)$, 包含 15 个元素, 元素的阶数是 2; $\mathcal{C}_3$ 类的轮换结构是 $(3,1,1)$, 包含 20 个元素, 元素的阶数是 3. 因为

$$
\begin{aligned}
(1\ 2\ 3\ 4\ 5)^2 &= (1\ 3\ 5\ 2\ 4) = (2\ 3\ 5\ 4)(1\ 2\ 3\ 4\ 5)(4\ 5\ 3\ 2), \\
(1\ 2\ 3\ 4\ 5)^3 &= (1\ 4\ 2\ 5\ 3) = (4\ 5\ 3\ 2)(1\ 2\ 3\ 4\ 5)(2\ 3\ 5\ 4).
\end{aligned}
$$

而 S_5' 群不包含奇置换元素, 所以长度为 5 的轮换分成两个类 $\mathcal{C}_4$ 和 $\mathcal{C}_5$, 分别包含 12 个元素. S_5' 群也没有非平庸的不变子群.

因为 I 群和置换群 S_5' 群的类和不变子群的结构完全相同, 所以它们应该是同构的, $\mathrm{I} \approx \mathrm{S}_5'$. 为了完全确定它们的同构关系, 必须具体列出两群元素间的一一对应关系, 并证明此对应关系对元素乘积保持不变. 与 $\mathrm{O} \approx \mathrm{S}_4$ 的讨论类似, 从 I 群来说, 除了元素的幂次关系和式 (1.34) 给出的元素共轭关系外, 还需要建立一个不同类元素的乘积关系, 即推广的式 (1.52). 从图 1.4 可以看出

$$
A_0 \xrightarrow{T_0} A_0 \xrightarrow{R_1} A_1, \quad A_1 \xrightarrow{T_0} A_2 \xrightarrow{R_1} A_0,
$$

即乘积 $R_1 T_0$ 正是 S_1 转动:

$$
R_1 T_0 = S_1. \tag{1.55}
$$

现在具体建立 I 群元素和 S_5' 群元素间的一一对应关系. 先设五次转动 T_0 和长度为 5 的轮换 (1 2 3 4 5) 对应, 再让三次转动 R_1 和一个长度为 3 的轮换对应. 由于对称性, 这里只有四种实质不同的选择, 就是与 (1 2 3), (2 1 3), (1 2 4) 或 (2 1 4) 对应. 根据式 (1.55) 的要求, 有

$$\begin{aligned}
R_1 &\leftrightarrow (1\,2\,3), \quad & S_1 &\leftrightarrow (1\,2\,3)(1\,2\,3\,4\,5) = (2\,1\,3\,4\,5),\\
R_1 &\leftrightarrow (2\,1\,3), \quad & S_5 &\leftrightarrow (2\,1\,3)(1\,2\,3\,4\,5) = (3\,4\,5),\\
R_1 &\leftrightarrow (1\,2\,4), \quad & S_5 &\leftrightarrow (1\,2\,4)(1\,2\,3\,4\,5) = (1\,2\,4)(4\,1\,2\,3)(4\,5)\\
& & &\qquad = (1\,4\,2\,3)(4\,5) = (2\,3\,1\,4\,5),\\
R_1 &\leftrightarrow (2\,1\,4), \quad & S_5 &\leftrightarrow (2\,1\,4)(1\,2\,3\,4\,5) = (2\,1\,4)(4\,1\,2\,3)(4\,5)\\
& & &\qquad = (2\,3)(4\,5).
\end{aligned}$$

只有最后一种对应关系把 S_1 和一个二阶元素相对应, 其他对应关系都不对. 现在每一类元素都找到了对应关系, 其他元素的对应关系就可以用幂次关系和共轭关系来计算了. 注意 $T_1 = R_1T_0R_1^{-1}$, $S_6 = R_1S_1R_1^{-1}$, $R_6 = S_6R_1S_6$, $S_{11} = R_6S_6R_6^{-1}$, 得

$$\begin{array}{lll}
T_0 \leftrightarrow (1\,2\,3\,4\,5), & T_1 \leftrightarrow (1\,3\,2\,5\,4), & T_2 \leftrightarrow (2\,4\,3\,1\,5),\\
T_3 \leftrightarrow (3\,5\,4\,2\,1), & T_4 \leftrightarrow (4\,1\,5\,3\,2), & T_5 \leftrightarrow (5\,2\,1\,4\,3),\\
R_1 \leftrightarrow (2\,1\,4), & R_2 \leftrightarrow (3\,2\,5), & R_3 \leftrightarrow (4\,3\,1),\\
R_4 \leftrightarrow (5\,4\,2), & R_5 \leftrightarrow (1\,5\,3), & R_6 \leftrightarrow (5\,3\,4),\\
R_7 \leftrightarrow (1\,4\,5), & R_8 \leftrightarrow (2\,5\,1), & R_9 \leftrightarrow (3\,1\,2),\\
R_{10} \leftrightarrow (4\,2\,3), & S_1 \leftrightarrow (2\,3)(4\,5), & S_2 \leftrightarrow (3\,4)(5\,1),\\
S_3 \leftrightarrow (4\,5)(1\,2), & S_4 \leftrightarrow (5\,1)(2\,3), & S_5 \leftrightarrow (1\,2)(3\,4),\\
S_6 \leftrightarrow (1\,3)(2\,5), & S_7 \leftrightarrow (2\,4)(3\,1), & S_8 \leftrightarrow (3\,5)(4\,2),\\
S_9 \leftrightarrow (4\,1)(5\,3), & S_{10} \leftrightarrow (5\,2)(1\,4), & S_{11} \leftrightarrow (1\,4)(2\,3),\\
S_{12} \leftrightarrow (2\,5)(3\,4), & S_{13} \leftrightarrow (3\,1)(4\,5), & S_{14} \leftrightarrow (4\,2)(5\,1),\\
S_{15} \leftrightarrow (5\,3)(1\,2). & &
\end{array} \tag{1.56}$$

还可以通过式 (1.34) 来验算元素的共轭关系. 例如,

$$\begin{aligned}
T_1 = S_1T_0S_1 &\leftrightarrow [(2\,3)(4\,5)](1\,2\,3\,4\,5)[(2\,3)(4\,5)] = (1\,3\,2\,5\,4),\\
R_5 = S_1R_1S_1 &\leftrightarrow [(2\,3)(4\,5)](2\,1\,4)[(2\,3)(4\,5)] = (3\,1\,5).
\end{aligned}$$

由此对应关系 (1.56) 可以很容易地计算出 I 群的乘法表.

1.6 群的直接乘积和非固有点群

1.6.1 群的直接乘积

定义 1.4 设群 H_1 和 H_2 是群 G 的两个子群

$$\mathrm{H}_1 = \{R_1,\ R_2,\ \cdots,\ R_{h_1}\},\quad \mathrm{H}_2 = \{S_1,\ S_2,\ \cdots,\ S_{h_2}\},\tag{1.57}$$

满足: (1) 除恒元 $R_1 = S_1 = E$ 外, 子群 H_1 和 H_2 无公共元素;

(2) 分属两子群的元素乘积可以对易, 即若 $R_j \in \mathrm{H}_1$, $S_\mu \in \mathrm{H}_2$, 则 $R_jS_\mu = S_\mu R_j$;

(3) 群 G 是所有形如 R_jS_μ 的元素构成的集合.

则群 G 称为群 H_1 和 H_2 的直接乘积, 简称直乘, 记为 $\mathrm{G} = \mathrm{H}_1 \otimes \mathrm{H}_2$. 群 H_1 和群 H_2 都是群 G 的不变子群.

集合 $\{R_jS_\mu\}$ 中不会有重复元素. 因为若有 $R_jS_\mu = R_kS_\nu$, 则 $R_k^{-1}R_j = S_\nu S_\mu^{-1}$, 它们分属两个子群, 故只能等于公共的恒元 E, 即 $R_j = R_k$ 和 $S_\mu = S_\nu$. 因此, 直乘群 G 的阶等于两子群的阶数乘积, $g = h_1h_2$.

在实际问题中, 经常遇到的情况是由式 (1.57) 给出的两个群 H_1 和 H_2 分别作用于两个不同的对象上, 因而分属两群的元素乘积可以对易:

$$R_jS_\mu = S_\mu R_j.\tag{1.58}$$

设两群的恒元分别为 R_1 和 S_1. 重新定义两个同构的群 H_1S_1 和 $R_1\mathrm{H}_2$. 补上的恒元不影响两群元素的乘积规则, 但使两群有了公共的恒元 R_1S_1. 定义集合

$$\mathrm{G} = \{R_jS_\mu | R_j \in \mathrm{H}_1, S_\mu \in \mathrm{H}_2\},\tag{1.59}$$

在原来的元素乘积定义下, 由式 (1.58), 集合 G 显然满足群的四个条件, 因而构成群, 称为群 H_1 和 H_2 的直接乘积.

1.6.2 非固有点群

保持原点不变的若干固有转动和非固有转动的集合构成的有限群称为非固有点群 (improper point group). 非固有点群必定也包含若干固有转动元素, 因为至少恒元是固有转动元素. 注意任何非固有转动都可表为一个固有转动和空间反演 σ 的乘积, 而 σ 可与任何转动变换对易, 且平方为恒元. 因此, 两个固有转动的乘积或两个非固有转动的乘积是固有转动, 一个非固有转动和一个固有转动的乘积则是非固有转动.

设非固有点群 G 包含的所有固有转动元素的集合为 H, 因为满足乘积封闭性, H 是群 G 的子群. 既然两个非固有转动元素的乘积是固有转动元素, G 中所有非固有转动元素只能属于子群 H 的同一个陪集, 因而子群 H 的指数为 2, 它是群 G 的不变子群, 称为群 G 的子固有点群. 非固有点群分为两类, 包含空间反演变换 σ 的非固有点群称为 I 型非固有点群, 不包含 σ 的非固有点群称为 P 型非固有点群.

I 型非固有点群 G 中, 子固有点群 H 的陪集可表为 σH, 因而群 G 是子群 H 和二阶反演群 V_2 的直乘

$$\mathrm{G} = \mathrm{H} \otimes \mathrm{V}_2, \quad \mathrm{V}_2 = \{E,\ \sigma\}. \tag{1.60}$$

P 型非固有点群 G 不包含空间反演变换 σ. 设 G 中固有转动元素记为 R_k, 非固有转动元素记为 S_j, 则 σS_j 是固有转动变换, 但与原来的固有转动元素 R_k 不重复. 因为如若 $\sigma S_j = R_k$, 则 $\sigma = R_k S_j^{-1} \in G$, 与假设矛盾. 这样, 由 σS_j 和 R_k 的集合构成新的固有点群 G′, 并与原非固有点群 G 同构.

一个相反的问题是: 怎样由固有点群构造 P 型非固有点群? 设固有点群 G′ 含有指数为 2 的不变子群 H, 保持子群元素不变, 把陪集元素都乘以 σ, 就构成 P 型非固有点群 G. 群 G 和群 G′ 同构, 它们包含共同的指数为 2 的不变子群 H.

最后, 我们介绍一下熊夫利 (Schönflies) 符号体系中下标的含义. 除了 T 群和 I 群外, 把固有点群中一个次数最高的固有转动轴指向 z 轴正向, 称为主轴. 对 T 群和 I 群, 则把一个二次轴指向 z 轴. 绕 z 轴转动 π 角后再作空间反演, 就是对 xy 平面的反射, 记为 P_s. 只要非固有点群中包含有 P_s, 一律以下标 h(horizontal) 标记. C_2 群对应的 P 型非固有点群虽然包含 P_s, 但记为 C_s, 这是唯一的例外. 在非固有点群不包含 P_s 的条件下, 如果它包含的在 xy 平面的二次转动轴, 既有固有的也有非固有的, 则用下标 d 标记; 如果它包含的在 xy 平面的二次转动轴都是非固有的, 则用下标 v 标记; 如果它不包含在 xy 平面的二次转动轴, 则记为 S_{4n}(非固有 $4n$ 次轴) 或 C_i 和 $\mathrm{C}_{(2n+1)i}$(包含 σ). 注意, 在 xy 平面的非固有二次转动, 就是对包含 z 轴的平面 (铅垂平面) 的反射变换, 下标 v 就是“铅垂”(vertical) 的英文缩写. 在用下标 d 标记的非固有点群中, 这样的铅垂平面的位置, 正好平分在 xy 平面内两相邻固有二次转动轴的夹角. 事实上, 如果系统对某铅垂平面的反射保持不变, 而此铅垂平面和 xy 平面的交线又是系统的固有二次转动轴, 则 xy 平面就变成对称平面, 该非固有点群就该用下标 h 标记. 正二十面体对关于原点的空间反演 σ 保持不变, 因而对称变换群是 I 型非固有点群, 取 z 轴沿一个二次轴方向后, 记为 I_h.

按照熊夫利符号, 已知的固有点群所对应的 I 型非固有点群分别记为

$$\begin{aligned} &\mathrm{C}_i \approx \mathrm{C}_1 \otimes \mathrm{V}_2, && \mathrm{C}_{(2n)h} \approx \mathrm{C}_{2n} \otimes \mathrm{V}_2, \\ &\mathrm{C}_{(2n+1)i} \approx \mathrm{C}_{(2n+1)} \otimes \mathrm{V}_2, && \mathrm{D}_{(2n)h} \approx \mathrm{D}_{2n} \otimes \mathrm{V}_2, \\ &\mathrm{D}_{(2n+1)d} \approx \mathrm{D}_{(2n+1)} \otimes \mathrm{V}_2, && \mathrm{T}_h \approx \mathrm{T} \otimes \mathrm{V}_2, \\ &\mathrm{O}_h \approx \mathrm{O} \otimes \mathrm{V}_2, && \mathrm{I}_h \approx \mathrm{I} \otimes \mathrm{V}_2. \end{aligned} \tag{1.61}$$

在已知的固有点群中, 挑出那些包含指数为 2 不变子群的固有点群, 构造出的 P 型非固有点群及其不变子群为

$$\begin{aligned} &\mathrm{S}_{4n} \approx \mathrm{C}_{4n}, \quad \text{子群}\ \mathrm{C}_{2n}, \quad && \mathrm{C}_{(2n+1)h} \approx \mathrm{C}_{4n+2}, \quad \text{子群}\ \mathrm{C}_{2n+1}, \\ &\mathrm{C}_s \approx \mathrm{C}_2, \quad \text{子群}\ \mathrm{C}_1, \quad && \mathrm{C}_{Nv} \approx \mathrm{D}_N, \quad \text{子群}\ \mathrm{C}_N, \end{aligned}$$

$$
\begin{aligned}
&\mathrm{D}_{(2n)d} \approx \mathrm{D}_{4n}, \quad \text{子群}\ \mathrm{D}_{2n}, \quad \mathrm{D}_{(2n+1)h} \approx \mathrm{D}_{4n+2}, \quad \text{子群}\ \mathrm{D}_{2n+1}, \\
&\mathrm{T}_d \approx \mathrm{O}, \qquad \text{子群}\ \mathrm{T}.
\end{aligned} \tag{1.62}
$$

习　题　1

1. 设 E 是群 G 的恒元, R 和 S 是群 G 中的任意元素, R^{-1} 和 S^{-1} 分别是 R 和 S 的逆元, 证明 (1) $RR^{-1}=E$; (2) $RE=R$; (3) 若 $TR=R$, 则 $T=E$; (4) 若 $TR=E$, 则 $T=R^{-1}$; (5) (RS) 的逆元为 $S^{-1}R^{-1}$.

2. 证明以乘法作为"乘积"的所有正实数构成的群和以"加法"作为乘积的所有实数构成的群同构.

3. 沿三个坐标轴方向的三个二次转动, 加上恒元, 构成群, 记为 D_2. 证明 D_2 群和四阶反演群同构, $\mathrm{D}_2 \approx \mathrm{V}_4$.

4. 证明每个元素的平方都等于恒元的群一定是阿贝尔群.

5. 准确到同构, 证明 6 阶群 G 只有两种: 循环群 C_6 和正三角形对称群 D_3.

6. 把下列置换化为无公共客体的轮换乘积:

(1) (1 2)(2 3)(1 2); (2) (1 2 3)(1 3 4)(3 2 1); (3) $(1\ 2\ 3\ 4)^{-1}$;

(4) (1 2 4 5)(4 3 2 6); (5) (1 2 3)(4 2 6)(3 4 5 6).

7. 试写出长度为 5 的轮换 $R=(a\ b\ c\ d\ e)$ 的各次幂次 R^m.

8. 设群 G 的阶数 $g=2n$, n 是大于 2 的素数, 准确到同构, 证明群 G 只有两种: 循环群 C_{2n} 和正 n 边形对称群 D_n.

9. 设 H_1 和 H_2 是群 G 的两个子群, 证明 H_1 和 H_2 的公共元素的集合也构成群 G 的子群.

10. 设集合 G 包含元素数目为 5, 6 或 7, 所有元素的平方都是恒元, 证明此集合不构成群.

11. 举例说明群 G 的不变子群的不变子群不一定是群 G 的不变子群. 反之, 证明若群 G 的不变子群完整地属于子群 H, 则它也是子群 H 的不变子群.

12. 量子力学中常用的泡利 (Pauli) 矩阵 σ_a 定义如下:

$$
\sigma_1 = \begin{pmatrix} 0 & 1 \\ 1 & 0 \end{pmatrix}, \quad \sigma_2 = \begin{pmatrix} 0 & -\mathrm{i} \\ \mathrm{i} & 0 \end{pmatrix}, \quad \sigma_3 = \begin{pmatrix} 1 & 0 \\ 0 & -1 \end{pmatrix},
$$

$$
\sigma_a \sigma_b = \delta_{ab}\mathbf{1} + \mathrm{i}\sum_{d=1}^{3} \epsilon_{abd}\sigma_d, \quad \text{如}\ \ \sigma_a^2 = \mathbf{1}, \quad \sigma_1\sigma_2 = \mathrm{i}\sigma_3,
$$

其中 ϵ_{abd} 是三阶完全反对称张量. 证明由 σ_1 和 σ_2 的所有可能乘积和幂次的集合构成群, 列出此群的乘法表, 指出此群的阶数, 各元素的阶数, 群所包含的类和不变子群, 不变子群的商群与什么群同构. 建立同构关系, 证明此群和正方形固有对称群 D_4 同构.

13. 证明由 $\mathrm{i}\sigma_1$ 和 $\mathrm{i}\sigma_2$ 的所有可能乘积和幂次的集合构成群, 列出此群的乘法表, 指出此群的阶数, 各元素的阶数, 群包含的各类和不变子群, 不变子群的商群与什么群同构. 说明此群与 D_4 群不同构.

14. 准确到同构, 证明八阶群 G 只有五种: 循环群 C_8, 正方形固有对称群 D_4, 四元数群 Q_8 (见第 13 题) 和 I 型非固有点群 $\mathrm{C}_{4h}=\mathrm{C}_4\otimes\mathrm{V}_2$ 与 $\mathrm{D}_{2h}=\mathrm{D}_2\otimes\mathrm{V}_2$.

15. 准确到同构, 证明九阶群 G 只有两种: 循环群 C_9 和直乘群 $C_3 \otimes C_3$.

16. 证明群 G 两个类作为复元素的乘积, 必由若干个整类构成, 即作为乘积的集合, 包含集合中每个元素的共轭元素.

17. 试研究立方体固有点群 O 关于不变子群 D_2 的商群与什么群同构.

18. 设有限群 G 的阶数为 g, $\mathcal{C}_\alpha$ 是群 G 中的一个类, 含 $n(\alpha)$ 个元素, S_j 和 S_k 是类 $\mathcal{C}_\alpha$ 中任意两个元素 (可以相同), 证明 G 中满足条件 $S_j = PS_kP^{-1}$ 的元素 P 的数目等于 $m(\alpha) = g/n(\alpha)$.

19. 群 G 由 12 个元素组成, 它的乘法表如下:

	E	A	B	C	D	F	I	J	K	L	M	N
E	E	A	B	C	D	F	I	J	K	L	M	N
A	A	E	F	I	J	B	C	D	M	N	K	L
B	B	F	A	K	L	E	M	N	I	J	C	D
C	C	I	L	A	K	N	E	M	J	F	D	B
D	D	J	K	L	A	M	N	E	F	I	B	C
F	F	B	E	M	N	A	K	L	C	D	I	J
I	I	C	N	E	M	L	A	K	D	B	J	F
J	J	D	M	N	E	K	L	A	B	C	F	I
K	K	M	J	F	I	D	B	C	N	E	L	A
L	L	N	I	J	F	C	D	B	E	M	A	K
M	M	K	D	B	C	J	F	I	L	A	N	E
N	N	L	C	D	B	I	J	F	A	K	E	M

(1) 找出群 G 各元素的逆元; (2) 指出哪些元素可与群中任一元素乘积对易; (3) 列出各元素的周期和阶; (4) 找出群 G 各类包含的元素; (5) 找出群 G 包含哪些不变子群, 列出它们的陪集, 并指出它们的商群与什么群同构; (6) 判断群 G 是否与正四面体对称群 T 或与正六边形对称群 D_6 同构.

第2章　群的线性表示理论

群的线性表示理论是群论能在物理和其他领域得到广泛应用的基础. 我们首先引入群的线性表示的定义, 介绍等价表示和不可约表示的概念. 然后, 通过几个基本定理, 掌握群的不等价不可约表示的重要性质, 并就若干个典型例子, 说明如何寻找有限群所有不等价不可约表示和计算可约表示的约化方法, 介绍群论方法在物理中应用的基本步骤. 最后, 我们研究有限群群空间的不可约基.

2.1　群的线性表示

2.1.1　线性表示的定义

从群论观点看, 两个同构的群, 群的性质完全相同. 由于矩阵群比较容易研究, 如能找到一个矩阵群和给定群同构, 那么研究清楚此矩阵群的性质, 也就完全掌握了给定群的性质. 如果矩阵群只是与给定群同态, 那么矩阵群只反映给定群的部分性质, 但对研究给定群的性质也有帮助. 与给定群同构或同态的矩阵群称为该群的线性表示.

定义 2.1　若行列式不为零的 $m \times m$ 矩阵集合构成的群 $D(\mathrm{G})$ 与给定群 G 同构或同态, 则 $D(\mathrm{G})$ 称为群 G 的一个 m 维线性表示, 简称表示 (representation). 在 $D(\mathrm{G})$ 中, 与 G 中元素 R 对应的矩阵 $D(R)$, 称为元素 R 在表示 $D(\mathrm{G})$ 中的表示矩阵, $D(R)$ 的矩阵迹 $\chi(R)$ =Tr $D(R)$ 称为元素 R 在表示 $D(\mathrm{G})$ 中的特征标 (character).

规定表示矩阵的行列式不为零, 是为了排除表示矩阵与零矩阵直和的平庸情况. 在此规定下, 恒元的表示矩阵是单位矩阵, $D(E) = \mathbf{1}$, 互逆元素的表示矩阵互为逆矩阵, $D(R^{-1}) = D(R)^{-1}$. 若 $D(\mathrm{G})$ 与群 G 同构, 则 $D(\mathrm{G})$ 称为群 G 的真实 (faithful) 表示, 若同态, 则称为非真实表示. 非真实表示描写了群 G 关于同态对应核的商群的性质.

让群中所有元素都对应 1, $D(R) = 1$, 得到的表示称为恒等表示, 也称平庸表示. 任何群都有恒等表示. 矩阵群本身是自己的一个表示, 称为自身表示. 表示矩阵都是实矩阵的表示称为实表示. 表示矩阵都是幺正矩阵的表示称为幺正表示. 表示矩阵都是实正交矩阵的表示称为实正交表示. 如不作特殊说明, 本书只讨论群的有限维表示. 文献 (Ma and Gu, 2004) 第四章第 25 题举例说明了无穷维幺正表示的研究方法.

2.1.2 群代数和有限群的正则表示

这里讨论任何有限群都有的一个重要的真实线性表示, 称为正则表示 (regular representation). 为此, 我们先引入群函数和群代数的概念.

所谓函数关系就是自变量和因变量之间的一种确定的对应关系. 过去我们接触的函数, 自变量往往是坐标等连续变量, 它在称为定义域的连续区域内连续变化. 但是作为函数的自变量, 并不一定要是连续变量. 例如, 以群元素作为自变量也可以建立适当的函数关系.

如果对于群 G 的每一个元素 R, 都有一个确定的数 $F(R)$ (实数或复数) 与之对应, 这样的以群元素作为自变量的函数称为群函数, 常记为 $F(\mathrm{G})$. 对有限群, 群函数只有 g 个取值, 因此有限群线性无关的群函数数目等于群的阶数 g. 作为群的函数, 还可以是矢量函数、矩阵函数等.

群 G 的每一个线性表示 $D(\mathrm{G})$ 都是群 G 的一个矩阵函数. 表示矩阵的每一个矩阵元素 $D_{\mu\nu}(R)$ 是群 G 的一个群函数. 特征标 $\chi(R)$ 也是一个群函数, 但由于共轭元素的特征标相同:

$$D(SRS^{-1}) = D(S)D(R)D(S)^{-1}, \quad \chi(SRS^{-1}) = \chi(R), \tag{2.1}$$

特征标 $\chi(R)$ 实际上是类的函数.

在群的定义中, 没有研究过群元素的加法运算. 现在引入群元素加法的概念. 所谓 $R+S$ 就是把两元素加在一起, 不要问它们加起来等于什么, 只是从原则上规定群元素加法必须满足加法的一些基本公理, 也就是加法的交换律和群元素与数相乘的线性性质

$$\begin{gathered} c_1R + c_2S = c_2S + c_1R, \quad c_1R + c_2R = (c_1+c_2)R, \\ c_3\left(c_1R + c_2S\right) = c_3c_1R + c_3c_2S. \end{gathered} \tag{2.2}$$

把有限群的群元素看成线性无关的, 以群元素 R 作为基, 它们的所有复线性组合构成一个线性空间, $\mathcal{L}$ 称为群空间. 群空间的维数就是群的阶数 g. 群元素的任何线性组合都是群空间的一个矢量. 例如,

$$X = \sum_{R\in \mathrm{G}} RF_1(R), \quad Y = \sum_{S\in \mathrm{G}} SF_2(S). \tag{2.3}$$

群空间的矢量也要满足线性空间矢量的一般性质, 如数和矢量相乘的线性性质, 两矢量相加减时, 它们的对应分量相加减等. 群空间矢量基的选择也不是唯一的. 以群元素作为基称为自然基. 在自然基中, 群空间矢量的分量 $F_1(R)$ 是一个群函数, 因此群空间的矢量和群函数之间有一一对应的关系. 把矢量的分量排成 $g\times 1$ 列矩

阵, 称为在取自然基时群空间矢量的列矩阵形式. 在群空间中, 任取 g 个线性无关的矢量 e_S 作为群空间新的基, 则矢量的列矩阵形式 ϕ_S 要按一定的规则作线性组合.

$$\begin{aligned}
&e_S=\sum_{R\in \mathrm{G}} RM_{RS}, \quad \det\ M\neq 0, \\
&X=\sum_{R\in \mathrm{G}} RF_1(R)=\sum_{S\in \mathrm{G}} e_S\phi_S, \\
&F_1(R)=\sum_{S\in \mathrm{G}} M_{RS}\phi_S, \quad \phi_S=\sum_{R\in \mathrm{G}} \left(M^{-1}\right)_{SR} F_1(R).
\end{aligned} \tag{2.4}$$

进一步, 在线性空间 $\mathcal{L}$ 中只定义了矢量的加减法和矢量与数的乘法, 没有定义矢量间的乘法. 如果在线性空间再引入矢量乘法的概念, 定义两矢量相乘还是该线性空间的一个矢量, 而且乘法满足分配律, 即线性空间关于乘法是封闭的, 对线性空间 $\mathcal{L}$ 中的任何矢量 X, Y 和 Z, 满足

$$XY\in\mathcal{L}, \quad Z\left(X+Y\right)=ZX+ZY, \tag{2.5}$$

这样的线性空间称为代数. 在群空间中我们这样定义矢量的乘法: 数与数作普通数的乘法, 群元素与群元素按群元素的乘积规则相乘:

$$\begin{aligned}
XY&=\left\{\sum_{R\in G} F_1(R)R\right\}\left\{\sum_{S\in G} F_2(S)S\right\}=\sum_{R\in G}\sum_{S\in G}\left\{F_1(R)F_2(S)\right\}(RS) \\
&=\sum_{T\in G}\left\{\sum_{R\in G} F_1(R)F_2(R^{-1}T)\right\}T=\sum_{T\in G}\left\{\sum_{S\in G} F_1(TS^{-1})F_2(S)\right\}T.
\end{aligned}$$

这样的乘法满足式 (2.5), 从而使群空间变成代数, 称为群代数. 今后我们仍用线性空间的符号 $\mathcal{L}$ 来标记群代数.

群元素左乘或右乘到群代数的矢量上, 使矢量按一定规则变成群代数中的另一个矢量. 因此, 在群代数中群元素既是矢量又是线性算符. 把作为算符的 S 左乘到作为矢量基的 R 上, 得到群代数中的一个矢量, 可以写成矢量基的线性组合, 组合系数排列起来构成算符 S 在矢量基 R 中的矩阵形式 $D(S)$:

$$SR=T=\sum_{P\in G} P\,D_{PR}(S). \tag{2.6}$$

但是, 按照群元素的乘积规则, S 左乘到 R 上得到另一个群元素 T. 就是说, 式 (2.6) 的求和式实际只有一项, 矩阵 $D(S)$ 的每一列只有一个矩阵元素不为 0, 而为 1:

$$D_{PR}(S)=\begin{cases} 1, & P=SR, \\ 0, & P\neq SR. \end{cases} \tag{2.7}$$

由于重排定理, $D(S)$ 的每一行也只有一个矩阵元素不为零.

因为矩阵 $D(S)$ 是线性算符 S 在群代数自然基中的矩阵形式, 式 (2.6) 给出 $D(S)$ 和 S 间的一个一一对应的关系. 按惯例, 算符乘积定义为两算符的相继作用, 矩阵按矩阵乘积规则相乘, 则算符的乘积和矩阵的乘积仍按式 (2.6) 一一对应. **这种算符与其矩阵形式间的一一对应或一多对应关系, 一定在乘积中保持不变**. 在群论中经常遇到这类问题, 这里我们证明一次, 以后再遇到就不再证明.

$$T(SR)=\sum_{P\in \mathrm{G}} TP\ D_{PR}(S)=\sum_{Q\in \mathrm{G}} Q\left\{\sum_{P\in \mathrm{G}} D_{QP}(T)D_{PR}(S)\right\},$$
$$(TS)R=\sum_{Q\in \mathrm{G}} Q\ D_{QR}(TS).$$

由于结合律, 两式子的左边相等, 因而

$$D(T)D(S)=D(TS)\longleftrightarrow TS.$$

根据定理 1.3, 此矩阵 $D(S)$ 的集合构成群 $D(\mathrm{G})$, 且同构于群 G, 称为群 G 的正则表示, 正则表示是真实表示, 每个有限群都有正则表示, 表示的维数等于有限群的阶数 g. 由式 (2.7) 知, 除了恒元外, 元素 S 在正则表示中的特征标都为零,

$$\chi(S)=\mathrm{Tr}\ D(S)=\begin{cases} g, & S=E, \\ 0, & S\neq E. \end{cases} \tag{2.8}$$

过去我们习惯于用自然数标记矩阵的行和列, 这不是必要的. 其实只要足以区分行 (列) 的任何指标都可以用来标记矩阵的行 (列). 正则表示是一个典型的例子, 它用群元素来标记矩阵的行 (列). 知道了群的乘法表, 群的正则表示很容易写出来. 元素 S 在正则表示中的矩阵形式由乘法表中第 S 行的乘积元素决定. **元素 S 的表示矩阵第 R 列不为零的矩阵元素所在行, 就是乘法表 S 行中 R 列的乘积元素标记的行**. 因此看着乘法表就能立刻写出每个元素的正则表示矩阵. 例如, 正三角形对称群 D_3 的正则表示, 行 (列) 按如下排列次序, 用群元素标记: E, D, F, A, B 和 C. 生成元 D 和 A 在正则表示中的表示矩阵如下:

$$D(D)=\begin{pmatrix} 0&0&1&0&0&0\\ 1&0&0&0&0&0\\ 0&1&0&0&0&0\\ 0&0&0&0&0&1\\ 0&0&0&1&0&0\\ 0&0&0&0&1&0 \end{pmatrix},\quad D(A)=\begin{pmatrix} 0&0&0&1&0&0\\ 0&0&0&0&0&1\\ 0&0&0&0&1&0\\ 1&0&0&0&0&0\\ 0&0&1&0&0&0\\ 0&1&0&0&0&0 \end{pmatrix}. \tag{2.9}$$

在群代数中, 作为算符的群元素 S, 不仅可以从左面作用到矢量上, 也可以从右面作用到矢量上. 当然, 对非阿贝尔群来说, 左乘和右乘群元素的结果是不一样

的, 而且两个算符的乘积, 对左乘和右乘群元素来说也是不一样的. 例如, 先左乘 S, 再左乘 T, 其结果是左乘 TS, 但先右乘 S, 再右乘 T, 其结果是右乘 ST. 虽然左乘算符的集合和右乘算符的集合, 根据不同的乘积规则可以分别构成群, 分别记为 G 和 $\tilde{\mathrm{G}}$, 但如果把它们的相同元素一一对应, 则它们的乘积不再按原规则一一对应. 只有把 G 中元素 R 和 $\tilde{\mathrm{G}}$ 中元素 R^{-1} 一一对应, 元素的乘积才按原规则一一对应. $\tilde{\mathrm{G}}$ 称为群 G 的内禀群 (intrinsic group). 为了使右乘算符的矩阵形式的集合也构成原群的线性表示, 可以把算符的矩阵形式取转置, 也就是式 (2.10) 中按列指标求和:

$$RS = \sum_{P\in \mathrm{G}} \overline{D}_{RP}(S)\ P. \tag{2.10}$$

式 (2.10) 给出的群元素 S 和矩阵 $\overline{D}(S)$ 间的一一对应关系, 使元素的乘积按同一规则一一对应,

$$\begin{aligned}(RS)T &= \sum_{P\in \mathrm{G}} \overline{D}_{RP}(S)PT = \sum_{Q\in \mathrm{G}} \left\{\sum_{P\in \mathrm{G}} \overline{D}_{RP}(S)\overline{D}_{PQ}(T)\right\} Q \\ &= R(ST) = \sum_{Q\in \mathrm{G}} \overline{D}_{ST}(ST)Q,\end{aligned}$$

即 $\overline{D}(ST) = \overline{D}(S)\overline{D}(T)$. 由式 (2.10) 可以计算得表示矩阵 $\overline{D}(S)$:

$$\overline{D}_{RP}(S) = \begin{cases} 1, & P = RS, \\ 0, & P \neq RS. \end{cases} \tag{2.11}$$

这个矩阵也用群元素来标记行 (列). 元素 S 在此表示中的矩阵形式由乘法表中第 S 列的乘积元素决定. **元素 S 的表示矩阵第 R 行不为零的矩阵元素所在列, 就是乘法表 S 列中 R 行的乘积元素所标记的列**. 例如, 生成元 D 和 A 在此表示中的表示矩阵为

$$\overline{D}(D) = \begin{pmatrix} 0 & 1 & 0 & 0 & 0 & 0 \\ 0 & 0 & 1 & 0 & 0 & 0 \\ 1 & 0 & 0 & 0 & 0 & 0 \\ 0 & 0 & 0 & 0 & 0 & 1 \\ 0 & 0 & 0 & 1 & 0 & 0 \\ 0 & 0 & 0 & 0 & 1 & 0 \end{pmatrix}, \quad \overline{D}(A) = \begin{pmatrix} 0 & 0 & 0 & 1 & 0 & 0 \\ 0 & 0 & 0 & 0 & 1 & 0 \\ 0 & 0 & 0 & 0 & 0 & 1 \\ 1 & 0 & 0 & 0 & 0 & 0 \\ 0 & 1 & 0 & 0 & 0 & 0 \\ 0 & 0 & 1 & 0 & 0 & 0 \end{pmatrix}. \tag{2.12}$$

2.1.3 类算符

设群 G 阶数为 g, 包含 g_c 个类, 第 α 个类是

$$\mathcal{C}_\alpha = \left\{S_1,\ S_2,\ \cdots,\ S_{n(\alpha)}\right\} = \left\{S_k | S_k = TS_jT^{-1},\ T \in \mathrm{G}\right\}. \tag{2.13}$$

定义类算符

$$\mathsf{C}_\alpha = \sum_{S_k \in \mathcal{C}_\alpha} S_k. \tag{2.14}$$

根据第 1 章习题第 18 题, 对类中任一元素 $S_j \in \mathcal{C}_\alpha$, 有

$$\sum_{T \in \mathrm{G}} T S_j T^{-1} = \frac{g}{n(\alpha)} \mathsf{C}_\alpha. \tag{2.15}$$

对于群中任一元素 T, 因为 TS_jT^{-1} 不会重复, 有

$$T\mathsf{C}_\alpha T^{-1} = \mathsf{C}_\alpha, \quad T\mathsf{C}_\alpha = \mathsf{C}_\alpha T, \quad T \in \mathrm{G}, \tag{2.16}$$

即**类算符和群中任一元素 T 对易**(式 (1.32)). 反之, **群空间中能与任何群元素对易的矢量 $t = \sum_{R \in \mathrm{G}} F(R)R$, 一定是类算符的线性组合**

$$t = RtR^{-1} = \frac{1}{g} \sum_{R \in \mathrm{G}} RtR^{-1} = \sum_{\alpha} f(\alpha)\mathsf{C}_\alpha. \tag{2.17}$$

因此两个类算符的乘积一定是类算符的线性组合,

$$\mathsf{C}_\alpha \mathsf{C}_\beta = \sum_{\gamma=1}^{g_c} f(\alpha, \beta, \gamma)\mathsf{C}_\gamma, \quad f(\alpha, \beta, \gamma) = f(\beta, \alpha, \gamma). \tag{2.18}$$

2.2 标量函数的变换算符

标量的概念是与变换相联系的, 物理中通常说的标量是对三维空间转动变换来说的. 有一些物理量, 如质量、温度、电势等, 它们在转动变换中保持不变, 称为标量. 标量用一个数字就可以把它完全描述. **标量的空间分布称为标量场**. 标量场用标量函数 $\psi(x)$ 来描写, 它是空间坐标的函数. 描写系统状态的坐标可以很多, 如 N 个粒子系统需用 $3N$ 个坐标来描写. 为书写简单起见, 用一个字母 x 描写系统的全部坐标.

当系统 (标量场) 发生变换 (平移、转动等) 时, 描写系统的标量函数如何变化? 这里所谓的变换, 可以狭义地理解为系统的平移和转动等空间变换, 也可以广义地理解为更一般的变换, 如系统内部空间的变换. 下面的讨论原则上适用于任何变换, 但为确定起见, 我们姑且把它理解为空间转动变换. 描写转动通常有两种不同的观点, **一种是本书采用的系统转动的观点, 另一种是坐标系转动的观点, 两种变换互为逆变换**.

设经过变换 R 后, 在 x 点的场变到 x' 点, 则变换后标量场在 x' 点的值应该等于变换前标量场在 x 点的值. 因此, 变换前后描写系统的标量函数形式必须发生相

应的变化, 才能使它们在函数值上有上述的联系. 用标量函数 $\psi(x)$ 和 $\psi'(x)$ 描写变换前后标量场的分布, 则

$$\begin{aligned} &x \xrightarrow{R} x' = Rx, \quad x = R^{-1}x', \\ &\psi(x) \xrightarrow{R} \psi'(x') = \psi(x) = \psi(R^{-1}x'). \end{aligned} \tag{2.19}$$

由于自变量要取遍定义域的所有数值, 符号上采用 x' 或 x 都是一样的. 函数 ψ' 描写变换 R 后的标量场. 采用 ψ' 的符号, 看不清它对变换 R 的依赖. 为了明显地表达出新函数形式与变换 R 的关系, 引入算符 P_R:

$$P_R\psi \equiv \psi', \quad P_R\psi(x) = \psi'(x) = \psi(R^{-1}x). \tag{2.20}$$

P_R 是一个算符, 它把变换前的标量函数 ψ 变成新的标量函数 ψ'. ψ 和 $P_R\psi$ 是两种不同的函数形式, 式 (2.20) 给出了两个函数在函数值上的联系, 同时也给出了变换算符 P_R 对任意函数 $\psi(x)$ 的作用规则: **只要把原来函数 ψ 的自变量 x 换成 $R^{-1}x$, 再把它看成 x 的函数, 就得到新的函数形式** $P_R\psi$. P_R 显然是线性算符,

$$\begin{aligned} P_R\{a\psi(x) + b\phi(x)\} &= a\psi(R^{-1}x) + b\phi(R^{-1}x) \\ &= aP_R\psi(x) + bP_R\phi(x). \end{aligned} \tag{2.21}$$

P_R 称为标量函数变换算符. 式 (2.20) 可以看成标量函数的定义, 所有标量函数都必须满足这一变换规则.

算符 P_R 与变换 R 间有一一对应的关系:

$$\begin{aligned} &x \xrightarrow{R} x' = Rx, \\ &\psi(x) \xrightarrow{R} \psi'(x) = P_R\psi(x) = \psi(R^{-1}x). \end{aligned}$$

它们的乘积仍按同一规则一一对应:

$$\begin{aligned} &x' \xrightarrow{S} x'' = Sx' = (SR)x, \\ &P_R\psi(x) = \psi'(x) \xrightarrow{S} \psi''(x) = P_S\psi'(x) = P_SP_R\psi(x), \\ &x \xrightarrow{SR} x'' = (SR)x, \\ &\psi(x) \xrightarrow{SR} P_{SR}\psi(x) = \psi[(SR)^{-1}x]. \end{aligned}$$

因为

$$P_S\psi'(x) = \psi'(S^{-1}x) = P_R\psi(S^{-1}x) = \psi[R^{-1}(S^{-1}x)] = \psi[(SR)^{-1}x],$$

所以 $P_SP_R = P_{SR}$. 如果变换 R 的集合构成群 G, 则 P_R 的集合 $P_{\rm G}$ 构成与 G 同构的群. 有时把群 $P_{\rm G}$ 称为群 G 的线性实现. 以后, 线性算符群 $P_{\rm G}$ 和群 G 不再严格区分, 都称为对称变换群.

这里值得强调一下初学者很容易犯的一个错误. **式 (2.20) 是两个函数在函数值上的联系, 这两个函数是不同的**. P_R 作用在 ψ 上变成新函数 ψ', 再做 S 变换时, P_S 算符必须作用在这新函数 ψ' 上, 而不能作用在老函数 ψ 上,

$$P_S\left[P_R\psi(x)\right] \neq P_S\psi(R^{-1}x) = \psi(S^{-1}R^{-1}x). \tag{2.22}$$

下面通过两个例子来说明如何计算标量函数变换算符 P_R. 第一个例子是在一维空间的系统作平移变换

$$x \xrightarrow{T(a)} x' = T(a)x = x + a, \quad x = T(a)^{-1}x' = x' - a,$$

则平移变换中的标量函数算符 $P_{T(a)}$ 为

$$\begin{aligned} P_{T(a)}\psi(x) &= \psi[T(a)^{-1}x] = \psi(x-a) \\ &= \sum_{n=0}^{\infty} \frac{(-a)^n}{n!}\frac{\mathrm{d}^n}{\mathrm{d}x^n}\psi(x) = \exp\left\{-a\frac{\mathrm{d}}{\mathrm{d}x}\right\}\psi(x), \end{aligned}$$

$$P_{T(a)} = \exp\left\{-a\frac{\mathrm{d}}{\mathrm{d}x}\right\} = \exp\left\{(-\mathrm{i}a)\left(-\mathrm{i}\frac{\mathrm{d}}{\mathrm{d}x}\right)\right\} = \exp\left\{(-\mathrm{i}a)\hat{p}_x\right\}. \tag{2.23}$$

$P_{T(a)}$ 可以表达为沿 x 方向动量算符 $\hat{p}_x$ 的指数函数形式, 这里取 $\hbar = 1$.

第二个例子是系统在平面上做转动变换. 在二维空间建立定坐标系 K 和固定在系统上的坐标系 K'. 随着系统绕垂直此平面的 z 轴转动 ω 角 (记为 $R(\omega)$), K' 系从与 K 系重合的位置转到图 2.1 中用 x' 和 y' 标记的直角坐标系位置. 系统中在 P 位置的点转到 P' 位置, P 点在 K 系的坐标为 (x,y), P' 点在 K 系的坐标为 (x',y'), 但在 K' 系的坐标仍是 (x,y).

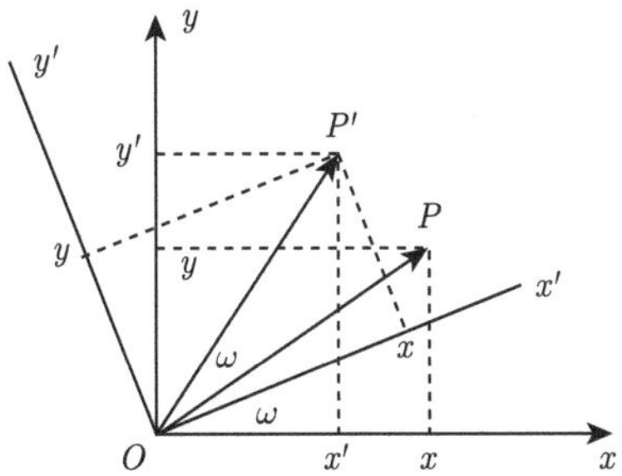

图 2.1 系统绕 z 轴的转动变换

从图中容易看出, 在转动 $R(\omega)$ 作用下, 坐标变换关系为

$$x' = x\cos\omega - y\sin\omega, \quad y' = x\sin\omega + y\cos\omega. \tag{2.24}$$

其逆变换是 $R(-\omega)$. 关于坐标 x 和 y 的二次齐次多项式有三个独立的函数基,

$$\psi_1(x,y)=x^2,\quad \psi_2(x,y)=xy,\quad \psi_3(x,y)=y^2$$

构成的三维函数空间, 对转动变换 $R(\omega)$, 或其算符形式 $P_{R(\omega)}$, 保持不变:

$$\begin{aligned}
P_{R(\omega)}\psi_1(x,y)=&\psi_1[R^{-1}(x,y)]=(x\cos\omega+y\sin\omega)^2\\
=&\psi_1(x,y)\cos^2\omega+\psi_2(x,y)\sin(2\omega)+\psi_3(x,y)\sin^2\omega,\\
P_{R(\omega)}\psi_2(x,y)=&\psi_2[R^{-1}(x,y)]=(x\cos\omega+y\sin\omega)(-x\sin\omega+y\cos\omega)\\
=&-\psi_1(x,y)\sin\omega\cos\omega+\psi_2(x,y)\cos(2\omega)+\psi_3(x,y)\sin\omega\cos\omega,\\
P_{R(\omega)}\psi_3(x,y)=&\psi_3[R^{-1}(x,y)]=(-x\sin\omega+y\cos\omega)^2\\
=&\psi_1(x,y)\sin^2\omega-\psi_2(x,y)\sin(2\omega)+\psi_3(x,y)\cos^2\omega.
\end{aligned}$$

算符 $P_{R(\omega)}$ 在这个不变函数空间中的作用可用一个三维矩阵来描写:

$$\begin{aligned}
&P_{R(\omega)}\psi_\mu(x,y)=\psi_\mu[R^{-1}(x,y)]=\sum_\nu \psi_\nu(x,y)D_{\nu\mu}(\omega),\\
&D(\omega)=\begin{pmatrix}\cos^2\omega & -\sin\omega\cos\omega & \sin^2\omega\\ \sin(2\omega) & \cos(2\omega) & -\sin(2\omega)\\ \sin^2\omega & \sin\omega\cos\omega & \cos^2\omega\end{pmatrix}.
\end{aligned}\tag{2.25}$$

$D(\omega)$ 不是实正交矩阵. 读者容易检验, 只要把基 $\psi_2(x,y)$ 换成 $\sqrt{2}xy$, P_R 的矩阵形式 $D(\omega)$ 就会变成实正交矩阵.

现在讨论线性算符 $L(x)$ 在变换 R 中的变换规律. 线性算符 $L(x)$ 代表系统状态的一种特定变换, 波函数描写系统的状态, 因而也跟着做相应的变换. 设 $L(x)$ 使系统从状态 A 变成状态 B, 表现在波函数上, $L(x)$ 作用在函数 $\psi_A(x)$ 上得到函数 $\psi_B(x)$:

$$\psi_B(x)=L(x)\psi_A(x).$$

在变换 R 后, 描述两状态的函数形式发生变化:

$$\begin{aligned}
\psi_A(x)\xrightarrow{R}\psi'_A(x')=P_R\psi_A(x'),\\
\psi_B(x)\xrightarrow{R}\psi'_B(x')=P_R\psi_B(x').
\end{aligned}$$

联系此两确定状态的算符形式也必须跟着发生变化, 以确保它仍是这两特定状态之间的变换算符:

$$L(x)\xrightarrow{R}L'(x'),\quad \psi'_B(x')=L'(x')\psi'_A(x').$$

这里的自变量符号 x' 可用任何其他变量符号来代替, 也可以用 x 来代替,

$$L'(x)\left\{P_R\psi_A(x)\right\}=P_R\psi_B(x)=P_R\left\{L(x)\psi_A(x)\right\}.$$

因为 $\psi_A(x)$ 是任意函数, 所以

$$L'(x) = P_R L(x) P_R^{-1}. \tag{2.26}$$

这个公式也可以做更直接的理解: 在 $L(x)$ 的右面有可能还有波函数, P_R^{-1} 的作用是抵消 P_R 对右面波函数的作用.

$$P_R\left[L(x)\psi(x)\right] = \left[P_R L(x) P_R^{-1}\right]\ \left[P_R\psi(x)\right] = L'(x)\psi'(x).$$

在式 (2.26) 中, P_R 是从左面乘, 形式上似乎与线性代数中算符的矩阵形式所做的相似变换 $D'(R) = S^{-1}D(R)S$ 不一样, 但实质是一致的, 因为在线性代数中矢量分量按 S^{-1} 变换:

$$\begin{aligned}&\underline{b} = D(R)\underline{a}, \quad \underline{a}' = S^{-1}\underline{a}, \quad D'(R) = S^{-1}D(R)S,\\&\psi_B(x) = L(x)\psi_A(x), \quad \psi'_A(x) = P_R\psi_A(x), \quad L'(x) = P_R L(x) P_R^{-1}.\end{aligned} \tag{2.27}$$

量子力学中物理量用线性厄米算符来描写, 在变换中按式 (2.26) 变换. 系统哈密顿量 $H(x)$ 也应做此变换

$$H(x) \xrightarrow{R} P_R H(x) P_R^{-1}. \tag{2.28}$$

如果 R 是系统的对称变换, 则哈密顿量在变换中保持不变,

$$H(x) = P_R H(x) P_R^{-1}, \quad [H(x),\ P_R] = 0, \tag{2.29}$$

即对称变换算符 P_R 与哈密顿量 $H(x)$ 可以对易.

设能级 E 是 m 重简并, 有 m 个线性无关的本征函数:

$$H(x)\psi_\mu(x) = E\psi_\mu(x), \quad \mu = 1,\ 2,\ \cdots,\ m, \tag{2.30}$$

$\psi_\mu(x)$ 的所有复线性组合构成一个 m 维线性空间, 在这个空间中的所有函数都是能量为 E 的本征函数, $\psi_\mu(x)$ 是这个空间的一组函数基. 反之, 能量为 E 的本征函数都属此空间, 都可表为 $\psi_\mu(x)$ 的线性组合. 由式 (2.29) 得

$$H(x)\left[P_R\psi_\mu(x)\right] = P_R H(x)\psi_\mu(x) = E\left[P_R\psi_\mu(x)\right]. \tag{2.31}$$

哈密顿量的本征函数 $\psi_\mu(x)$ 经 P_R 作用后, 仍是哈密顿量同一能级的本征函数, 仍属此函数空间, 即此 m 维线性空间对 P_R 的作用保持不变, $P_R\psi_\mu(x)$ 可按函数基 $\psi_\nu(x)$ 展开. 把组合系数排成矩阵 $D(R)$, 它就是对称变换算符 P_R 在基 ψ_μ 中的矩阵形式

$$P_R\psi_\mu(x) = \sum_{\nu=1}^{m} \psi_\nu(x) D_{\nu\mu}(R). \tag{2.32}$$

矩阵 $D(R)$ 和算符 P_R 通过式 (2.32) 建立起一一对应或一多对应的关系. 可知它们的乘积也按同一规则对应, 因而矩阵 $D(R)$ 的集合构成群 $D(\mathrm{G})$, 它同构或同态于对称变换群 P_G 和 G:

$$D(\mathrm{G}) \sim P_\mathrm{G} \approx \mathrm{G}. \tag{2.33}$$

$D(\mathrm{G})$ 是群 G 的一个 m 维线性表示, 它描写了哈密顿量本征函数在对称变换中的变换规律. 这是物理中应用线性表示理论的一个相当普遍的例子. **系统的对称变换群 G 同构于线性算符群 P_G, 而 P_G 作用在不变函数空间的基上, 得到群 G 的线性表示. 线性表示描写不变函数空间中函数的变换规律**. 为了用群论方法研究系统的对称性质, 首先要找到对称变换群的全部线性表示.

注意式 (2.20) 和式 (2.32) 的区别. 式 (2.20) 两边的函数宗量是不同的, 它代表变换前后的两个函数在函数值上的联系, 只要是标量函数都应满足式 (2.20) 的变换规则. 而式 (2.32) 两边的函数宗量是相同的, 它代表函数 $P_R\psi_\mu$ 按函数基 ψ_ν 的展开式, 这是函数之间的组合关系. 一般标量函数并不满足此关系, 只有当 ψ_μ 架设的函数空间对算符 P_G 不变时, 才有式 (2.32) 成立.

在量子力学中, 波函数的内积定义为

$$\langle\psi(x)|\phi(x)\rangle = \int \psi(x)^*\phi(x)\mathrm{d}x,$$

对转动、平移等空间变换, 由 x 到 $R^{-1}x$ 的雅可比 (Jacobi) 行列式为 1, 则

$$\langle P_R\psi(x)|P_R\phi(x)\rangle = \int \psi(R^{-1}x)^*\phi(R^{-1}x)\mathrm{d}x = \langle\psi(x)|\phi(x)\rangle. \tag{2.34}$$

因此, P_R 算符是幺正算符, 在 P_R 变换下厄米算符的厄米性保持不变. 如果取函数基 ψ_μ 是正交归一的, 则线性表示 $D(\mathrm{G})$ 就是幺正表示. 在实际物理问题中有一个重要的例外, 就是洛伦兹 (Lorentz) 变换算符 P_A 不是幺正算符. 这是因为内积定义式 (2.34) 中的坐标积分关于洛伦兹变换的雅可比行列式不为 1. 此时即使把函数基选成正交归一的, 洛伦兹群的线性表示也不是幺正表示.

2.3 等价表示和表示的幺正性

2.3.1 等价表示

在具体寻找群的所有线性表示之前, 先要把此问题作适当的简化. 表示是一个矩阵群, 它所作用的线性空间称为**表示空间**. 正则表示的表示空间就是群代数. 在给定的不变函数空间中, 线性变换群 P_G 作用在基 $\psi_\mu(x)$ 上, 得到一个线性表示. 这个线性函数空间就是表示空间, P_R 及其矩阵形式 $D(R)$ 描写此空间函数的变换性质.

表示空间中基的选择不是唯一的. 当基作线性组合时,

$$\phi_\mu(x) = \sum_\nu \psi_\nu(x) X_{\nu\mu}, \tag{2.35}$$

P_R 的矩阵形式做相似变换

$$\begin{gathered} P_R\psi_\mu(x) = \sum_\rho \psi_\rho(x) D_{\rho\mu}(R), \quad P_R\phi_\nu(x) = \sum_\lambda \phi_\lambda(x) \overline{D}_{\lambda\nu}(R), \\ \overline{D}(R) = X^{-1} D(R) X, \end{gathered} \tag{2.36}$$

从而得到一个新的线性表示 $\overline{D}$(G). 这两个表示的对应表示矩阵 $D(R)$ 和 $\overline{D}(R)$, **是同一个线性变换 P_R 在同一个表示空间中的矩阵形式, 只是因为函数基选择的不同, 使表现形式有所不同. 它们通过同一个相似变换 X 联系起来.** 这样两个表示称为**等价表示**. 从给定的表示, 任选非奇相似变换, 就可得到无穷多个内容上没有实质区别的等价表示.

定义 2.2 如果群 G 所有元素 R 在两个表示 D(G) 和 $\overline{D}$(G) 中的表示矩阵存在同一相似变换关系 (2.36), 这样两个表示称为等价 (equivalent) 表示, 记为 $D(\mathrm{G}) \simeq \overline{D}(\mathrm{G})$.

两个等价表示维数相等, 相似变换矩阵 X 也是同维的非奇矩阵, **与群元素无关**. 等价于同一表示的两表示互相等价. 等价表示没有实质上的区别. 寻找群 G 所有表示的问题简化为寻找群 G 所有不等价表示的问题.

如何判别两表示是否等价? 任意元素在两个等价表示中的特征标相等:

$$\chi(R) = \mathrm{Tr}\ D(R) = \mathrm{Tr}\ \overline{D}(R) = \overline{\chi}(R). \tag{2.37}$$

以后将证明, 对有限群, 每个元素在两表示中的特征标对应相等, 是两表示等价的充要条件. 由于特征标是类的函数, 为了检验两表示的等价性, 只需要在每个类中选一个元素, 检验它们在两表示中的特征标是否相等.

2.3.2 表示的幺正性

等价表示没有实质上的区别. 但在一系列等价的表示中, 选什么样的表示作为代表最为方便呢? 下面的定理就是回答这个问题.

定理 2.1 有限群的线性表示等价于幺正表示, 而且两个等价的幺正表示一定可以通过幺正的相似变换相联系.

这个定理的证明并不难, 就是对有限群的任意一个给定表示, 如何找到一个相似变换, 把它化为幺正表示, 然后, 对两个等价的幺正表示, 如何找到幺正的相似变换把它们联系起来. 定理 2.1 的重点在于告诉我们, 有限群的任何表示都存在等价的幺正表示, 而且等价的幺正表示之间, 都存在幺正的相似变换. 这样, 今后**对有限**

群，我们只需要讨论幺正表示和幺正的相似变换，以简化计算. 但是作为把表示幺正化的方法，定理证明所给出的方法并不实用，太繁琐了. 在实际物理问题里，如果算符 P_R 是幺正的，只要选取正交归一的 (函数) 基，表示就是幺正的. 物理中重要的例外就是洛伦兹变换群，它是连续群，P_R 算符不是幺正的. 以后会知道，除恒等表示外，洛伦兹变换群不存在有限维幺正表示.

因此，这里我们省略了定理的证明，只是强调在定理的证明过程中用到了有限群群函数对群元素求平均的概念，而且这平均值对左乘或右乘群元素 S 保持不变：

$$\overline{F}=\frac{1}{g}\sum_{R\in\mathrm{G}}F(R)=\frac{1}{g}\sum_{R\in\mathrm{G}}F(SR)=\frac{1}{g}\sum_{R\in\mathrm{G}}F(RS). \tag{2.38}$$

要把这个定理推广到连续群，**关键是要把对群元素求平均推广成对群元素的积分，这样的积分必须收敛，而且对左乘或右乘群元素 S 保持不变**.

如果原先的表示是实表示，则定理 2.1 的全部证明都可在实数范围内进行. 这样，定理 2.1 可改写成下面的推论.

推论　有限群实表示等价于实正交表示，两个等价的实正交表示一定可以通过实正交相似变换相联系.

2.4　有限群的不等价不可约表示

本节是表示理论中最重要的一节. 在本节中，先介绍不可约表示的概念及其基本性质，然后研究有限群不等价不可约表示的重要性质.

2.4.1　不可约表示

定义 2.3　如果群 G 表示 $D(\mathrm{G})$ 的每一个表示矩阵 $D(R)$ 都能通过同一个相似变换 X 化成同一形式的阶梯矩阵：

$$X^{-1}D(R)X=\begin{pmatrix} D^{(1)}(R) & M(R) \\ 0 & D^{(2)}(R) \end{pmatrix}, \tag{2.39}$$

则此表示称为可约表示，否则称为不可约表示 (irreducible). 容易证明，式 (2.39) 中两个子矩阵 $D^{(1)}(R)$ 和 $D^{(2)}(R)$ 的集合分别构成群 G 的线性表示. 元素在可约表示中的特征标等于在子表示中的特征标之和

$$\chi(R)=\chi^{(1)}(R)+\chi^{(2)}(R). \tag{2.40}$$

可约表示的定义表明，可约表示的表示空间存在着非平庸的不变子空间. 反之，如果表示空间存在非平庸的不变子空间，则可选择表示空间的基，分别属于此不变子空间及其相补的子空间，在此新基下，每个表示矩阵 $D(R)$ 就取相同形式的阶梯

矩阵. 因此, 表示可约性的一个等价的定义是, **在表示空间中存在非平庸不变子空间的表示称为可约表示, 否则是不可约表示**.

如果 $D(G)$ 的表示空间存在两个互补的不变子空间, 可在两个子空间中分别取一组基, 构成整个表示空间的一组完备基, 在这组基下, $D(R)$ 都取同一形式的方块矩阵

$$X^{-1}D(R)X = \begin{pmatrix} D^{(1)}(R) & 0 \\ 0 & D^{(2)}(R) \end{pmatrix} = D^{(1)}(R) \oplus D^{(2)}(R), \qquad (2.41)$$

这表示称为完全可约表示, 表示的这种形式称为已约 (reduced) 表示. 有时, 表示空间虽存在非平庸的不变子空间, 但不管如何选择, 与它相补的子空间都不是不变的. 这样的表示仍是可约表示, 但称为不能完全约化的可约表示. 在实际物理问题中遇到的不能完全约化的可约表示的典型例子是平移群的如下表示. 一维空间平移变换 $T(a)$ 的集合构成一阶平移群 $\mathcal{T}$:

$$x \xrightarrow{T(a)} x' = x + a, \quad T(a)T(b) = T(a+b).$$

平移群是阿贝尔连续群, 存在如下二维不能完全约化的可约表示:

$$D(a) = \begin{pmatrix} 1 & a \\ 0 & 1 \end{pmatrix}, \quad D(a)D(b) = D(a+b). \qquad (2.42)$$

对有限群, 表示 $D(G)$ 等价于幺正表示. 如果表示空间存在非平庸的不变子空间, 则幺正表示 $D(G)$ 的每一个表示矩阵 $D(R)$ 都可通过同一个幺正相似变换 X, 化为相同形式的幺正的阶梯矩阵 $\overline{D}(R)$, 如式 (2.39) 所示. 例如, 对幺正算符 P_R, 它在表示空间的矩阵形式是 $D(R)$, 若基是正交归一的, 则 $D(R)$ 是幺正的. 若选表示空间的一组新的正交归一基, 它们分属于此不变子空间及其补空间, 则相似变换是幺正的, 变换后的阶梯矩阵 $\overline{D}(R)$ 也是幺正的. 既然 $\overline{D}(R)$ 是幺正的, 它的列矩阵是互相正交归一的, $D^{(1)}(R)$ 就是幺正矩阵. 同时, $\overline{D}(R)$ 和 $D^{(1)}(R)$ 的行矩阵也分别是正交归一的, 因而 $M(R)$ 只能是零矩阵. 这就是说, **有限群的可约表示一定是完全可约的.**

对有限群, 表示 $D(G)$ 的性质完全由两个子表示的性质表达出来. 反过来说, 把若干个不可约表示直和起来, 就构成一个已完全约化的可约表示. 这样的可约表示没有给出任何新的性质: 它的表示空间是若干个不可约表示的表示空间的直和, 空间中的矢量可唯一地分解为分属各子空间的矢量之和, 分别按各不可约表示变换. 因此, 寻找群所有不等价表示的问题进一步简化为寻找群的所有不等价不可约表示的问题.

群论的基本任务就是如何判别表示的等价性和不可约性, 找出给定群的所有不等价不可约表示, 以及如何把可约表示约化为不可约表示的直和.

2.4.2　舒尔定理

舒尔 (Schur) 定理是群表示理论中最基本的定理, 它适用于所有的群, 揭示出群的不等价不可约表示的基本特征.

定理 2.2(舒尔定理二)　设 $D^{(1)}(\mathrm{G})$ 和 $D^{(2)}(\mathrm{G})$ 是群 G 的两个不等价不可约表示, 维数分别为 m_1 和 m_2, X 是一个 $m_1 \times m_2$ 矩阵, 如果对每一个元素 R 都满足

$$D^{(1)}(R)X = XD^{(2)}(R), \quad \sum_{\rho} D^{(1)}_{\nu\rho}(R)X_{\rho\mu} = \sum_{\rho} X_{\nu\rho}D^{(2)}_{\rho\mu}(R), \tag{2.43}$$

则 $X = 0$.

证明　不可约表示的表示空间不存在非平庸的不变子空间. 如果在表示空间中找到低于表示维数的不变子空间, 它必是零空间. 下面对不同情况证明 X 矩阵的列 (或行) 矩阵构成的空间是零空间.

(1)　$m_1 > m_2$. 把 X 矩阵各列看成列矩阵, 有 m_2 个列矩阵, $(\underline{X_{\cdot\mu}})_\lambda = X_{\lambda\mu}$, 而式 (2.43) 可看成 $D^{(1)}(R)$ 作用在这些列矩阵上, 得到列矩阵的线性组合:

$$D^{(1)}(R)\underline{X_{\cdot\mu}} = \sum_{\rho} \underline{X_{\cdot\rho}}D^{(2)}(R)_{\rho\mu}, \tag{2.44}$$

即 m_2 个列矩阵 $\underline{X_{\cdot\mu}}$ 架设了关于 $D^{(1)}(\mathrm{G})$ 不变的子空间, 维数不高于 m_2, 因而它必为零空间.

(2)　$m_1 = m_2$. 若 $\det X \neq 0$, 则存在逆矩阵 X^{-1}, 式 (2.43) 表明两表示等价, 与假设矛盾. 若 $\det X = 0$, 则 X 的列矩阵线性相关, 它只能架设起维数低于 m_1 的子空间. 而式 (2.43) 又说明这子空间对 $D^{(1)}(\mathrm{G})$ 保持不变, 因而只能是零空间.

(3)　$m_1 < m_2$. 把式 (2.43) 取转置, $D^{(2)}(R)^{\mathrm{T}}X^{\mathrm{T}} = X^{\mathrm{T}}D^{(1)}(R)^{\mathrm{T}}$. 用反证法. 如果 $X^{\mathrm{T}} \neq 0$, 则上述证明表明 $D^{(2)}(R)^{\mathrm{T}}$ 作用的空间存在不变子空间, 取此子空间及其相补子空间的基作为新的基, 把 $D^{(2)}(R)^{\mathrm{T}}$ 化为

$$Y^{-1}D^{(2)}(R)^{\mathrm{T}}Y = \begin{pmatrix} D_1(R) & M(R) \\ 0 & D_2(R) \end{pmatrix},$$

式中取转置, 说明 $D^{(2)}(\mathrm{G})$ 的表示空间存在不变子空间, 与假设矛盾. 证完.

推论 1(舒尔定理一)　与不可约表示 $D(\mathrm{G})$ 的所有表示矩阵 $D(R)$ 对易的矩阵必为常数矩阵, 即若 $D(R)X = XD(R)$, 则 $X = \lambda\mathbf{1}$, λ 为常数.

证明　取 X 的任一本征值 λ, 令 $Y = X - \lambda\mathbf{1}$, 则 $\det Y = 0$, 且 $D(R)Y = YD(R)$, 按定理 2.2 情况 (2) 的证明方法, 可得 $Y = 0$, 即 $X = \lambda\mathbf{1}$. 证完.

有限群的可约表示一定是完全可约的, 因而可找到非常数矩阵与所有表示矩阵对易, 故有下面推论.

推论 2 有限群表示不可约的充要条件是不可能找到非常数矩阵与所有表示矩阵对易.

2.4.3 正交关系

群 G 表示 $D(\mathrm{G})$ 的每一个表示矩阵元素 $D_{\mu\nu}(R)$ 都是群 G 的一个群函数, 把群函数 $D_{\mu\nu}(\mathrm{G})$ 排列成 $g \times 1$ 列矩阵, 对应群空间中以群元素为基的一个矢量. 这里讨论有限群群空间中这些矢量间的正交关系. 群空间两函数 $F_1(\mathrm{G})$ 和 $F_2(\mathrm{G})$ 的内积, 即群空间两矢量的点乘定义为

$$\sum_{R\in\mathrm{G}} F_1(R)^* F_2(R),$$

内积为零就是两矢量正交, 同一矢量的点乘称为矢量模的平方.

定理 2.3 有限群 G 的不等价不可约幺正表示 $D^i(\mathrm{G})$ 和 $D^j(\mathrm{G})$ 的矩阵元素, 作为群空间矢量, 满足正交关系:

$$\sum_{R\in\mathrm{G}} D^i_{\mu\rho}(R)^* D^j_{\nu\lambda}(R) = \frac{g}{m_j}\delta_{ij}\delta_{\mu\nu}\delta_{\rho\lambda}, \tag{2.45}$$

其中, g 是群 G 的阶, m_j 是表示 D^j 的维数, 当 $i=j$ 时, $D^i(R)=D^j(R)$.

证明 取 $m_i \times m_j$ 矩阵 $Y(\mu\nu)$, 它只有第 μ 行第 ν 列元素不为零,

$$Y(\mu\nu)_{\rho\lambda} = \delta_{\mu\rho}\delta_{\nu\lambda}.$$

再定义 $m_i \times m_j$ 矩阵 $X(\mu\nu)$:

$$\begin{aligned} X(\mu\nu) &= \sum_{R\in\mathrm{G}} D^i(R)^{-1} Y(\mu\nu) D^j(R), \\ X(\mu\nu)_{\rho\lambda} &= \sum_{R\in\mathrm{G}} D^i_{\mu\rho}(R)^* D^j_{\nu\lambda}(R). \end{aligned} \tag{2.46}$$

$X(\mu\nu)_{\rho\lambda}$ 正好等于式 (2.45) 的左边. 另一方面, $X(\mu\nu)$ 满足

$$X(\mu\nu)D^j(S) = \sum_{R\in\mathrm{G}} D^i(S)D^i(RS)^{-1}Y(\mu\nu)D^j(RS) = D^i(S)X(\mu\nu).$$

这里用到群函数关于群元素求和对右乘群元素保持不变的性质.

当 $i \neq j$ 时, 由定理 2.2, $X(\mu\nu)=0$. 当 $i=j$ 时, 由定理 2.2 的推论 1, $X(\mu\nu)_{\rho\lambda} = C(\mu\nu)\delta_{\rho\lambda}$, $C(\mu\nu)$ 是依赖于 $Y(\mu\nu)$ 的常数. 代入式 (2.46), 两边取 $i=j$, $\rho=\lambda$, 并对 λ 求和,

$$m_j C(\mu\nu) = \sum_{R\in\mathrm{G}}\sum_{\lambda} D^j_{\lambda\mu}(R^{-1}) D^j_{\nu\lambda}(R) = \sum_{R\in\mathrm{G}} D^j_{\nu\mu}(RR^{-1}) = g\delta_{\mu\nu},$$

由此得式 (2.45). 证完.

定理 2.3 指出, 有限群 G 不等价不可约幺正表示的矩阵元素, 作为群空间的矢量互相正交. 表示做相似变换时, 矩阵元素作线性组合. 因此, 这里的幺正性条件可以去掉, 只要群 G 的两表示是不等价不可约的, 它们的矩阵元素对应的矢量就是互相正交的. 定理 2.3 还指出, 有限群 G 同一不可约幺正表示的 m_j^2 个矩阵元素作为群空间的矢量也互相正交, 且它们的模平方都等于 g/m_j. 这一个性质必须限制不可约表示是幺正的, 否则相似变换引起的矩阵元素间的线性组合会破坏对应群空间矢量的正交性. 要把这一定理推广到无限群去, 关键要解决群函数无穷求和的问题.

正交的矢量必线性无关, 有限群群空间最多有 g 个线性无关的矢量. 现在群 G 每个不等价不可约表示提供 m_j^2 个线性无关的矢量, 这就限制了有限群不等价不可约表示的个数.

推论 1 有限群不等价不可约表示维数平方和不大于群的阶数, 即

$$\sum_j m_j^2 \leqslant g. \tag{2.47}$$

在式 (2.45) 中取 $\mu=\rho, \nu=\lambda$, 并对 μ 和 ν 求和, 得

$$\sum_{R\in \mathrm{G}} \chi^i(R)^*\chi^j(R) = g\delta_{ij}. \tag{2.48}$$

推论 2 有限群不等价不可约表示的特征标, 作为群空间的矢量互相正交.

同类元素的特征标相同. 特征标实际是类的函数. 类似群空间, 可以建立类空间, 不等价不可约表示的特征标提供了类空间线性无关的矢量. 设群 G 有 g_c 个类, 第 α 个类 $\mathcal{C}_\alpha$ 包含 $n(\alpha)$ 个元素. 如果 $R\in\mathcal{C}_\alpha$, 则 $\chi^j(R)$ 可记为 χ_α^j. 将不可约表示的特征标 χ_α^j 乘上因子 $[n(\alpha)/g]^{1/2}$, 看成类空间的矢量, 式 (2.48) 说明这些矢量是正交归一的:

$$\sum_{\alpha=1}^{g_c} [n(\alpha)/g]^{1/2}\chi_\alpha^{i*}[n(\alpha)/g]^{1/2}\chi_\alpha^j = \frac{1}{g}\sum_{\alpha=1}^{g_c} n(\alpha)\chi_\alpha^{i*}\chi_\alpha^j = \delta_{ij}. \tag{2.49}$$

推论 3 有限群不等价不可约表示的个数不能大于群的类数, 即

$$\sum_j 1 \leqslant g_c. \tag{2.50}$$

设 $D(\mathrm{G})$ 是群 G 的一个可约表示, 它可以约化为若干个不可约表示 $D^j(\mathrm{G})$ 的直和:

$$X^{-1}D(R)X = \bigoplus_j a_jD^j(R), \quad \chi(R) = \sum_j a_j\chi^j(R), \tag{2.51}$$

其中, $\chi(R)$ 是元素 R 在表示 $D(\mathrm{G})$ 中的特征标. a_j 称为不可约表示 $D^j(\mathrm{G})$ 在表示 $D(\mathrm{G})$ 中的重数. 式 (2.51) 两边乘 $\chi^i(R)^*/g$ 并对 R 求和, 得

$$a_i = \frac{1}{g} \sum_{R \in \mathrm{G}} \chi^i(R)^* \chi(R). \tag{2.52}$$

如果找到了群 G 所有不等价不可约表示, 由表示 $D(\mathrm{G})$ 的特征标就可以完全确定在表示 $D(\mathrm{G})$ 中各不可约表示 $D^j(\mathrm{G})$ 的重数 a_j. 如果两个表示约化时各不可约表示的重数 a_j 对应相等, 则两表示等价. 由式 (2.48) 和式 (2.51) 有

$$\sum_{R \in \mathrm{G}} |\chi(R)|^2 = g \sum_j a_j^2 \geqslant g. \tag{2.53}$$

当式 (2.51) 中的表示 $D(\mathrm{G})$ 是不可约表示 $D^i(\mathrm{G})$ 时, 得 $a_j = \delta_{ij}$, 此时式 (2.53) 变成等号.

推论 4 有限群两表示等价的充要条件是每个元素在两表示中的特征标对应相等.

推论 5 有限群表示为不可约表示的充要条件是

$$\sum_{R \in \mathrm{G}} |\chi(R)|^2 = g. \tag{2.54}$$

2.4.4 表示的完备性

定理 2.3 的推论 1 和推论 3 只给出有限群不等价不可约表示个数和维数的一个上限, 现在来证明那里出现的不等号实际是等号. 证明中利用每个有限群都有的一个特殊的表示, 即正则表示. 利用正则表示的特征标计算在正则表示约化中各不可约表示的重数,

$$a_j = \frac{1}{g} \sum_{R \in \mathrm{G}} \chi^j(R)^* \chi(R) = \chi^j(E)^* = m_j, \tag{2.55}$$

即在正则表示的约化中各不可约表示出现的次数等于该表示的维数:

$$X^{-1} D(R) X = \bigoplus_j m_j D^j(R), \tag{2.56}$$

取恒元的特征标

$$g = \chi(E) = \sum_j m_j^2. \tag{2.57}$$

定理 2.4 有限群不等价不可约表示维数平方和等于群的阶数.

推论 1 有限群不等价不可约幺正表示的矩阵元素 $D^j_{\mu\nu}(\mathrm{G})$, 作为群空间的矢量, 构成群空间的正交完备基. 任何群函数 $F(\mathrm{G})$ 都可按它们展开:

$$\begin{aligned} F(R) &= \sum_{j\mu\nu} C^j_{\mu\nu} D^j_{\mu\nu}(R), \\ C^j_{\mu\nu}(R) &= \frac{m_j}{g} \sum_{R \in \mathrm{G}} D^j_{\mu\nu}(R)^* F(R). \end{aligned} \tag{2.58}$$

类函数是一种特殊的群函数, 对应同类元素它有相同的函数值. 表示的特征标就是类函数. 把任何类函数先按 $D^j_{\mu\nu}(\mathrm{G})$ 展开:

$$\begin{aligned}F(R) &= F(SRS^{-1}) = \frac{1}{g}\sum_{S\in \mathrm{G}} F(SRS^{-1}) \\ &= \sum_{j\mu\nu} \frac{C^j_{\mu\nu}}{g} \sum_{S\in \mathrm{G}} \sum_{\rho\lambda} D^j_{\mu\rho}(S) D^j_{\rho\lambda}(R) D^j_{\nu\lambda}(S)^* \\ &= \sum_j \left(\frac{1}{m_j}\sum_\mu C^j_{\mu\mu}\right)\chi^j(R).\end{aligned}$$

既然任何类函数都可以按不等价不可约表示的特征标展开, 可见这些特征标构成类空间的完备基.

推论 2 有限群不等价不可约表示的特征标 $\chi^j(\mathrm{G})$ 构成类空间的正交完备基, 任何类函数都可按它们展开:

$$\begin{aligned}&F(R) = F(SRS^{-1}) = \sum_j C_j\chi^j(R), \\ &C_j = \frac{1}{g}\sum_{R\in \mathrm{G}} \chi^j(R)^* F(R).\end{aligned} \tag{2.59}$$

推论 3 有限群不等价不可约表示的个数等于群的类数:

$$\sum_j 1 = g_c. \tag{2.60}$$

把群空间的正交基 $D^j_{\mu\nu}(\mathrm{G})$ 和类空间的正交基 χ^j_α 归一化, 就可得正交归一基, 并用矩阵形式表出:

$$U_{R,j\mu\nu} \equiv \left(\frac{m_j}{g}\right)^{1/2} D^j_{\mu\nu}(R), \quad V_{\alpha,j} \equiv \left[\frac{n(\alpha)}{g}\right]^{1/2}\chi^j_\alpha. \tag{2.61}$$

虽然行列指标比较复杂, 但根据它们可能的取值范围可知, U 是 $g\times g$ 矩阵, V 是 $g_c\times g_c$ 矩阵, 而且等式 (2.45) 和式 (2.49) 正说明它们的列矩阵互相正交归一, 即它们都是幺正矩阵. 写出它们的行矩阵正交归一的关系式

$$\begin{aligned}&\sum_{j\mu\nu}\left(\frac{m_j}{g}\right)^{1/2} D^j_{\mu\nu}(R)\left(\frac{m_j}{g}\right)^{1/2} D^j_{\mu\nu}(S)^* \\ &= \frac{1}{g}\sum_{j\mu\nu} m(j) D^j_{\mu\nu}(R) D^j_{\mu\nu}(S)^* = \delta_{RS}, \\ &\sum_j \left[\frac{n(\alpha)}{g}\right]^{1/2}\chi^j_\alpha \left[\frac{n(\beta)}{g}\right]^{1/2}\chi^{j*}_\beta = \frac{n(\alpha)}{g}\sum_j \chi^j_\alpha\chi^{j*}_\beta = \delta_{\alpha\beta},\end{aligned} \tag{2.62}$$

这两个公式是群空间的正交基 $D^j_{\mu\nu}(\mathrm{G})$ 和类空间的正交基 χ^j_α 完备性的数学描述. 希望读者熟悉这种指标比较复杂的基的正交性和完备性的数学描述. 这类描述在理论物理中经常遇到.

2.4.5 有限群不可约表示的特征标表

群论的主要任务就是对于物理中常见的对称变换群, 寻找它们的所有不等价不可约表示, 并研究可约表示的约化方法. 对有限群, 首先要找它们的所有不等价不可约表示的特征标, 把特征标列成表, 称为有限群的特征标表. 然后再选择适当的表象, 找出不可约表示的表示矩阵. 既然群元素都可以表为生成元的乘积, 找出生成元的表示矩阵也就够了. 表象的选择以使用方便为准, 常用的选择原则是使尽可能多生成元的表示矩阵是对角化的. 这样的表示常称为不可约表示的标准形式. 对于一个非阿贝尔群, 至少在真实表示中, 生成元表示矩阵不可能都是对角化的.

一个有限群 G 的所有不等价不可约表示中, 既有真实表示, 也有非真实表示. 非真实表示同构于群 G 的商群, 而商群的阶数比群 G 的阶数要低, 因而它的不等价不可约表示比较好找. 掌握阶数较低群的所有不等价不可约表示, 有利于研究阶数较高群的不可约表示. 因此找出有限群的所有不变子群及其商群是分析一个有限群的重要步骤.

有限群不可约表示的特征标必须满足四个等式, 式 (2.57) 和式 (2.60) 限制该群不等价不可约表示的个数和维数, 式 (2.49) 和式 (2.62) 分别描写特征标表中各行和各列之间的正交归一性. 它们对计算有限群不可约表示的特征标起重要作用, 但是它们只是必要条件, 不是充分条件. 在填写给定群的特征标表时还应注意分析该群本身的结构特点.

容易证明, 将一不可约表示的所有表示矩阵都取其复共轭矩阵, 它们的集合也构成原群的不可约表示, 称为原表示的复共轭表示. 互为复共轭的表示, 它们的特征标互为复共轭. 如果互为复共轭的两不可约表示互相等价, 则称为自共轭表示. 对于有限群, 自共轭表示的充要条件是特征标必为实数. 群 G 的两个不可约表示直乘仍是它的一个表示, 特别是当其中有一个表示是一维表示时, 这样的直乘表示仍是不可约的. 用这些方法有助于根据已有不可约表示寻找新的不可约表示.

应该指出, 寻找物理中常见对称群的所有不等价不可约表示和计算直乘表示的约化问题, 都已经解决, 而且都可以在相关书中查到, 物理工作者的主要任务是把它们应用到具体物理问题中去. 实际问题是多种多样的, 要能灵活运用数学家的计算结果, 理解数学家计算的基本思想也是十分重要的. 下面我们就一些比较简单的群, 介绍不可约表示特征标表和表示矩阵的一些计算方法, 希望让读者对群表示理论建立起一些直观的概念.

N 阶循环群 C_N 的标准形式是

$$C_N = \{E,\ R,\ R^2,\ \cdots,\ R^{N-1}\},\quad R^N = E. \tag{2.63}$$

循环群是阿贝尔群, 群的阶数等于类数, 因而循环群 C_N 的不可约表示都是一维的, 共有 N 个不等价的一维表示. 表示矩阵必须满足群元素的乘积关系, $D^j(R)^N = D^j(E) = 1$, 解得

$$D^j(R) = \exp\{-\mathrm{i}2\pi j/N\},\quad 0 \leqslant j \leqslant (N-1). \tag{2.64}$$

表 2.1 列出若干循环群的特征标表.

表 2.1　阶数为素数的循环群的特征标表

C_2 群	E	R
A	1	1
B	1	-1

C_3 群	E	R	R^2
A	1	1	1
E	1	ω	ω^*
E'	1	ω^*	ω

C_4 群	E	R	R^2	R^3
A	1	1	1	1
E	1	$-\mathrm{i}$	-1	i
B	1	-1	1	-1
E'	1	i	-1	$-\mathrm{i}$

C_5 群	E	R	R^2	R^3	R^4
A	1	1	1	1	1
E_1	1	η	η^2	η^3	η^4
E_2	1	η^2	η^4	η	η^3
E_2'	1	η^3	η	η^4	η^2
E_1'	1	η^4	η^3	η^2	η

$\omega = \exp\{-\mathrm{i}2\pi/3\}$,　$\eta = \exp\{-\mathrm{i}2\pi/5\}$.

C_6 群的特征标表也可用式 (2.64) 来计算, 但因 C_6 群可表为两子群的直乘, $C_6 = C_3 \otimes C_2$, $C_3 = \{E,\ R^2,\ R^4\}$, $C_2 = \{E,\ R^3\}$. 这里把 C_6 群作为直乘群的典型例子来讨论. C_6 群的元素 R_μ 表为两子群元素的乘积, $R_\mu = S_j T_k$, $S_j \in C_3$, $T_k \in C_2$. C_6 群的不可约表示可表为两子群不可约表示的直乘.

$$\begin{aligned} &D^A(R_\mu) = D^A(S_j)D^A(T_k), && D^{E_2'}(R_\mu) = D^E(S_j)D^A(T_k), \\ &D^{E_2}(R_\mu) = D^{E'}(S_j)D^A(T_k), && D^B(R_\mu) = D^A(S_j)D^B(T_k), \\ &D^{E_1}(R_\mu) = D^E(S_j)D^B(T_k), && D^{E_1'}(R_\mu) = D^{E'}(S_j)D^B(T_k). \end{aligned} \tag{2.65}$$

对更复杂的点群, 在点群特征标表中, 各类通常用类中一个代表元素表出. 类中包含的元素数目超过 1 时, 元素数目作为系数写在元素符号的前面. 在晶体理论中, 用符号 C_N 描写循环群, 而用符号 C_N 描写它的生成元. 在写元素符号时, 绕 z 轴方向的转动用不带撇的符号, 绕其他方向的高次转动用带一撇的符号, 绕 x 方向的二次转动用带一撇的符号, 绕其他方向的二次转动用带两撇的符号.

D_2 群包含四个元素, 除恒元外, 其他元素是绕三个互相垂直的二次轴的转动变换, 它们都是二阶元素, 因而把 D_2 群的三个二次转动分别和四阶反演群 V_4 的三个反演变换对应, 显然这两个群同构, 乘法表由表 1.4 给出, 特征标表列于表 2.3.

请注意 C_4 群的特征标表 2.1 和 D_2 群的特征标表 2.3 的区别. 它们都满足特征标的四个必要条件, 但由于群不同构, 它们的特征标表是不同的.

表 2.2 C_6 群的特征标表

C_6	E	R	R^2	R^3	R^4	R^5
A	1	1	1	1	1	1
E_1	1	$-\omega^*$	ω	-1	ω^*	$-\omega$
E_2	1	ω	ω^*	1	ω	ω^*
B	1	-1	1	-1	1	-1
E_2'	1	ω^*	ω	1	ω^*	ω
E_1'	1	$-\omega$	ω^*	-1	ω	$-\omega^*$
$C_6 = C_3 \otimes C_2$	E	R^2	R^4	R^3	R^5	R
A	1	1	1	1	1	1
E_2'	1	ω	ω^*	1	ω	ω^*
E_2	1	ω^*	ω	1	ω^*	ω
B	1	1	1	-1	-1	-1
E_1	1	ω	ω^*	-1	$-\omega$	$-\omega^*$
E_1'	1	ω^*	ω	-1	$-\omega^*$	$-\omega$

$\omega^* = -\exp\{-i\pi/3\}$, $\quad \omega = \exp\{-i2\pi/3\}$.

D_3 群是最简单的非阿贝尔群, 包含六个元素, 恒元 E 构成一类, 两个三次转动 D 和 F 构成一类, 三个二次转动 A, B 和 C 构成一类, 共三个类, 都是自逆类, 乘法表如表 1.6 所示. 用晶体理论的符号, 三次转动的类表为 $2C_3$, 二次转动的类表为 $3C_2'$. 因为 $1^2+1^2+2^2=6$, 所以 D_3 群有两个一维表示 D^A, D^B 和一个二维不可约表示 D^E. 不变子群 $\{E, D, F\}$ 的商群同构于 C_2 群, 由此得 D_3 群的两个一维表示. 二维表示的特征标可用多种方法计算. 由式 (2.62) 可算出 $\chi^E(C_2')=0$, 再由式 (2.49) 算得 $\chi^E(C_3)=-1$. $\chi^E(C_2')$ 等于零也可由下面分析得到: 如果 $\chi^E(C_2')$ 不等于零, 则 $D^B \otimes D^E$ 就是与 D^E 不等价的二维不可约表示, 与上面结论矛盾. 用坐标变换的方法写出的元素变换矩阵 (式 (1.10)), 就是 D_3 群的一组二维不可约表示, 取矩阵迹就得特征标 (表 2.4). 注意在二维不可约表示中, 只有一个生成元 A 的表示矩阵是对角化的.

表 2.3 D_2 群的特征标表

D_2	E	C_2	C_2'	C_2''
A_1	1	1	1	1
A_2	1	1	-1	-1
B_1	1	-1	1	-1
B_2	1	-1	-1	1

表 2.4 D_3 群的特征标表

D_3	E	$2C_3$	$3C_2'$
A	1	1	1
B	1	1	-1
E	2	-1	0

C_{2n+1} 群和 C_{2n+2} 群各有 $2n$ 个非自逆类, 也各有 $2n$ 个不等价不可约的非自

共轭表示. D_2 群和 D_3 群所有类都是自逆类, 所有不可约表示都是实表示. 一般说来 (习题第 9 题), **有限群包含的自逆类的个数等于它的不等价不可约的自共轭表示的个数**.

2.4.6　自共轭表示和实表示

表示矩阵都是实矩阵的表示称为实表示. 既然等价表示的本质是一样的, 我们可以把实表示的定义扩充, 等价于实表示的表示也称为实表示. 实表示当然是自共轭表示. 自共轭表示虽然与其复共轭表示等价, 但不一定存在相似变换使所有表示矩阵都变成实矩阵, 因而不一定是实表示. 下面的定理给出判别自共轭表示是不是实表示的方法. 非自共轭表示很容易区别.

定理 2.5　有限群幺正的不可约自共轭表示与其复共轭表示间的相似变换矩阵, 对实表示是对称的, 对非实表示是反对称的.

证明　对有限群幺正的不可约自共轭表示, 存在幺正的相似变换 X, 使 $D(R)^* = X^{-1}D(R)X$. 取复共轭后,

$$D(R) = X^{\mathrm{T}}D(R)^*X^* = \left(X^{\mathrm{T}}X^{-1}\right)D(R)\left(XX^*\right).$$

由舒尔定理知, $X^{\mathrm{T}}X^{-1} = \tau\mathbf{1}$, $X^{\mathrm{T}} = \tau X$, $X = \tau X^{\mathrm{T}} = \tau^2 X$, 即 $\tau = \pm 1$, X 矩阵必是对称或反对称矩阵.

为了证明实表示的充要条件是 X 为对称矩阵, 先设法把 τ 和特征标联系起来, 以证明等价的表示有相同的 τ.

$$\begin{aligned}\sum_{R\in \mathrm{G}} \chi(R^2) &= \sum_{\mu\nu}\sum_{R\in G} \left\{D_{\mu\nu}(R)^*\right\}^* D_{\nu\mu}(R) \\ &= \sum_{\mu\nu\rho\lambda}\sum_{R\in G} X_{\rho\mu}D_{\rho\lambda}(R)^*\left(X^{-1}\right)_{\nu\lambda} D_{\nu\mu}(R) \\ &= \frac{g\tau}{m}\sum_{\mu\nu} X_{\mu\nu}\left(X^{-1}\right)_{\nu\mu} = g\tau.\end{aligned}$$

如果 $D(\mathrm{G})$ 是非自共轭表示, 由正交定理, 式中第一行就等于零.

既然等价的表示有相同的 τ, 当 $D(\mathrm{G})$ 是实表示时, 可取 $D(R)$ 是实矩阵, 故 $\tau = 1$. 反之, 如果 X 是对称的幺正矩阵, $X^* = X^{-1}$, 则可取 X 的本征矢量是实矢量, 即能找到实正交相似变换把 X 矩阵对角化. 而在对角化表象里, 可把 X 矩阵拆成另一个对称幺正矩阵的平方, 即 $X = Y^2$, 其中 $Y^* = Y^{-1}$. 于是通过相似变换 Y 把 $D(R)$ 变成实矩阵:

$$Y^{-1}D(R)Y = Y^{-1}\left(XD(R)^*X^{-1}\right)Y = \left(Y^{-1}D(R)Y\right)^*.$$

2.5 分导表示和诱导表示

2.5.1 分导表示和诱导表示的定义和计算方法

设群 G 的阶为 g, 它的类 $\mathcal{C}_\alpha$ 中包含 $n(\alpha)$ 个元素, 它的不可约表示记为 $D^j(\text{G})$, 维数为 m_j, 类 $\mathcal{C}_\alpha$ 中元素 S 在此表示的特征标记为 $\chi^j(S)$ 或 χ^j_α. 又设 $H = \{T_1 = E, T_2, \cdots, T_h\}$ 是群 G 的子群, 阶为 h, 指数为 $n = g/h$, 左陪集记为 $R_rH, 2 \leqslant r \leqslant n$. 补上 $R_1 = E$, 则群 G 任意元素可表为 R_rT_t. 虽然 R_r 的选取不是唯一的, 但假定 R_r 已经选定了. 子群 H 的类 $\overline{\mathcal{C}}_\beta$ 中包含 $\overline{n}(\beta)$ 个元素, H 的不可约表示记为 $\overline{D}^k(\text{H})$, 维数为 $\overline{m}_k$, 类 $\overline{\mathcal{C}}_\beta$ 中元素 T_t 在此表示的特征标记为 $\overline{\chi}^k(T_t)$ 或 $\overline{\chi}^k_\beta$.

把群 G 不可约表示 $D^j(\text{G})$ 中与子群 H 元素有关的表示矩阵 $D^j(T_t)$ 挑出来, 构成子群 H 的一个表示, 称为群 G 的不可约表示 $D^j(\text{G})$ 关于子群 H 的分导表示, 记为 $D^j(\text{H})$. 分导表示一般是可约表示, 可按子群的不可约表示 $\overline{D}^k(\text{H})$ 分解:

$$\begin{aligned} &X^{-1}D^j(T_t)X = \bigoplus_k a_{jk}\overline{D}^k(T_t), \quad m_j = \sum_k a_{jk}\overline{m}_k, \\ &a_{jk} = \frac{1}{h}\sum_{T_t\in\text{H}} \chi^j(T_t)^*\overline{\chi}^k(T_t) = \frac{1}{h}\sum_\beta \overline{n}(\beta)\left(\chi^j_\beta\right)^*\overline{\chi}^k_\beta. \end{aligned} \tag{2.66}$$

仍采用上面的符号. 设 $\overline{D}^k(\text{H})$ 表示空间的基为 ψ_μ,

$$T_t\psi_\mu = \sum_\nu \psi_\nu\overline{D}^k_{\nu\mu}(T_t).$$

定义 $\psi_{r\mu} = R_r\psi_\mu$, 其中 $\psi_{1\mu} = \psi_\mu$. 由 $n\overline{m}_k$ 个基 $\psi_{r\mu}$ 架设的空间对群 G 保持不变, 对应群 G 的一个 $n\overline{m}_k$ 维表示 $\Delta^k(\text{G})$. 表示矩阵可以用下面的方法计算. 对群 G 任意元素 S, 逐个取 r, 计算 $SR_r = R_uT_t$, 其中 u 和 t 完全由 S 和 r 决定.

$$S\psi_{r\mu} = SR_r\psi_\mu = R_uT_t\psi_\mu = \sum_\nu \psi_{u\nu}\overline{D}^k_{\nu\mu}(T_t) \equiv \sum_\nu \psi_{u\nu}\Delta^k_{u\nu,r\mu}(S),$$

得

$$\Delta^k_{u\nu,r\mu}(S) = \overline{D}^k_{\nu\mu}(T_t), \quad \chi^k(S) = \text{Tr}\ \Delta^k(S). \tag{2.67}$$

这表示 $\Delta^k(\text{G})$ 称为子群 H 的不可约表示 $\overline{D}^k(\text{H})$ 关于群 G 的诱导表示. 诱导表示一般是可约表示, 可按群 G 的不可约表示 $D^j(\text{G})$ 分解:

$$\begin{aligned} &Y^{-1}\Delta^k(S)Y = \bigoplus_j b_{jk}D^j(S), \quad (g/h)\overline{m}_k = \sum_j b_{jk}m_j, \\ &b_{jk} = \frac{1}{g}\sum_{S\in\text{G}} \chi^j(S)^*\chi^k(S) = \frac{1}{g}\sum_\alpha n(\alpha)\left(\chi^j_\alpha\right)^*\chi^k_\alpha, \end{aligned} \tag{2.68}$$

其中, 属类 $\mathcal{C}_\alpha$ 的元素 S 在表示 $\Delta^k(\mathrm{G})$ 中的特征标为 $\chi^k(S) = \chi^k_\alpha$.

定理 2.6(费罗贝尼乌斯 (Frobenius) 定理) 有限群 G 不可约表示 $D^j(\mathrm{G})$ 关于子群 H 的分导表示中包含子群 H 不可约表示 $\overline{D}^k(\mathrm{H})$ 的重数 a_{jk}, 等于子群 H 不可约表示 $\overline{D}^k(\mathrm{H})$ 关于原群 G 的诱导表示中包含群 G 不可约表示 $D^j(\mathrm{G})$ 的重数 b_{jk}, $a_{jk} = b_{jk}$.

证明 本书仅要求读者理解此定理, 而证明过程是不重要的.

设群 G 的元素 S 属类 $\mathcal{C}_\alpha$, 类 $\mathcal{C}_\alpha$ 中包含的属于子群 H 的元素构成子群 H 的若干个完整类 $\overline{\mathcal{C}}_\beta$. 显然群 G 中不同的类 $\mathcal{C}_\alpha$ 所包含的子群 H 的类 $\overline{\mathcal{C}}_\beta$ 不会重复. 如果类 $\mathcal{C}_\alpha$ 中不包含子群 H 的元素, 则称这样的类 $\overline{\mathcal{C}}_\beta$ 不存在.

由式 (2.67) 知, 只有当 $r = u$ 时, 即 $SR_r = R_rT_t$ 时才会出现表示矩阵 $\Delta^k(S)$ 的对角元, 从而对特征标 $\chi^k(S) = \chi^k_\alpha$ 产生贡献, 就是说, 只有当类 $\mathcal{C}_\alpha$ 中包含属子群 H 的元素时才会有不等于零的特征标 $\chi^k(S)$. 设满足 $R_r^{-1}SR_r \in \overline{\mathcal{C}}_\beta$ 的不相同的 R_r 个数为 K_β, 则由式 (2.67), $\chi^k_\alpha = \sum\limits_\beta K_\beta \overline{\chi}^k_\beta$. 于是, 式 (2.68) 中对群 G 的类 $\mathcal{C}_\alpha$ 的求和就化为对子群 H 的类 $\overline{\mathcal{C}}_\beta$ 求和:

$$b_{jk} = \frac{1}{g}\sum_\alpha n(\alpha)\left(\chi^j_\alpha\right)^*\chi^k_\alpha = \sum_\beta \left(\chi^j_\beta\right)^*\left[\frac{n(\alpha)K_\beta}{g}\right]\overline{\chi}^k_\beta. \tag{2.69}$$

根据第 1 章习题第 18 题, 群 G 中满足 $SR = RT_t$ 的元素 R 的数目为 $g/n(\alpha)$, 这样的元素 R 一般可表为 R_rT_x 的形式, 故有 $R_r^{-1}SR_r = T_xT_tT_x^{-1} \in \overline{\mathcal{C}}_\beta$. 另一方面, 在子群 H 中满足 $T_yT_tT_y^{-1} = T_t$ 的元素 T_y 的数目为 $h/\overline{n}(\beta)$. 若 R_rT_x 满足 $S(R_rT_x) = (R_rT_x)T_t$, 则 $R_rT_xT_y$ 也满足此式, 但并不产生对 K_β 新的贡献, 因为 $R_r^{-1}SR_r = T_xT_yT_tT_y^{-1}T_x^{-1} = T_xT_tT_x^{-1}$. 因此

$$K_\beta = \frac{g/n(\alpha)}{h/\overline{n}(\beta)} = \frac{g}{n(\alpha)}\cdot\frac{\overline{n}(\beta)}{h}. \tag{2.70}$$

代入式 (2.69) 就得到式 (2.66), 即 $a_{jk} = b_{jk}$. 证完.

2.5.2 D_{2n+1} 群的不可约表示

D_{2n+1} 群包含一个 $2n+1$ 次轴, 称为主轴, 生成元记为 C_{2n+1}, 垂直主轴的平面内均匀分布着 $2n+1$ 个等价的二次轴, 代表元素记为 C_2'. D_{2n+1} 群的生成元可取为 C_{2n+1} 和 C_2'. D_{2n+1} 群包含 $g = 4n+2$ 个元素, $g_c = n+2$ 个自逆类 (式 (1.35)), 由式 (2.57) 和式 (2.60) 知, D_{2n+1} 群有两个一维和 n 个二维不等价不可约表示, 所有不可约表示都是自共轭表示, 特征标都是实数.

D_{2n+1} 群有一个指数为 2 的不变子群 C_{2n+1}, 陪集由所有垂直主轴的二次轴的转动组成, 商群是二阶群, 它给出 D_{2n+1} 群的两个一维不等价表示, 分别记为 D^A

和 D^B :

$$D^A(C_{2n+1}) = D^B(C_{2n+1}) = D^A(C_2') = 1, \quad D^B(C_2') = -1. \tag{2.71}$$

不变子群 C_{2n+1} 是阿贝尔群, 有 $2n+1$ 个不等价的一维表示, 基分别记为 ψ^j, $0 \leqslant j \leqslant 2n$, 满足

$$C_{2n+1}\psi^j = \mathrm{e}^{-\mathrm{i}2j\pi/(2n+1)}\psi^j.$$

研究这些表示关于 D_{2n+1} 群的诱导表示. 扩充表示空间, 定义另一组基 $\phi^j = C_2'\psi^j$. 利用公式 $C_{2n+1}C_2' = C_2'C_{2n+1}^{-1}$, 有

$$C_2'\psi^j = \phi^j, \quad C_2'\phi^j = \psi^j, \quad C_{2n+1}\phi^j = \mathrm{e}^{\mathrm{i}2j\pi/(2n+1)}\phi^j.$$

由此得 D_{2n+1} 群的二维表示, 记为 D^{E_j} :

$$D^{E_j}(C_{2n+1}) = \begin{pmatrix} \mathrm{e}^{-\mathrm{i}2j\pi/(2n+1)} & 0 \\ 0 & \mathrm{e}^{\mathrm{i}2j\pi/(2n+1)} \end{pmatrix}, \quad D^{E_j}(C_2') = \begin{pmatrix} 0 & 1 \\ 1 & 0 \end{pmatrix},$$
$$\chi^j(C_{2n+1}^m) = 2\cos\left[2jm\pi/(2n+1)\right], \quad \chi^j(C_2') = 0. \tag{2.72}$$

很明显, 其中有些表示是等价的, 有些表示是可约的.

$$\sigma_1^{-1}D^{E_{2n+1-j}}(R)\sigma_1 = D^{E_j}(R), \quad \sigma_1 = \begin{pmatrix} 0 & 1 \\ 1 & 0 \end{pmatrix},$$
$$X^{-1}D^{E_0}(R)X = \begin{pmatrix} D^A(R) & 0 \\ 0 & D^B(R) \end{pmatrix}, \quad X = \frac{1}{2}\begin{pmatrix} 1 & -\mathrm{i} \\ 1 & \mathrm{i} \end{pmatrix}. \tag{2.73}$$

就是说, 只有 n 个表示 D^{E_j}, $1 \leqslant j \leqslant n$ 是 D_{2n+1} 群的二维不等价不可约表示. 这些二维表示可通过相似变换 X 表为另一种常用形式

$$\overline{D}^{E_j}(C_{2n+1}) = \begin{pmatrix} \cos\left(\dfrac{2j\pi}{2n+1}\right) & -\sin\left(\dfrac{2j\pi}{2n+1}\right) \\ \sin\left(\dfrac{2j\pi}{2n+1}\right) & \cos\left(\dfrac{2j\pi}{2n+1}\right) \end{pmatrix}, \quad \overline{D}^{E_j}(C_2') = \begin{pmatrix} 1 & 0 \\ 0 & -1 \end{pmatrix}. \tag{2.74}$$

D_3 群的特征标表已列于表 2.4. D_5 和 D_7 群的特征标表列于表 2.5 和表 2.6.

表 2.5 D_5 群的特征标表

D_5	E	$2C_5$	$2C_5^2$	$5C_2'$
A	1	1	1	1
B	1	1	1	-1
E_1	2	p	$-p^{-1}$	0
E_2	2	$-p^{-1}$	p	0

$p = 2\cos(2\pi/5) = (\sqrt{5}-1)/2$,

$p^{-1} = -2\cos(4\pi/5) = (\sqrt{5}+1)/2$

表 2.6 D_7 群的特征标表

D_7	E	$2C_7$	$2C_7^2$	$2C_7^3$	$7C_2'$
A	1	1	1	1	1
B	1	1	1	1	-1
E_1	2	q_1	q_2	q_3	0
E_2	2	q_2	q_3	q_1	0
E_3	2	q_3	q_1	q_2	0

$\lambda = e^{-i2\pi/7}$, $q_1 = \lambda + \lambda^6$,

$q_2 = \lambda^2 + \lambda^5$, $q_3 = \lambda^3 + \lambda^4$

2.5.3 D_{2n} 群的不可约表示

D_{2n} 群包含一个 $2n$ 次轴, 称为主轴, 生成元记为 C_{2n}, 垂直主轴的平面内均匀分布有 $2n$ 个二次轴, 分成两组, 分别互相等价, 构成两个类, 代表元素为 C_2' 和 $C_2'' = C_{2n}C_2' = C_2'C_{2n}^{-1}$. D_{2n} 群的生成元可取为 C_{2n} 和 C_2'. D_{2n} 群的阶 $g = 4n$, 类数 $g_c = n+3$, 所有的类都是自逆类 (见式 (1.36)). 由式 (2.57) 和式 (2.60) 知, D_{2n} 群有四个一维和 $n-1$ 个二维不等价不可约表示, 所有不可约表示都是自共轭表示, 特征标都是实数.

D_{2n} 群有三个指数为 2 的不变子群, 商群都是二阶群. 一个不变子群是由绕主轴转动元素构成的 C_{2n} 群, 陪集由所有垂直主轴的二次转动组成, 商群给出 D_{2n} 群的两个一维不等价不可约表示, 记为 D^{A_1} 和 D^{A_2} :

$$D^{A_1}(C_{2n}) = D^{A_2}(C_{2n}) = D^{A_1}(C_2') = 1, \quad D^{A_2}(C_2') = -1. \tag{2.75}$$

另两个不变子群是由绕主轴转动 C_{2n} 的偶次幂, 加上垂直主轴平面中的一组二次轴的转动 (类 C_2' 或类 C_2'') 组成的 D_n 群. C_{2n} 的奇次幂和另一组二次轴的转动构成陪集, 由它们商群的反对称表示得到 D_{2n} 群的另两个不等价的一维表示, 分别记为 D^{B_1} 和 D^{B_2}:

$$D^{B_1}(C_{2n}) = D^{B_2}(C_{2n}) = D^{B_2}(C_2') = -1, \quad D^{B_1}(C_2') = 1. \tag{2.76}$$

不变子群 C_{2n} 是阿贝尔群, 有 $2n$ 个不等价的一维表示, 基分别记为 ψ^j, $0 \leqslant j \leqslant 2n-1$, 满足

$$C_{2n}\psi^j = e^{-ij\pi/n}\psi^j.$$

研究这些表示关于 D_{2n} 群的诱导表示. 扩充表示空间, 定义另一组基 $\phi^j = C_2'\psi^j$. 利用公式 $C_{2n}C_2' = C_2'C_{2n}^{-1}$, 有

$$C_2'\psi^j = \phi^j, \quad C_2'\phi^j = \psi^j, \quad C_{2n}\phi^j = e^{ij\pi/n}\phi^j.$$

由此得 D_{2n} 群的二维表示, 记为 D^{E_j}:

$$D^{E_j}(C_{2n}) = \begin{pmatrix} e^{-ij\pi/n} & 0 \\ 0 & e^{ij\pi/n} \end{pmatrix}, \qquad D^{E_j}(C_2') = \begin{pmatrix} 0 & 1 \\ 1 & 0 \end{pmatrix}, \tag{2.77}$$
$$\chi^j(C_{2n}^m) = 2\cos(jm\pi/n), \qquad \chi^j(C_2') = \chi^j(C_2'') = 0.$$

其中, 有些表示是等价的, 有些表示是可约的.

$$\sigma_1^{-1} D^{E_{2n-j}} \sigma_1 = D^{E_j}, \quad \sigma_1 = \begin{pmatrix} 0 & 1 \\ 1 & 0 \end{pmatrix}, \quad X = \frac{1}{2}\begin{pmatrix} 1 & -i \\ 1 & i \end{pmatrix},$$
$$X^{-1} D^{E_0} X = \begin{pmatrix} D^{A_1} & 0 \\ 0 & D^{A_2} \end{pmatrix}, \quad X^{-1} D^{E_n} X = \begin{pmatrix} D^{B_1} & 0 \\ 0 & D^{B_2} \end{pmatrix}. \tag{2.78}$$

就是说, 只有 $n-1$ 个表示 D^{E_j}, $1 \leqslant j \leqslant n-1$ 是 D_{2n} 群的二维不等价不可约表示. 这些二维表示可通过相似变换 X 表为另一种常用形式

$$\overline{D}^{E_j}(C_{2n}) = \begin{pmatrix} \cos(j\pi/n) & -\sin(j\pi/n) \\ \sin(j\pi/n) & \cos(j\pi/n) \end{pmatrix}, \quad \overline{D}^{E_j}(C_2') = \begin{pmatrix} 1 & 0 \\ 0 & -1 \end{pmatrix}. \tag{2.79}$$

D_2 群的特征标表已列于表 2.3. D_4 和 D_6 群的特征标表列于表 2.7 和表 2.8.

表 2.7　D_4 群的特征标表

D_4	E	$2C_4$	C_4^2	$2C_2'$	$2C_2''$
A_1	1	1	1	1	1
A_2	1	1	1	−1	−1
B_1	1	−1	1	1	−1
B_2	1	−1	1	−1	1
E_1	2	0	−2	0	0

表 2.8　D_6 群的特征标表

D_6	E	$2C_6$	$2C_6^2$	C_6^3	$3C_2'$	$3C_2''$
A_1	1	1	1	1	1	1
A_2	1	1	1	1	−1	−1
B_1	1	−1	1	−1	1	−1
B_2	1	−1	1	−1	−1	1
E_1	2	1	−1	−2	0	0
E_2	2	−1	−1	2	0	0

对 D_{4n+2} 群, 绕主轴转动 π 角的元素 C_{4n+2}^{2n+1} 不属于子群 D_{2n+1}, 它可以和群中所有元素对易. 因此, D_{4n+2} 群分解为两个子群的直乘:

$$D_{4n+2} = D_{2n+1} \otimes C_2, \quad C_2 = \{E,\ C_{4n+2}^{2n+1}\}. \tag{2.80}$$

D_{4n+2} 群不等价不可约表示可以由两子群 D_{2n+1} 和 C_2 的不等价不可约表示直乘得到. 结果当然与上面是一致的.

2.6　物理应用

在对各种具体的群进行深入研究之前, 我们想强调一下群论方法在物理中的应用问题, 使我们今后的学习更有目的性.

2.6.1　定态波函数按对称群表示分类

在本书开始, 我们曾以具有空间反演不变性的系统为例, 说明系统的对称性可以用来对定态波函数进行分类, 从而简化跃迁矩阵元等的计算. 现在我们已经学习了群表示基本理论, 有条件把这一问题作较深入的探讨.

对给定的量子系统, 首先要根据系统的哈密顿量, 确定系统的对称变换群 G. 然后, 通过群论方法, 找到对称群的所有不等价不可约表示, 包括特征标表和在选定的表象中确定表示矩阵的标准形式. 这是群论本身研究的课题, 也是本书以后各章节主要讲解的问题. 假定系统对称群的所有不等价不可约表示及其标准形式已经选定. 接下来我们要研究如何用对称群的不可约表示对定态波函数进行分类.

设系统哈密顿量与时间无关, 能级 E 是 m 重简并, 本征函数是标量函数

$$H(x)\psi_\rho(x) = E\psi_\rho(x), \quad 1 \leqslant \rho \leqslant m. \tag{2.81}$$

本征函数的集合架设对称群 G 的一个 m 维不变函数空间 $\mathcal{L}$, 对称变换算符 P_R 作用在函数基上, 仍是此空间的一个函数, 可以表成函数基的线性组合

$$P_R\psi_\rho(x) = \psi_\rho(R^{-1}x) = \sum_\lambda \psi_\lambda(x)D_{\lambda\rho}(R). \tag{2.82}$$

组合系数排列成 m 维方矩阵 $D(R)$, 它的集合是对称群 G 的一个 m 维表示, 描写本征函数在对称变换 R 中的变换规律, 称为能级 E 对应的表示.

在函数空间 $\mathcal{L}$ 中, 函数基的选择有任意性. 量子力学中用一组互相对易的完备力学量来共同确定这组函数基. 这是确定函数基的一种办法. 现在我们讨论群论方法确定函数基的原则.

对于任意选定的函数基 $\psi_\rho(x)$, 由式 (2.82) 计算出相应的表示 $D(\mathrm{G})$ 及其特征标 $\chi(R)$. 在多数物理问题中, P_R 算符是幺正的, 只要我们选择正交归一的函数基 $\psi_\rho(x)$, $D(\mathrm{G})$ 就是幺正表示. 一般说来, 这表示是可约的, 形式也不“标准”. 我们先用特征标方法将它约化为标准不可约表示的直和

$$X^{-1}D(R)X = \bigoplus_j a_jD^j(R), \tag{2.83}$$

$$\chi(R) = \sum_j a_j\chi^j(R), \quad a_j = \frac{1}{g}\sum_{R\in G} \chi^j(R)^*\chi(R). \tag{2.84}$$

a_j 是不可约表示 $D^j(\mathrm{G})$ 在表示 $D(\mathrm{G})$ 中的重数, 可由式 (2.84) 算出. 因此式 (2.83) 的右边是已知的, X 矩阵就可以计算出来.

在具体计算 X 矩阵时, 只要让生成元满足式 (2.83), 其他元素也一定满足此式. 作为标准的不可约表示形式, 常使尽可能多的生成元所对应的表示矩阵是对角

化的. 当然, 只要群 G 不是阿贝尔的, 至少对真实表示, 总有一些生成元的表示矩阵是不对角化的. 就表示矩阵 $D^j(R)$ 对角化的生成元 (记为 A) 而言, 式 (2.83) 正是把矩阵 $D(A)$ 对角化的相似变换关系. 计算这些 $D(A)$ 矩阵的本征值和本征矢量就可以初步确定相似变换 X. 这里说的"初步", 指必须保留 X 矩阵允许的全部参数, 有待其他生成元代入式 (2.83) 时来确定. 特别要注意: 在代入非对角化的生成元时, 应该把 X^{-1} 移到式 (2.83) 的右面, 以避免计算逆矩阵 X^{-1}.

在所有生成元都满足式 (2.83) 后, X 矩阵还是没有完全确定. 因为与式 (2.83) 右边的方块矩阵对易的任何矩阵 Y, 右乘到 X 矩阵上, 都可以作为式 (2.83) 的相似变换矩阵. 一般说来, X 还会包含 $\sum\limits_j a_j^2$ 个未定参数. 这些未定参数不应该再保留, 应该按照使 X 矩阵尽量简单等原则选定这些参数, 如使 X 是实正交矩阵等.

由式 (2.83) 可知, X 矩阵的行指标和 $D(R)$ 矩阵的行指标相同, 如记为 ρ, 列指标和等式右面的矩阵列指标相同. 等式右面是方块矩阵, 先由指标 j 和 μ 来区分哪个方块 (表示) 的哪一列, 当 D^j 表示的重数大于 1 时, 还需一个指标 r 来区分重表示 D^j 中哪一个, 即需用三个指标 $j\mu r$ 来共同描写 X 矩阵的列指标. 用几个指标作为一个整体, 共同描写矩阵的行 (或列), 而且一个矩阵的行和列指标用不同的方式来描写, 这在群论中是常见的事. 在式 (2.61) 已经用过. 希望读者能够习惯这种描写方法.

在线性代数中我们已经熟悉这类变换: X 矩阵一方面作为相似变换矩阵, 改变算符的矩阵形式, 另一方面又作为组合系数, 把旧的函数基组合成新的函数基. 组合后的新函数基 $\Psi^j_{\mu r}$ 需用三个指标标记, 在对称变换中, 按不可约表示 D^j 变换:

$$\begin{aligned} \Psi^j_{\mu r}(x) &= \sum_\rho \psi_\rho(x) X_{\rho,j\mu r}, \\ P_R \Psi^j_{\mu r}(x) &= \sum_\nu \Psi^j_{\nu r}(x) D^j_{\nu\mu}(R). \end{aligned} \tag{2.85}$$

具有这样变换性质的函数基 $\Psi^j_{\mu r}(x)$ 称为属不可约表示 D^j μ 行的函数, 这才是按群论方法选定的标准的函数基. 用这方法把定态波函数组合成属于对称群确定不可约表示确定行的函数, 也就是用对称群表示对定态波函数进行分类.

属不可约表示 D^j μ 行的函数 $\Psi^j_{\mu r}(x)$, 它的物理意义当然与具体的群有关, 也和表示选取的表象有关. 例如, 通常选取的不可约表示的标准形式, 常使尽可能多的生成元的表示矩阵对角化, 式 (2.85) 也就是这些生成元的共同本征方程. 用量子力学语言来说, 这样选取的函数基就是这些力学量的共同本征函数. 当 $a_j > 1$ 时, 需引入参数 r 以区分 a_j 组属同一不可约表示的函数基 $\Psi^j_{\mu r}(x)$. 这几组函数基, 允许关于 r 做相同的线性组合:

$$\Phi^j_{\mu s} = \sum_r \Psi^j_{\mu r} Y_{rs}, \tag{2.86}$$

这组合矩阵 Y 需用其他条件来确定, 如要求形式简单等. 通常认为这种任意性的出现, 反映了对系统对称性的发掘还不够, 即还可能存在更大的对称变换群.

本小节介绍的组合定态波函数的方法, 是群论的基本运算方法, 今后会多次见到各种实例, 还可能以不同的形式出现. 希望读者对此方法给予足够的重视, 深刻领会, 熟练而灵活地运用.

2.6.2 克莱布什 – 戈登级数和系数

设合成系统由两个子系统组成, 子系统有共同的对称变换群 G, 波函数分别按群 G 不可约表示变换

$$P_R\psi^j_\mu(1)=\sum_\rho \psi^j_\rho(1)D^j_{\rho\mu}(R),\quad P_R\phi^k_\nu(2)=\sum_\lambda \phi^k_\lambda(2)D^k_{\lambda\nu}(R). \tag{2.87}$$

合成系统的波函数是它们的乘积, $\varPsi^{jk}_{\mu\nu}(1,2)=\psi^j_\mu(1)\phi^k_\mu(2)$, 按直乘表示变换

$$\begin{aligned}P_R\varPsi^{jk}_{\mu\nu}(1,2)&=\sum_{\rho\lambda}\varPsi^{jk}_{\rho\lambda}(1,2)\left[D^j(R)\times D^k(R)\right]_{\rho\lambda,\mu\nu},\\ \left[D^j(R)\times D^k(R)\right]_{\rho\lambda,\mu\nu}&=D^j_{\rho\mu}(R)D^k_{\lambda\nu}(R).\end{aligned} \tag{2.88}$$

用相似变换 C^{jk} 来约化直乘表示:

$$\begin{aligned}\left(C^{jk}\right)^{-1}\left[D^j(R)\times D^k(R)\right]C^{jk}&=\bigoplus_J a_J D^J(R),\\ \chi^j(R)\chi^k(R)&=\sum_J a_J\chi^J(R).\end{aligned} \tag{2.89}$$

等式右面的级数称为克莱布什 (Clebsch)–戈登 (Gordan) 级数, C^{jk} 矩阵称为克莱布什 – 戈登矩阵, 矩阵元素 $C^{jk}_{\mu\nu,JMr}$ 称为克莱布什 – 戈登系数, 其中行指标与直乘矩阵的行 (列) 指标相同, 取 $\mu\nu$; 列指标与约化后的直和表示的行 (列) 指标相同, 取 JMr. 在表示 $D^J(\mathrm{G})$ 的重数 a_J 大于 1 时, 才需要引入这附加的指标 r, 以区分这 a_J 个表示 $D^J(\mathrm{G})$. 这些克莱布什 – 戈登系数把合成系统的波函数 $\varPsi^{jk}_{\mu\nu}(1,2)$ 组合成属于不可约表示的波函数

$$\begin{aligned}\varPhi^J_{Mr}(1,2)&=\sum_{\mu\nu}\varPsi^{jk}_{\mu\nu}(1,2)C^{jk}_{\mu\nu,JMr},\\ P_R\varPhi^J_{Mr}(1,2)&=\sum_{M'}\varPhi^J_{M'r}(1,2)D^J_{M'M}(R).\end{aligned} \tag{2.90}$$

对给定的群, 克莱布什 – 戈登系数与选用的不可约表示标准形式有关. 对有限群, 表示是幺正的, 克莱布什 – 戈登矩阵 C^{jk} 也是幺正的, 而且常常可以选择其中包含的未定参数, 使它是实正交的. 物理中常见的对称群的克莱布什 – 戈登系数都有专门的书籍列表给出. 通常克莱布什 – 戈登系数有几种列举方法. 除了列表法外,

类似式 (2.90) 那样的展开式也是常用的列举方式. 展开式方法避免了许多等于零的系数, 也比较好用, 但篇幅较大. 只有少数群, 如三维转动群, 克莱布什–戈登系数存在解析公式.

2.6.3 维格纳–埃伽定理

下面的定理可以说是群论方法在量子力学中得到广泛应用的基础, 它也解释了为什么要把定态波函数组合成属于对称群确定不可约表示确定行的函数.

定理 2.7(维格纳 (Wigner)–埃伽 (Eckart) 定理) 属幺正线性变换群 $P_{\rm G}$ 的两不等价不可约表示的函数互相正交, 属同一不可约幺正表示不同行的函数也互相正交, 属同一不可约幺正表示同一行的函数间的内积与行数无关.

证明 设函数基 ψ^j_μ 和 ϕ^k_ν 分属群 $P_{\rm G}$ 不可约幺正表示 D^j μ 行和 D^k ν 行

$$P_R\psi^j_\mu(x) = \sum_\rho \psi^j_\rho(x)D^j_{\rho\mu}(R), \quad P_R\phi^k_\nu(x) = \sum_\lambda \phi^k_\lambda(x)D^k_{\lambda\nu}(R).$$

令

$$\langle\phi^k_\nu(x)|\psi^j_\mu(x)\rangle = X^{kj}_{\nu\mu}, \tag{2.91}$$

$$\begin{aligned}\langle\phi^k_\nu(x)|P_R\psi^j_\mu(x)\rangle &= \sum_\rho \langle\phi^k_\nu(x)|\psi^j_\rho(x)\rangle D^j_{\rho\mu}(R) = \sum_\rho X^{kj}_{\nu\rho}D^j_{\rho\mu}(R)\\ &= \langle P_R^{-1}\phi^k_\nu(x)|\psi^j_\mu(x)\rangle = \sum_\lambda D^k_{\lambda\nu}(R^{-1})^*\langle\phi^k_\lambda(x)|\psi^j_\mu(x)\rangle\\ &= \sum_\lambda D^k_{\nu\lambda}(R)X^{kj}_{\lambda\mu}.\end{aligned}$$

由舒尔定理知

$$X^{kj}_{\nu\mu} = \begin{cases} 0, & k\neq j,\\ \delta_{\nu\mu}\ \langle k||j\rangle, & k=j.\end{cases}$$

$$\langle\phi^k_\nu(x)|\psi^j_\mu(x)\rangle = \delta_{kj}\delta_{\nu\mu}\langle k||j\rangle, \tag{2.92}$$

其中 $\langle k||j\rangle$ 是常数, 它与下标 μ 无关, 称为约化矩阵元. 证完.

属幺正线性变换群 $P_{\rm G}$ 的两不等价不可约幺正表示的函数都互相正交, 因而这里的表示幺正性并不重要. 但在得出属同一不可约幺正表示不同行的函数互相正交时, 表示的幺正性就十分重要.

量子力学中, 物理观测量的计算多数归结为矩阵元的计算, 当把定态波函数组合成属于对称变换群确定不可约表示确定行的函数后, 维格纳–埃伽定理使 m_km_j 个矩阵元 $\langle\phi^k_\nu(x)|\psi^j_\mu(x)\rangle$ 的计算简化为一个矩阵元的计算问题. 在实际问题里, 定态波函数很难严格求解, 波函数的具体形式经常并不知道, 因而连一个矩阵元都不会计算. 但是仅仅根据系统对称性质的分析, 我们已能知道什么样状态之间的矩阵元为零 (选择定则), 也可以把约化矩阵元看成参数, 通过消去参数, 掌握不同矩阵

元 (观测量) 之间的相对关系. 这就是常说的, 通过系统对称性的研究, 掌握系统某些精确的与细节无关的重要性质, 而且可与实验比较.

当力学量算符在对称变换中的变换性质已知时, 维格纳–埃伽定理还可简化力学量矩阵元的计算. 设一组力学量算符 $L^k_\rho(x)$ 在对称变换 P_R 作用下按式 (2.93) 变换

$$P_R L^k_\rho(x) P_R^{-1} = \sum_\lambda L^k_\lambda(x) D^k_{\lambda\rho}(R). \tag{2.93}$$

这组算符常称不可约张量算符, 则

$$P_R L^k_\rho(x)\psi^j_\mu(x) = \sum_{\lambda\tau} L^k_\lambda(x)\psi^j_\tau(x)\left[D^k(R)\times D^j(R)\right]_{\lambda\tau,\rho\mu}. \tag{2.94}$$

既然函数 $L^k_\rho(x)\psi^j_\mu(x)$ 按直乘表示变换, 可用克莱布什–戈登系数把它们组合成属不可约表示 D^J M 行的函数 $F^J_{Mr}(x)$,

$$\begin{aligned}
F^J_{Mr}(x) &= \sum_{\rho\mu} L^k_\rho(x)\psi^j_\mu(x) C^{kj}_{\rho\mu,JMr}, \\
P_R F^J_{Mr}(x) &= \sum_{M'} F^J_{M'r}(x) D^J_{M'M}(R), \\
L^k_\rho(x)\psi^j_\mu(x) &= \sum_{JMr} F^J_{Mr}(x)\left[\left(C^{kj}\right)^{-1}\right]_{JMr,\rho\mu}.
\end{aligned} \tag{2.95}$$

力学量 $L^k_\rho(x)$ 在定态波函数中的 $m_{j'}m_k m_j$ 个矩阵元的计算, 简化为有限几个约化矩阵元的计算:

$$\begin{aligned}
\langle\phi^{j'}_\nu(x)|L^k_\rho(x)|\psi^j_\mu(x)\rangle &= \sum_{JMr}\langle\phi^{j'}_\nu(x)|F^J_{Mr}(x)\rangle\left[\left(C^{kj}\right)^{-1}\right]_{JMr,\rho\mu} \\
&= \sum_r \langle\phi^{j'}||L^k||\psi^j\rangle_r\left[\left(C^{kj}\right)^{-1}\right]_{j'\nu r,\rho\mu},
\end{aligned} \tag{2.96}$$

而把与对称变换有关的信息通过已知的克莱布什–戈登系数表现出来. 约化矩阵元的个数等于不可约表示 $D^{j'}$ 在直乘表示 $D^k\times D^j$ 的约化中出现的次数.

2.6.4 正则简并和偶然简并

设能级 E 是 m 重简并的, 对应对称变换群 G 的表示 D(G). 若此表示是群 G 的不可约表示, 则此简并称为正则 (normal) 简并; 若是可约表示, 则称为偶然 (accidental) 简并.

现在引入微扰相互作用 $H_1(x)$, 设它和原始哈密顿量 $H_0(x)$ 有相同的对称性, 称为对称微扰, 即在对称变换中两个哈密顿量都保持不变:

$$[P_R,\ H_0(x)] = 0, \quad [P_R,\ H_1(x)] = 0. \tag{2.97}$$

首先，用以上方法把 $H_0(x)$ 的本征波函数组合成属于对称变换群 G 确定不可约表示确定行的函数 $\psi^j_\mu(x)$:

$$P_R\psi^j_\mu(x) = \sum_\nu \psi^j_\nu(x)D^j_{\nu\mu}(R).$$

在 P_R 的作用下，$H_1\psi^j_\mu(x)$ 具有相同的变换性质

$$P_R\left[H_1(x)\psi^j_\mu(x)\right] = H_1(x)P_R\psi^j_\mu(x) = \sum_\nu \left[H_1(x)\psi^j_\nu(x)\right]D^j_{\nu\mu}(R), \tag{2.98}$$

这一性质称为"对称微扰不改变波函数的变换性质".

从量子力学知，能量一级修正由 H_1 在 H_0 本征函数中的矩阵元决定. 对正则简并，有

$$\langle\psi^j_\nu(x)|H_1(x)|\psi^j_\mu(x)\rangle = \delta_{\nu\mu}\left(\Delta E^j\right). \tag{2.99}$$

能量修正 ΔE^j 与 μ 无关，能级发生平移但不分裂，即对称微扰不能解除正则简并. 事实上，这是一个非微扰的结论，**正则简并的能级在对称微扰的作用下不会分裂**. 这一结论可做如下理解：让总哈密顿量随参数 λ 连续变化，$H = H_0 + \lambda H_1$. 当 λ 由 0 到 1 连续变化时，H 的本征函数也由 ψ^j_μ 出发连续变化，所有的相关量都只能做连续变化，不能做不连续的跳跃. 由于在连续变化过程中对称性始终保持，波函数必定属于群 G 的一定表示. 定理 2.7 告诉我们，属不等价不可约表示的波函数是互相正交的，因而波函数不能突然跳跃到与原波函数正交的函数中去，波函数所属表示就无变化. 也就是说，在参数 λ 连续变化过程中，哈密顿量本征函数所属的不可约表示不变，能级的简并度也不变. 由于哈密顿量和对称变换算符 P_R 对易，属同一不可约表示的哈密顿量本征函数，它们的本征值必定相同，因而正则简并的能级不会分裂.

对偶然简并，先假定能级对应的可约表示中包含的各不可约表示互不等价. 属同一不可约表示各行的函数，能级移动相同，能级不会分裂，但属两个不等价不可约表示的函数，能级移动一般不相等，于是能级分裂了. 在对称微扰下，偶然简并的能级可以分裂，但最多分裂到正则简并，而且用对称群不可约表示标记的原始波函数是好的零级波函数. 若偶然简并对应的表示包含重表示，则属这些相重不可约表示的函数的任意组合仍属同一个不可约表示，如式 (2.86) 所示. 确定这些组波函数的组合，群论就无能为力了. 此时 H_1 在这些组波函数间的矩阵未必对角化. 尽管如此，定理 2.7 告诉我们，可按计算方便，任意选取确定的 μ，计算 $a_j \times a_j$ 矩阵

$$\langle\psi^j_{\mu r}(x)|H_1(x)\psi^j_{\mu s}(x)\rangle = \left(\Delta E^j\right)_{rs}, \tag{2.100}$$

其中，r 和 s 取 1 至表示重数 a_j. 把此矩阵对角化，就得到好的零级波函数和能量的一级修正. 与不用对称性选取零级波函数的一般方法相比较，群论方法使

$(a_j m_j)^2$ 个矩阵元的计算问题, 简化为 a_j^2 个矩阵元的计算问题, 还是大大减少了工作量.

通常认为, 如果群 G 包括了系统哈密顿量 H 的全部对称变换, 能级只能是正则简并. 偶然简并与系统尚未发现的对称性有关. 四川大学的邹鹏程教授和他的学生撰文 (邹和黄, 1995) 证明了这一结论.

如果 H_1 的对称群 G′ 是 H_0 对称群 G 的子群, G′ 就是 H_0 和 H_1 的共同对称群. 用 G′ 代替 G, 前面的讨论仍然适用, 在微扰 H_1 的作用下, 能级最多分裂到关于 G′ 的正则简并. 要注意的是, 即使 H_0 的能级关于 G 是正则简并的, 关于 G′ 仍可能是偶然简并.

2.6.5 一个物理应用的实例

举一个量子力学的简单例子, 说明群论方法在量子力学中应用的一般步骤. 讨论一个有方形势阱的二维量子力学系统, 哈密顿方程 ($\hbar = 2m = 1$) 为

$$\begin{aligned}
&H\psi = -\frac{\mathrm{d}^2\psi}{\mathrm{d}x^2} - \frac{\mathrm{d}^2\psi}{\mathrm{d}y^2} + V\psi = E\psi, \\
&V(x,y) = \begin{cases} 0, & |x| < \pi, \quad |y| < \pi, \\ \infty, & 其他. \end{cases}
\end{aligned} \tag{2.101}$$

第一步, 研究系统的对称变换群. 二维方形势阱显然具有 D_4 群对称性. D_4 群特征标表已列在表 2.7. 两个生成元取绕 z 轴转动 $\pi/2$ 角的变换 C_4 和绕 x 轴转动 π 角的变换 C_2'. 为简化符号, 把它们分别记为 T 和 S. 根据式 (2.79), 它们在二维表示 D^E 中的矩阵元为

$$D^E(T) = \begin{pmatrix} 0 & -1 \\ 1 & 0 \end{pmatrix}, \quad D^E(S) = \begin{pmatrix} 1 & 0 \\ 0 & -1 \end{pmatrix}. \tag{2.102}$$

这矩阵就是生成元在二维空间的坐标变换矩阵

$$\begin{pmatrix} x' \\ y' \end{pmatrix} = R \begin{pmatrix} x \\ y \end{pmatrix}, \quad R = D^E(R).$$

第二步, 按对称群表示对定态波函数进行分类. 用分离变量法求解哈密顿方程, 设

$$\psi(x,y) = X(x)Y(y),$$

则在方形区域内及其边界上

$$\begin{aligned}
&X'' + E_1 X = 0, \qquad Y'' + E_2 Y = 0, \quad |x| \leqslant \pi, \quad |y| \leqslant \pi, \\
&X(\pm\pi) = Y(\pm\pi) = 0, \quad E = E_1 + E_2.
\end{aligned}$$

解得

$$X(x)=\begin{cases}\sin(mx), & E_1=m^2,\\ \cos\left[(2m+1)x/2\right], & E_1=(2m+1)^2/4,\end{cases}$$

$$Y(y)=\begin{cases}\sin(ny), & E_2=n^2,\\ \cos\left[(2n+1)y/2\right], & E_2=(2n+1)^2/4,\end{cases}$$

其中, m 和 n 均为正整数或零. 共有五种类型的能级, 它们的本征函数如下 $(m\neq n)$.

(1) $E=(2m+1)^2/2$, $\psi=\cos\left[(2m+1)x/2\right]\cos\left[(2m+1)y/2\right]$.

(2) $E=2m^2$, $\psi=\sin(mx)\sin(my)$.

(3) $E=m^2+n^2$, $\psi_1=\sin(mx)\sin(ny)$, $\psi_2=\sin(nx)\sin(my)$.

(4) $E=(2m+1)^2/4+(2n+1)^2/4$,

$$\psi_1=\cos\left[(2m+1)x/2\right]\cos\left[(2n+1)y/2\right],$$
$$\psi_2=\cos\left[(2n+1)x/2\right]\cos\left[(2m+1)y/2\right].$$

(5) $E=m^2+(2n+1)^2/4$,

$$\psi_1=\sin(mx)\cos\left[(2n+1)y/2\right],\quad \psi_2=\cos\left[(2n+1)x/2\right]\sin(my).$$

前两种情况能级不简并, 后三种情况能级二重简并. 现在用式 (2.82) 来确定各能级对应的表示. 用生成元作用, 计算出表示矩阵和特征标后, 与表 2.7 比较, 确定相应的表示及其约化. 在计算中请注意在式 (2.82) 中, P_R **的作用, 先把** $\psi(x)$ **中的变量** x **变成** $R^{-1}x$**, 然后把它看成** x **的函数, 才得到新的函数** $P_R\psi(x)$, 这里的 x 代表两个变量 x 和 y, R^{-1} 取式 (2.102) 的逆变换:

$$D^E(T^{-1})=\begin{pmatrix}0 & 1\\ -1 & 0\end{pmatrix},\qquad D^E(S^{-1})=\begin{pmatrix}1 & 0\\ 0 & -1\end{pmatrix}.\tag{2.103}$$

其次, 要注意式 (2.82) 右边是对表示矩阵行指标求和, **当** P_R **作用在** ψ_μ **上, 算出的是表示矩阵的第** μ **列矩阵元素, 而不是第** μ **行矩阵元素.** 有了这两条, 下面的计算就十分容易. 具体计算方法同式 (2.25) 的计算. 希望读者在阅读下面部分时, 一定要同时在纸上做计算, 只有这样才能真正理解.

(1) $P_T\psi=P_S\psi=\psi$, $D(T)=D(S)=1$, 因而对应恒等表示 D^{A_1}.

(2) $P_T\psi=P_S\psi=-\psi$, $D(T)=D(S)=-1$, 因而对应 D^{B_2} 表示.

(3) $P_T\psi_1=-\psi_2$, $P_T\psi_2=-\psi_1$, $P_S\psi_1=-\psi_1$, $P_S\psi_2=-\psi_2$, 因而

$$D(T)=\begin{pmatrix}0 & -1\\ -1 & 0\end{pmatrix},\qquad D(S)=\begin{pmatrix}-1 & 0\\ 0 & -1\end{pmatrix},$$
$$\chi(T)=0,\qquad \chi(S)=-2.$$

由式 (2.84) 计算得, 此能级对应表示 $D^{A_2} \oplus D^{B_2}$. $D(S)$ 是常数矩阵, 通过计算 $D(T)$ 的本征矢量, 把 $D(T)$ 对角化

$$X^{-1}D(T)X = \begin{pmatrix} 1 & 0 \\ 0 & -1 \end{pmatrix}, \qquad X^{-1}D(S)X = \begin{pmatrix} -1 & 0 \\ 0 & -1 \end{pmatrix},$$

$$X = \frac{1}{\sqrt{2}} \begin{pmatrix} 1 & 1 \\ -1 & 1 \end{pmatrix},$$

$$\boldsymbol{\phi}_1 = (\psi_1 - \psi_2)/\sqrt{2}, \qquad \boldsymbol{\phi}_2 = (\psi_1 + \psi_2)/\sqrt{2}.$$

$\boldsymbol{\phi}_1$ 属表示 D^{A_2}, $\boldsymbol{\phi}_2$ 属表示 D^{B_2}.

(4) $P_T\psi_1 = \psi_2$, $P_T\psi_2 = \psi_1$, $P_S\psi_1 = \psi_1$, $P_S\psi_2 = \psi_2$, 因而

$$D(T) = \begin{pmatrix} 0 & 1 \\ 1 & 0 \end{pmatrix}, \qquad D(S) = \begin{pmatrix} 1 & 0 \\ 0 & 1 \end{pmatrix},$$

$$\chi(T) = 0, \qquad \chi(S) = 2.$$

类似的计算得, 此能级对应表示 $D^{A_1} \oplus D^{B_1}$

$$\boldsymbol{\phi}_1 = (\psi_1 + \psi_2)/\sqrt{2}, \qquad \boldsymbol{\phi}_2 = (\psi_1 - \psi_2)/\sqrt{2}.$$

$\boldsymbol{\phi}_1$ 属表示 D^{A_1}, $\boldsymbol{\phi}_2$ 属表示 D^{B_1}.

(5) $P_T\psi_1 = \psi_2$, $P_T\psi_2 = -\psi_1$, $P_S\psi_1 = \psi_1$, $P_S\psi_2 = -\psi_2$, 因而

$$D(T) = \begin{pmatrix} 0 & -1 \\ 1 & 0 \end{pmatrix}, \qquad D(S) = \begin{pmatrix} 1 & 0 \\ 0 & -1 \end{pmatrix},$$

$$\chi(T) = 0, \qquad \chi(S) = 0.$$

这正是不可约表示 D^E.

在五类能级中, 情况 (1) 和情况 (2) 没有简并, 是正则简并的情况. 情况 (3) 和情况 (4) 是偶然简并, 情况 (5) 是正则简并. 对于某些特殊的能级, 还可能有更大的偶然简并. 例如, 情况 (3) 中, $m = 1$, $n = 8$ 和 $m = 4$, $n = 7$, 它们的能量都是 $E = 65$. 又如, 情况 (3) 中的 $m = 1$ 和 $n = 7$, 与情况 (2) 中的 $m = 5$, 能量都是 $E = 50$. 这类能级简并度更高, 但能级对应的表示, 正是上述两种情况对应的表示的直和. 分析起来没有新的困难.

最后, 我们讨论在对称微扰哈密顿量 $H_1 = \varepsilon x^2 y^2$ 作用下能级的移动和分裂. D_4 群是 H_0 和 H_1 的共同对称变换群. 因此, 在 H_1 的作用下, 正则简并的能级只能发生能级移动, 不能发生能级分裂. 以情况 (5) 为例, 直接计算可知:

$$\langle\psi_1|H_1\psi_1\rangle = \langle\psi_2|H_1\psi_2\rangle = \varepsilon\left\{\frac{\pi^3}{3} - \frac{\pi}{2m^2}\right\}\left\{\frac{\pi^3}{3} - \frac{2\pi}{(2n+1)^2}\right\},$$

$$\langle\psi_1|H_1\psi_2\rangle = \langle\psi_2|H_1\psi_1\rangle = 0.$$

从群论角度看, 由于定态波函数已经按对称变换群的不可约表示进行分类, 在对称微扰作用下能级不会分裂. 因此, 式中四个矩阵元中, 对角矩阵元相等, 非对角矩阵元为零. 需要计算的只有一个矩阵元.

对情况 (3) 和情况 (4), 对称微扰使偶然简并能级分裂. 如果已经用群论方法, 按对称变换群的不可约表示来选择定态波函数 ϕ_μ, 那么 H_1 在此波函数中的矩阵是对角化的. 而在原来任意选取的波函数 ψ_μ 中, H_1 的矩阵一般就不是对角化的. 量子力学中, 使 H_1 对角化的波函数 ϕ_μ 称为好的零级波函数. 以情况 (3) 为例, 计算表明

$$\begin{aligned}
\langle\phi_1|H_1\phi_1\rangle =& \varepsilon\left\{\frac{\pi^3}{3}-\frac{\pi}{2m^2}\right\}\left\{\frac{\pi^3}{3}-\frac{\pi}{2n^2}\right\} \\
&-\varepsilon(-1)^{m-n}\left\{\frac{2\pi}{(m-n)^2}-\frac{2\pi}{(m+n)^2}\right\}^2, \\
\langle\phi_2|H_1\phi_2\rangle =& \varepsilon\left\{\frac{\pi^3}{3}-\frac{\pi}{2m^2}\right\}\left\{\frac{\pi^3}{3}-\frac{\pi}{2n^2}\right\} \\
&+\varepsilon(-1)^{m-n}\left\{\frac{2\pi}{(m-n)^2}-\frac{2\pi}{(m+n)^2}\right\}^2, \\
\langle\phi_1|H_1\phi_2\rangle =& \langle\phi_2|H_1\phi_1\rangle = 0.
\end{aligned}$$

一般说来, 选择对称变换群的适当的不变函数空间, 是找群的不等价不可约表示的标准方法.

2.7 有限群群代数的不可约基

2.7.1 有限群正则表示的约化

有限群的群代数 $\mathcal{L}$ 对左乘和右乘群元素都保持不变. 以前常取群元素为基, 称为自然基. 在自然基中, 对左乘和右乘群元素, 群代数分别对应两组等价的正则表示, 如式 (2.7) 和式 (2.11) 所示. 舒尔定理告诉我们, 有限群的不等价不可约表示的矩阵元素也构成群代数中一组正交且完备的矢量 (式 (2.45) 和 (2.58)), 它们也可取作群代数中的基. 为了以后方便, 选择归一化系数, 取新的基为

$$\phi^j_{\mu\nu} = \frac{m_j}{g}\sum_{R\in G} D^j_{\mu\nu}(R)^* R, \tag{2.104}$$

其中 m_j 是有限群 G 不可约表示 $D^j(\mathrm{G})$ 的维数, g 是群 G 的阶数. 利用不可约表示矩阵元素的正交关系 (2.45), 可以直接证明, 这组基 $\phi^j_{\mu\nu}$ 在左乘和右乘群元素时按不可约表示 $D^j(\mathrm{G})$ 变化,

$$S\phi^j_{\mu\nu} = \sum_\rho \phi^j_{\rho\nu} D^j_{\rho\mu}(S), \quad \phi^j_{\mu\nu}S = \sum_\rho D^j_{\nu\rho}(S)\phi^j_{\mu\rho}. \tag{2.105}$$

也就是说, 新的基 $\phi^j_{\mu\nu}$ 把正则表示完全约化了. 新基还满足 “传递关系”

$$\phi^i_{\mu\rho}\phi^j_{\tau\nu} = \delta_{ij}\delta_{\rho\tau}\phi^j_{\mu\nu}. \tag{2.106}$$

由传递关系可以把不可约表示的表示矩阵用基统一地表达出来. 事实上, 用 $\phi^j_{\nu\lambda}$ 左乘式 (2.105) 的左式得

$$\phi^j_{\nu\lambda} S\phi^j_{\mu\nu} = D^j_{\lambda\mu}(S)\phi^j_{\nu\nu}. \tag{2.107}$$

满足式 (2.105) 和式 (2.106) 的基 $\phi^j_{\mu\nu}$ 称为群代数的不可约基. 现在来证明式 (2.105) 和式 (2.106).

$$\begin{aligned}
S\phi^j_{\mu\nu} &= \frac{m_j}{g}\sum_{R\in \mathrm{G}} D^j_{\mu\nu}(R)^* SR = \frac{m_j}{g}\sum_{T\in \mathrm{G}} D^j_{\mu\nu}(S^{-1}T)^* T \\
&= \sum_\rho D^j_{\rho\mu}(S)\left[\frac{m_j}{g}\sum_{T\in \mathrm{G}} D^j_{\rho\nu}(T)^* T\right] = \sum_\rho \phi^j_{\rho\nu} D^j_{\rho\mu}(S),
\end{aligned}$$

$$\begin{aligned}
\phi^j_{\mu\nu} S &= \frac{m_j}{g}\sum_{R\in \mathrm{G}} D^j_{\mu\nu}(R)^* RS = \frac{m_j}{g}\sum_{T\in \mathrm{G}} D^j_{\mu\nu}(TS^{-1})^* T \\
&= \sum_\rho D^j_{\nu\rho}(S)\left[\frac{m_j}{g}\sum_{T\in \mathrm{G}} D^j_{\mu\rho}(T)^* T\right] = \sum_\rho D^j_{\nu\rho}(S)\phi^j_{\mu\rho},
\end{aligned}$$

$$\begin{aligned}
\phi^i_{\mu\rho}\phi^j_{\tau\nu} &= \frac{m_i m_j}{g^2}\sum_{S\in \mathrm{G}}\sum_{R\in \mathrm{G}} D^i_{\mu\rho}(S)^* D^j_{\tau\nu}(R)^* SR \\
&= \frac{m_i m_j}{g^2}\sum_{T\in \mathrm{G}}\sum_{R\in \mathrm{G}} D^i_{\mu\rho}(TR^{-1})^* D^j_{\tau\nu}(R)^* T \\
&= \frac{m_i m_j}{g^2}\sum_{\lambda}\sum_{T\in \mathrm{G}} D^i_{\mu\lambda}(T)^*\left[\sum_{R\in \mathrm{G}} D^i_{\rho\lambda}(R) D^j_{\tau\nu}(R)^*\right] T \\
&= \delta_{ij}\delta_{\rho\tau}\frac{m_j}{g}\sum_{T\in \mathrm{G}} D^j_{\mu\nu}(T)^* T = \delta_{ij}\delta_{\rho\tau}\phi^j_{\mu\nu}.
\end{aligned}$$

证完.

设哈密顿量 $H(x)$ 的能级 E 是 m 重简并的, 本征函数记为 $\psi_\rho(x)$. 按群论方法, 需要把这函数基 $\psi_\rho(x)$ 组合成属于对称群 G 不可约表示的基. 2.6 节已经详细讨论了这种组合的计算方法. 但是, 如果对称群 G 的不可约基 $\phi^j_{\mu\nu}$ 已经知道, 把其中的群元素 R 换成函数变换算符 P_R, 作为投影算符作用在函数基上, 只要 $\phi^j_{\mu\nu}\psi_\rho(x)$ 不为零, $\phi^j_{\mu\nu}\psi_\rho(x)$ 就是属不可约表示的函数基, 从而大大简化了计算.

$$P_S\left[\phi^j_{\mu\nu}\psi_\rho(x)\right] = \sum_\tau \left[\phi^j_{\tau\nu}\psi_\rho(x)\right] D^j_{\tau\mu}(S). \tag{2.108}$$

2.7.2 D_3 群的不可约基

如果群 G 的所有不等价不可约表示 $D^j(G)$ 都已经知道, 不可约基就可以直接计算出来. 以 D_3 群为例, 它包含六个元素, 三个类, 乘法表由表 1.6 给出, 特征标表由表 2.4 给出. 表示 A 是恒等表示, 所有元素对应数 1, 表示 B 是反对称表示, 元素 E, D 和 F 对应数 1, 其余元素对应数 -1. 二维表示 D^E 的标准形式由式 (1.10) 给出. 由定义式 (2.104) 得

$$\begin{aligned}
\phi^A &= (E+D+F+A+B+C)/6, \\
\phi^B &= (E+D+F-A-B-C)/6, \\
\phi^E_{11} &= (2E-D-F+2A-B-C)/6, \\
\phi^E_{22} &= (2E-D-F-2A+B+C)/6, \\
\phi^E_{12} &= (-D+F+B-C)/(2\sqrt{3}), \\
\phi^E_{21} &= (D-F+B-C)/(2\sqrt{3}).
\end{aligned} \tag{2.109}$$

2.7.3 O 群的特征标表和不可约基

O 群有 24 个元素, 五个自逆类, 由 $1^2+1^2+2^2+3^2+3^2=24$ 知, 它有两个一维, 一个二维和两个三维不等价不可约表示, 都是自共轭表示. O 群有两个不变子群, 子群 T 的指数为 2, 商群与 C_2 群同构, 它给出了 O 群两个一维表示 D^A 和 D^B.

$$D^A(R) = D^B(R) = D^A(T_zR) = -D^B(T_zR) = 1, \quad \forall R \in \mathrm{T}. \tag{2.110}$$

另一个不变子群由恒元和三个绕坐标轴向转动 π 角元素构成, 记为 D_2, 指数为 6. 因为商群没有 6 阶元素, 它同构于 D_3 群. D_2 群也是子群 T 的不变子群. 根据 $O \approx S_4$, 容易建立商群和 D_3 的具体同构关系, 并给出 O 群二维表示 D^E 的表示矩阵:

$$\begin{aligned}
\mathrm{D}_2 = \{E,\ T_x^2,\ T_y^2,\ T_z^2\} &\iff D^E(E) = \begin{pmatrix} 1 & 0 \\ 0 & 1 \end{pmatrix}, \\
R_1\mathrm{D}_2 = \{R_1,\ R_2,\ R_3,\ R_4\} &\iff D^E(D) = \frac{1}{2}\begin{pmatrix} -1 & -\sqrt{3} \\ \sqrt{3} & -1 \end{pmatrix}, \\
R_1^2\mathrm{D}_2 = \{R_1^2,\ R_2^2,\ R_3^2,\ R_4^2\} &\iff D^E(F) = \frac{1}{2}\begin{pmatrix} -1 & \sqrt{3} \\ -\sqrt{3} & -1 \end{pmatrix},
\end{aligned}$$

$$S_1\mathrm{D}_2 = \{S_1,\ S_2,\ T_z,\ T_z^3\} \iff D^E(A) = \begin{pmatrix} 1 & 0 \\ 0 & -1 \end{pmatrix},$$

$$S_5\mathrm{D}_2 = \{S_5,\ S_6,\ T_y,\ T_y^3\} \iff D^E(B) = \frac{1}{2}\begin{pmatrix} -1 & \sqrt{3} \\ \sqrt{3} & 1 \end{pmatrix}, \tag{2.111}$$

$$S_3\mathrm{D}_2 = \{S_3,\ S_4,\ T_x,\ T_x^3\} \iff D^E(C) = \frac{1}{2}\begin{pmatrix} -1 & -\sqrt{3} \\ -\sqrt{3} & 1 \end{pmatrix},$$

其中, 用到 $R_1S_1 \leftrightarrow (3\ 2\ 1)(2\ 4) = (1\ 3\ 2\ 4) \leftrightarrow T_y^3$, 对应乘积 $DA = B$.

O 群的三维不可约表示 D^{T_1} 的表示矩阵可用计算坐标变换矩阵的方法 (类似式 (2.9)) 定出, 而 $D^{T_2}(R) = D^{T_1}(R)D^B(R)$.

$$D^{T_1}(T_z) = \begin{pmatrix} 0 & -1 & 0 \\ 1 & 0 & 0 \\ 0 & 0 & 1 \end{pmatrix},\quad D^{T_1}(T_z^3) = \begin{pmatrix} 0 & 1 & 0 \\ -1 & 0 & 0 \\ 0 & 0 & 1 \end{pmatrix},$$

$$D^{T_1}(R_1) = \begin{pmatrix} 0 & 0 & 1 \\ 1 & 0 & 0 \\ 0 & 1 & 0 \end{pmatrix},\quad D^{T_1}(S_1) = \begin{pmatrix} 0 & 1 & 0 \\ 1 & 0 & 0 \\ 0 & 0 & -1 \end{pmatrix}, \tag{2.112}$$

$$D^{T_1}(S_5) = \begin{pmatrix} 0 & 0 & 1 \\ 0 & -1 & 0 \\ 1 & 0 & 0 \end{pmatrix},\quad D^{T_1}(T_x) = \begin{pmatrix} 1 & 0 & 0 \\ 0 & 0 & -1 \\ 0 & 1 & 0 \end{pmatrix}.$$

由此可算出 O 群特征标表, 列于表 2.9. 其余元素在表示 D^{T_1} 中的表示矩阵可通过矩阵的幂次或通过 T_z 的转动得到 (式 (1.51)):

$$D^{T_1}(T_z)\begin{pmatrix} a_{11} & a_{12} & a_{13} \\ a_{21} & a_{22} & a_{23} \\ a_{31} & a_{32} & a_{33} \end{pmatrix} D^{T_1}(T_z^3) = \begin{pmatrix} a_{22} & -a_{21} & -a_{23} \\ -a_{12} & a_{11} & a_{13} \\ -a_{32} & a_{31} & a_{33} \end{pmatrix}. \tag{2.113}$$

这样, 由公式 (2.104) 就可以计算出 O 群群代数的不可约基.

表 2.9　O 群的特征标表

O	E	$3C_4^2$	$8C_3'$	$6C_4$	$6C_2''$
A	1	1	1	1	1
B	1	1	1	-1	-1
E	2	2	-1	0	0
T_1	3	-1	0	1	-1
T_2	3	-1	0	-1	1

2.7.4 T群的特征标表和不可约基

T 群是 O 群的子群, 有 12 个元素, 四个类, 其中两个是自逆类, 由 $1^2+1^2+1^2+3^2=12$ 知, T 群有三个一维和一个三维不等价不可约表示. T 群有不变子群 D_2, 它的指数为 3, 商群同构于 C_3 群. 商群给出了 T 群三个不等价的一维表示, 其中两个表示是非自共轭表示. 三维不可约表示 D^T 可由 O 群不可约表示 $D^{T_1}(O)$ 的分导表示得到 (表 2.10). 由公式 (2.104) 就可以计算出 T 群群代数的不可约基.

表 2.10 T 群的特征标表

T	E	$3C_2$	$4C_3'$	$4C_3'^2$
A	1	1	1	1
E	1	1	ω	ω^2
E'	1	1	ω^2	ω
T	3	-1	0	0

$\omega=e^{-i2\pi/3}$

习 题 2

1. 设 G 是一个非阿贝尔群, D(G) 是群 G 的一个不可约真实表示, 元素 R 的表示矩阵为 $D(R)$. 现让群 G 元素 R 分别与下列矩阵对应, 问此矩阵的集合是否构成群 G 的表示? 若是表示, 是否真实表示? (1) $D(R)^\dagger$; (2) $D(R)^T$; (3) $D(R^{-1})$; (4) $D(R)^*$; (5) $D(R^{-1})^\dagger$; (6) $\det D(R)$; (7) $\mathrm{Tr}\,D(R)$. 例如, 第 (1) 小题, 设 $R\longleftrightarrow D(R)^\dagger$, 问 $D(R)^\dagger$ 的集合 $D(G)^\dagger$ 是否构成群 G 的表示?

2. 证明有限群任何一维表示的表示矩阵模为 1.

3. 证明无限的阿贝尔群的有限维不可约表示都是一维的.

4. 试计算正四面体固有对称群 T 的所有类算符及其乘积系数 $f(\alpha,\beta,\gamma)$ (见式 (2.18)).

5. 证明有限群两个等价的不可约幺正表示之间的相似变换矩阵, 如果限制其行列式为 1, 必为幺正矩阵.

6. 证明除恒等表示外, 有限群任一不可约表示的特征标对群元素求和为零.

7. 有限群群代数中, 分别左乘和右乘群元素产生的表示 D(G) (见式 (2.7)) 和 $\overline{D}$(G) (见式 (2.11)) 互相等价. 试具体计算 D_3 群群代数中, 这两个表示间的相似变换矩阵. 能不能把此方法推广, 对一般的有限群, 计算这样两个等价正则表示间的相似变换矩阵?

8. 设有限群 G 的类 $\mathcal{C}_\alpha$ 包含 $n(\alpha)$ 个元素, 对应的类算符是 C_α (见式 (2.14)), D^j(G) 是群 G 的不可约表示, 维数为 m_j, 类 $\mathcal{C}_\alpha$ 在此表示中的特征标为 χ^j_α. 试证明类算符在不可约表示中的表示矩阵是常数矩阵: $D^j(\mathsf{C}_\alpha)=w\mathbf{1}$, 并计算此常数 w.

9. 证明有限群包含的非自逆类个数等于不等价不可约的非自共轭表示的个数, 因此自逆类的个数等于不等价不可约的自共轭表示的个数.

10. 若有限群 G 等于两子群的直乘, $\mathrm{G} = H_1 \otimes H_2$, 证明群 G 的不等价不可约表示都可表为两子群不等价不可约表示的直乘.

11. 计算 T 群三维不可约表示 D^T 自直乘约化的相似变换矩阵 X:

$$X^{-1}\left\{D^T(R)\times D^T(R)\right\}X=\sum_j a_jD^j(R).$$

12. 试计算第 1 章习题第 19 题给出的群的特征标表.

13. 设 D_3 群元素是在二维空间中的坐标变换

$$\begin{pmatrix} x' \\ y' \end{pmatrix} = R\begin{pmatrix} x \\ y \end{pmatrix}, \quad R\in D_3,$$

取生成元 D 和 A, 它们的变换矩阵正是它们在二维表示 $D^E(D_3)$ 中的表示矩阵

$$D=D^E(D)=\frac{1}{2}\begin{pmatrix} -1 & -\sqrt{3} \\ \sqrt{3} & -1 \end{pmatrix}, \quad A=D^E(A)=\begin{pmatrix} 1 & 0 \\ 0 & -1 \end{pmatrix}.$$

已知下列函数基架设的四维函数空间对 D_3 群保持不变:

$$\psi_1(x,y)=x^3, \qquad \psi_2(x,y)=x^2y, \qquad \psi_3(x,y)=xy^2, \qquad \psi_4(x,y)=y^3,$$

试计算 D_3 群在此空间关于这组函数基的线性表示, 即计算 D_3 群生成元在此表示中的表示矩阵. 然后, 把此表示约化为 D_3 群不可约表示的直和, 把此函数基组合为分属各不等价不可约表示的函数基.

14. 计算 T 群群代数的不可约基.

15. 计算 O 群群代数的不可约基.

第 3 章　置换群的不等价不可约表示

3.1　置换群的原始幂等元

如果一个有限群的不等价不可约表示已经找到, 则可以通过式 (2.104) 计算有限群群代数的不可约基. 现在讨论一个相反的问题: 对一些比较复杂的有限群, 例如, 置换群 S_n, 能不能通过群代数的不可约基, 反过来计算它的不等价不可约表示? 为此我们先引入群代数中的一些新概念.

3.1.1　理想和幂等元

在有限群群代数 $\mathcal{L}$ 中, 对左乘群元素保持不变的子空间称为左理想 (left ideal), 在左理想中选定适当的基后, 由左乘群元素就可以计算出左理想所对应的表示. 如果左理想对应的表示是不可约表示, 则称最小左理想 (minimal). 同样对右乘群元素保持不变的子空间称为右理想, 如果右理想对应的表示是不可约表示, 则称最小右理想.

如果两个左理想对应的表示等价, 称为等价的左理想. 对等价的左理想, 可以适当选择基, 使对应表示相同. 把此两左理想的基一一对应起来, 这种对应关系对左乘群元素就保持不变. 反之, 如果两左理想的矢量间存在对左乘群元素保持不变的一一对应关系, 则此两左理想等价. 同样可以定义等价的右理想.

式 (2.105) 指出, 对于固定的 j 和 ν, m_j 个基 $\phi^j_{\mu\nu}$ 架设最小左理想, 记为 $\mathcal{L}^j_\nu = \mathcal{L}\phi^j_{\mu\nu}$, 对应不可约表示 $D^j(\mathrm{G})$. m_j 个最小左理想 $\mathcal{L}^j_\nu$ 互相等价. 对于固定的 j 和 μ, m_j 个基 $\phi^j_{\mu\nu}$ 架设最小右理想, 记为 $\mathcal{R}^j_\mu = \phi^j_{\mu\nu}\mathcal{L}$, 也对应不可约表示 $D^j(\mathrm{G})$. m_j 个最小右理想 $\mathcal{R}^j_\mu$ 互相等价.

群代数 $\mathcal{L}$ 中的投影算符 $e^2 = e \in \mathcal{L}$ 称为幂等元 (idempotent). 满足式 (3.1) 的 n 个矢量 e_a 称为互相正交的幂等元:

$$e_a e_b = \delta_{ab} e_a. \tag{3.1}$$

对给定的幂等元 e_a, 所有 re_a 的集合构成左理想, $\mathcal{L}_a = \mathcal{L}e_a$, 称为由 e_a 生成的左理想. **若** $t \in \mathcal{L}_a$, **则** $t = te_a$. 因为若 $t = re_a$, 有

$$te_a = re_a^2 = re_a = t. \tag{3.2}$$

满足 $te_a = 0$ 的所有 $t \in \mathcal{L}$ 的集合也构成左理想 $\mathcal{L}'_a$, 它是和 $\mathcal{L}_a$ 互补的左理想, $\mathcal{L}_a \oplus \mathcal{L}'_a = \mathcal{L}$. $\mathcal{L}'_a$ 的幂等元是 $E - e_a$. 由幂等元 e_a 同样也可以生成右理想 $\mathcal{R}_a = e_a\mathcal{L}$.

由于正交性, 由 n 个正交的幂等元 e_a 生成的 n 个左 (或右) 理想相加是直和的关系, 因为它们不存在公共矢量.

$$\mathcal{L}\sum_{a=1}^{n} e_a = \bigoplus_{a=1}^{n} \mathcal{L}_a, \quad \left(\sum_{a=1}^{n} e_a\right)\mathcal{L} = \bigoplus_{a=1}^{n} \mathcal{R}_a. \tag{3.3}$$

事实上, 由群代数中的任一矢量 $z \in \mathcal{L}$, 所有 rz 的集合也构成左理想 $\mathcal{L}_z = \mathcal{L}z$, 满足 $tz = 0$ 的所有 $t \in \mathcal{L}$ 的集合也构成左理想 $\mathcal{L}_z'$, 但这两个左理想可能会有公共矢量, 而且它们之和也不一定充满整个群代数 $\mathcal{L}$. 举一个极端的例子. 在置换群的群代数中, 设 P_a 是相邻客体的对换, 则

$$z = (E + P_1)\, P_2\, (E - P_1) \neq 0, \quad z^2 = 0. \tag{3.4}$$

因此 $\mathcal{L}_z \subset \mathcal{L}_z'$, 而且 $\mathcal{L}$ 中存在不属于 $\mathcal{L}_z'$ 的矢量, 如恒元.

生成最小左理想 $\mathcal{L}_a = \mathcal{L}e_a$ 的幂等元称为原始 (primitive) 幂等元, 生成的左理想等价的两幂等元称为等价的幂等元. 由不可约基很容易找到一组互相正交的幂等元. 事实上,

$$\begin{aligned} e_\nu^j &= \phi_{\nu\nu}^j = \frac{m_j}{g}\sum_{R\in G} D_{\nu\nu}^j(R)^* R, \quad e_\mu^i e_\nu^j = \delta_{ij}\delta_{\mu\nu} e_\nu^j, \\ e^j &= \sum_{\nu=1}^{m_j} e_\nu^j = \frac{m_j}{g}\sum_{R\in G} \chi^j(R)^* R, \quad e^i e^j = \delta_{ij} e^j. \end{aligned} \tag{3.5}$$

由原始幂等元 e_ν^j 生成的左理想的基就是固定 j 和 ν 的 m_j 个不可约基 $\phi_{\mu\nu}^j$, 因而就是 $\mathcal{L}_\nu^j$. 由 e_ν^j 生成的右理想的基就是固定 j 和 μ 的 m_j 个不可约基 $\phi_{\mu\nu}^j$, 因而就是 $\mathcal{R}_\nu^j$. 显然, $\mathcal{L}_\nu^j$ 和 $\mathcal{R}_\nu^j$ 并不相同, 但它们对应的不可约表示是相同的. 由幂等元 e^j 生成的左理想和右理想的基就是固定 j 的 m_j^2 个不可约基 $\phi_{\mu\nu}^j$. **由 e^j 生成的左理想和右理想是相同的**,

$$\mathcal{L}^j = \mathcal{L}e^j = \bigoplus_{\nu=1}^{m_j} \mathcal{L}_\nu^j = \bigoplus_{\nu=1}^{m_j} \mathcal{R}_\nu^j = e^j\mathcal{L}. \tag{3.6}$$

如果由同一个幂等元生成的左理想和右理想相同, 称为双边理想 (two-side ideal). 如果双边理想中不存在更小的非平庸双边理想 (非零空间), 称为简单 (simple) 双边理想. $\mathcal{L}^j$ 是群代数 $\mathcal{L}$ 所有对应不可约表示 $D^j(\mathrm{G})$ 的左理想之和, 也是所有对应不可约表示 $D^j(\mathrm{G})$ 的右理想之和, 显然是简单双边理想. 因为从任何一个基 $\phi_{\mu\nu}^j$ 出发, 左乘群代数 $\mathcal{L}$, 就包含固定 j 和 ν 的 m_j 个基 $\phi_{\mu\nu}^j$, 再右乘群代数, 就会包含全部 m_j^2 个基 $\phi_{\mu\nu}^j$.

由特征标满足的完备关系 (2.62), 再注意 $m_j = \chi^j(E)$, 很容易证明所有 e^j 之和是恒元:

$$\sum_{j=1}^{g_c} e^j = \sum_{R\in G}\left[\frac{1}{g}\sum_{j=1}^{g_c} \chi^j(R)^*\chi^j(E)\right] R = E. \tag{3.7}$$

3.1.2 原始幂等元的性质

我们的目的是希望通过置换群群代数的原始幂等元, 计算置换群群代数的不可约基, 从而计算置换群的不等价不可约表示. 因此, 我们需要有一个方法来判别幂等元是不是原始的, 两个原始幂等元是不是等价的, 以及原始幂等元作为投影算符的完备性问题. 下面两个定理就是要解决这些问题.

定理 3.1 设 e_1 和 e_2 是生成两个最小左理想 $\mathcal{L}_1$ 和 $\mathcal{L}_2$ 的原始幂等元, 则此两原始幂等元等价的充要条件是至少存在一个群元素 S, 满足

$$e_1 S e_2 \neq 0, \quad \exists S \in \mathcal{L}. \tag{3.8}$$

证明 充分性. 若式 (3.8) 成立, 它就提供由左理想 $\mathcal{L}_1$ 到左理想 $\mathcal{L}_2$ 的一个映射, 即由左理想 $\mathcal{L}_1$ 的矢量到左理想 $\mathcal{L}_2$ 的矢量间的一个对应关系:

$$x_1 \in \mathcal{L}_1 \quad \longrightarrow \quad x_2 = x_1 e_1 S e_2 \in \mathcal{L}_2. \tag{3.9}$$

这对应关系显然对左乘群元素保持不变, 因为

$$R x_1 \in \mathcal{L}_1 \quad \longrightarrow \quad R x_2 = R x_1 e_1 S e_2 \in \mathcal{L}_2. \tag{3.10}$$

只要证明两左理想的矢量间的这种对应关系是一一对应关系 (双射, bijective), 则此两左理想等价. 证明中主要用到两左理想都是最小左理想.

先证满射 (surjective), 就是由 x_1 映射过来的 x_2 充满 $\mathcal{L}_2$. 设所有这样的 x_2 集合构成 $\mathcal{L}_2$ 的一个子空间 $\mathcal{L}_3$, 式 (3.10) 指出, 它对左乘群元素保持不变, 它是子左理想. 因为 $x_1 = e_1 \in \mathcal{L}_1$ 时, $x_2 = e_1 S e_2 \neq 0$, 所以它不是零空间, 由 $\mathcal{L}_2$ 是最小左理想知 $\mathcal{L}_3 = \mathcal{L}_2$.

其次证只要 $x_1 \neq 0$, 必有 $x_2 \neq 0$. 否则所有对应 $x_2 = 0$ 的那些 x_1 的集合构成 $\mathcal{L}_1$ 的一个子空间 $\mathcal{L}_4$. $\mathcal{L}_4$ 对左乘群元素保持不变, 是 $\mathcal{L}_1$ 的一个子左理想. 又因它没有包含 e_1, 它未充满 $\mathcal{L}_1$, 所以只能是零空间.

最后证单射 (injective), 就是不同的 x_1 映射过来的 x_2 必不相同. 若 $\mathcal{L}_1$ 中的 x_1 和 x_1 都映射到 $\mathcal{L}_2$ 中同一个矢量 x_2, 则 $x_1 - x_1'$ 映射到零矢量, 矛盾. 充分性证完.

必要性. 设两左理想等价, $\mathcal{L}_1$ 中的幂等元 e_1 对应 $\mathcal{L}_2$ 中矢量 $b = b e_2 \neq 0$, 则 $e_1 e_1 = e_1$ 在 $\mathcal{L}_2$ 中对应矢量 $e_1 b = e_1 b e_2 = b \neq 0$. 因此至少有一个群元素 S 满足式 (3.8). 证完.

推论 幂等元 $e_a = e_a^2$ 是原始幂等元的充要条件是对 $\mathcal{L}$ 中任一矢量 t 都有式 (3.11) 成立:

$$e_a t e_a = \lambda_t e_a, \quad \forall t \in \mathcal{L}, \tag{3.11}$$

其中, λ_t 是依赖于 t 的常数, 可以为零.

证明 用反证法证充分性. 设式 (3.11) 成立, 而 e_a 不是原始的, 即 e_a 对应的表示是可约表示, 设为 $D^a(G) = D^{(1)}(G) \oplus D^{(2)}(G)$, 即由 e_a 生成的左理想可分为两个左理想的直和, $\mathcal{L}_a = \mathcal{L}_1 \oplus \mathcal{L}_2$, $\mathcal{L}_a$ 中任一矢量 $t = te_a$ 都可唯一地分解为分属两个子左理想的矢量之和, $t = t_1 + t_2$, $t_1 \in \mathcal{L}_1$, $t_2 \in \mathcal{L}_2$. 这里的 "唯一分解" 包括下面内容: 若 $t \in \mathcal{L}_1$, 则 $t_2 = 0$; 若 $t \in \mathcal{L}_2$, 则 $t_1 = 0$. e_a 也可作此分解:

$$e_a = e_a^2 = e_1 + e_2, \quad e_1 = e_1 e_a \in \mathcal{L}_1, \quad e_2 = e_2 e_a \in \mathcal{L}_2.$$

由此立刻得到 $e_1 e_2 = e_2 e_1 = 0$, $e_1^2 = e_1$, $e_2^2 = e_2$, 即 e_a 能分解为两个互相正交的幂等元之和. 因此

$$e_1 = e_a e_1 e_a = \lambda e_a, \quad e_1 = e_1^2 = e_1 (\lambda e_a) = \lambda e_1.$$

解得 $\lambda = 0$, 即 $e_1 = 0$, $e_a = e_2$, 或 $\lambda = 1$, 即 $e_a = e_1$, 因此 e_a 不能再分解.

再证必要性. 已知 e_a 是原始幂等元, $e_a^2 = e_a$. 若 $e_a t e_a = 0$, 则式 (3.11) 已经成立. 若 $e_a t e_a \neq 0$, 则它提供 e_a 生成的左理想 $\mathcal{L}_a$ 的一个自映射. 映射前后两组基 x_μ 和 $x'_\mu = x_\mu e_a t e_a$, 在左乘群元素中得到的不可约表示是相同的. 设 $x'_\mu = \sum_\nu x_\nu M_{\nu\mu}$, 则 $M^{-1} D(R) M = D(R)$, 由舒尔定理, M 是常数矩阵, $M = \lambda_t \mathbf{1}$, 即 $x'_\mu = \lambda_t x_\mu$. 证完.

这推论的条件还可以放宽. 如果 e_a 满足条件

$$e_a t e_a = \lambda_t e_a, \quad e_a e_a = \lambda_E e_a \neq 0, \tag{3.12}$$

则 e_a 和原始幂等元成比例, 即 $e_b = e_a / \lambda_E$ 是原始幂等元.

定理 3.2 设 e_a, $1 \leqslant a \leqslant n$, 是 n 个互相正交的幂等元, $e_a e_b = \delta_{ab} e_a$, 则由 e_a 生成的 n 个左理想 $\mathcal{L} e_a$ 之直和等于群代数 $\mathcal{L}$ 的充要条件是 n 个 e_a 之和等于恒元:

$$\mathcal{L} = \bigoplus_{a=1}^{n} \mathcal{L} e_a \iff E = \sum_{a=1}^{n} e_a. \tag{3.13}$$

证明 充分性. 若 E 等于 e_a 之和, $\mathcal{L}$ 中任一矢量 t 都可用下法唯一地分解为分属各 $\mathcal{L} e_a$ 的矢量之和:

$$t = tE = \sum_{a=1}^{n} t e_a, \quad t e_a \in \mathcal{L} e_a.$$

因此 $\mathcal{L}$ 是 $\mathcal{L}e_a$ 的直和.

必要性. 若 $\mathcal{L}$ 是 $\mathcal{L}e_a$ 的直和, 则恒元 E 可唯一地分解为分属各 $\mathcal{L}e_a$ 的矢量之和, 属 $\mathcal{L}e_a$ 的矢量为 $Ee_a = e_a$. 证完.

3.1.3 杨图、杨表和杨算符

我们先定义杨算符, 再证明杨算符就是置换群的原始幂等元.

1. 杨图

有限群的不等价不可约表示个数等于类数. 置换群 S_n 的类由 n 的配分数描写, 因而置换群的不等价不可约表示也可用配分数来描写, 尽管用同一配分数描写的类和不可约表示并没有什么联系. 为区别起见, 描写不可约表示的配分数用符号 $[\lambda]$ 来标记.

任取一组配分数 $[\lambda] = [\lambda_1,\ \lambda_2,\ \cdots,\ \lambda_m]$,

$$\lambda_1 \geqslant \lambda_2 \geqslant \cdots \geqslant \lambda_m > 0, \quad \sum_{j=1}^{m} \lambda_j = n, \tag{3.14}$$

画包含 n 格的方格图, 分成 m 行, 左边对齐, 第一行含 λ_1 格, 第二行含 λ_2 格, 以此类推, 这样的方格图称为杨图 (Young pattern 或 Young diagram). 在杨图中, 上面行的格数不少于下面行的格数, 左面列的格数不少于右面列的格数. 杨图的行数 m 不会大于总格数 n. 有时为了强调这一规则, 称它为正则杨图, 其实我们不讨论不满足此规则的杨图. 我们定义杨图的大小. 对两杨图 $[\lambda]$ 和 $[\lambda']$, 由第一行开始逐行比较它们的格数, 第一次出现格数不相同时, 格数大的杨图大于格数小的杨图, 即

$$\text{杨图 } [\lambda] \ > \ \text{杨图 } [\lambda'] \quad \text{若 } \lambda_j = \lambda'_j \ \text{ 和 } \ \lambda_k > \lambda'_k, \quad 1 \leqslant j < k. \tag{3.15}$$

希望读者都能学会根据配分数 $[\lambda]$ 画出杨图和根据杨图读出配分数. 例如, 配分数为 $[3,2]$ 时, 杨图为

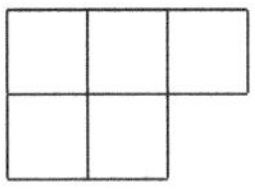

以后不再区分杨图和配分数, 常说杨图 $[\lambda]$. 此外, 对给定的 n 要能列出全部不同杨图. 关键是要按杨图大小排列杨图, 切忌想到一个写一个, 以免遗漏. 首先让 λ_1 由 n 开始自大而小排列, 然后, 在固定 λ_1 的条件下, 让 λ_2 自大而小排列, 但最大不超过 λ_1 和 $n-\lambda_1$, 再在固定 λ_1 和 λ_2 的条件下, 让 λ_3 自大而小排列, 但最大不超过 λ_2 和 $n-\lambda_1-\lambda_2$, 以此类推. 例如, $n=7$ 时有 15 组配分数, 它们作如下排列:

$[7]$,	$[6,1]$,	$[5,2]$,	$[5,1,1]$
$[4,3]$,	$[4,2,1]$,	$[4,1,1,1]$,	$[3,3,1]$
$[3,2,2]$,	$[3,2,1,1]$,	$[3,1,1,1,1]$,	$[2,2,2,1]$
$[2,2,1,1,1]$,	$[2,1,1,1,1,1]$,	$[1,1,1,1,1,1,1]$	

2. *杨表*

对于给定的杨图 $[\lambda]$, 把由 1 到 n 这 n 个自然数分别填入杨图的 n 格中, 就得到一个杨表 (Young tableau). 有的书把杨表译成杨盘. n 格的杨图有 $n!$ 个不同的杨表. 如果在杨表的每一行中, 左面的填数小于右面的填数, 在每一列中, 上面的填数小于下面的填数, 则此杨表称为正则 (standard) 杨表. 这种数字填充法称为正则填充法. 数学上可以证明, 对于给定的杨图 $[\lambda]$, 不同的正则杨表数 $d_{[\lambda]}$ 可以用钩形 (hook) 规则来计算. 对杨图的第 j 行第 k 列格子定义钩形数 h_{jk}, 它等于一条钩形路径在杨图中经过的格子数, 这条路径从杨图第 j 行最右面的格子处进入杨图, 向左走到第 j 行第 k 列格子处向下转弯, 然后在第 k 列最下面的格子处离开杨图. 一个格子的钩形数就等于该格所在行左面的格子数, 加上该格所在列下面的格子数, 再加 1. 把每格的钩形数 h_{jk} 填入杨图, 构成的杨表称为钩形数杨表, 记为 $Y_h^{[\lambda]}$. 例如, 杨图 $[3,2,1,1]$ 的钩形数杨表 $Y_h^{[\lambda]}$ 为

6	3	1
4	1	
2		
1		

而 $d_{[\lambda]}$ 等于 $n!$ 被所有钩形数 h_{jk} 除,

$$d_{[\lambda]}(S_n) = \frac{n!}{\prod\limits_{jk} h_{jk}} = \frac{n!}{Y_h^{[\lambda]}}. \tag{3.16}$$

例如,

$$d_{[3,2,1,1]}(S_7) = \frac{7!}{6\times 4\times 3\times 2} = 35.$$

所有 n 格杨图的正则杨表数的平方和正好等于 $n!$:

$$\sum_{[\lambda]} \left[d_{[\lambda]}(S_n)\right]^2 = n!. \tag{3.17}$$

证明可参看文献 (Boerner, 1963) 第 IV 章 § 6.

对同一杨图, 定义两正则杨表的大小. 自第一行开始自左至右比较两杨表的填数, 如果都相同, 再比较第二行、第三行等, 第一次发现填数不同时, 填数大的正

则杨表大于填数小的正则杨表. 这种填数的比较, 相当于把第二行填数补在第一行的右边, 把第三行的填数再补在右边, 依此类推, 构成一个含 n 个数字的 $(n+1)$ 进位数, 然后比较这数的大小, 因此文献中把这正则杨表的大小次序称为字典次序 (dictionary order). 按照正则杨表自小至大排列, 就能把给定杨图的所有正则杨表准确无误地全部列出来. 例如, 杨图 $[3,2]$ 的全部正则杨表自小至大排列如下:

$$\begin{array}{|c|c|c|}\hline 1&2&3\\\hline 4&5\\\cline{1-2}\end{array}\,,\quad \begin{array}{|c|c|c|}\hline 1&2&4\\\hline 3&5\\\cline{1-2}\end{array}\,,\quad \begin{array}{|c|c|c|}\hline 1&2&5\\\hline 3&4\\\cline{1-2}\end{array}\,,\quad \begin{array}{|c|c|c|}\hline 1&3&4\\\hline 2&5\\\cline{1-2}\end{array}\,,\quad \begin{array}{|c|c|c|}\hline 1&3&5\\\hline 2&4\\\cline{1-2}\end{array}\,,$$

用公式 (3.16) 计算也得 5:

$$d_{[3,2]}=\frac{5!}{\begin{array}{|c|c|c|}\hline 4&3&1\\\hline 2&1\\\cline{1-2}\end{array}}=5.$$

3. 杨算符

对于给定的杨表, 同行客体的置换称为该杨表的横向置换. 第 j 行横向置换 P_j 共有 $\lambda_j!$ 个. 横向置换的乘积还是横向置换 $P=\prod\limits_j P_j$, 所有横向置换之和称为该杨表的横算符 $\mathcal{P}$:

$$\mathcal{P}=\sum P=\sum\prod_j P_j=\prod_j\left[\sum P_j\right]. \tag{3.18}$$

对于给定的杨表, 同列数字间的置换称为该杨表的纵向置换. 若杨图第 k 列有 τ_k 格, 则第 k 列纵向置换 Q_k 共有 $\tau_k!$ 个. 纵向置换的乘积还是纵向置换 $Q=\prod\limits_k Q_k$, 所有纵向置换 Q 乘其置换宇称 $\delta(Q)$ 后相加, 称为该杨表的纵算符 $\mathcal{Q}$:

$$\mathcal{Q}=\sum\delta(Q)Q=\sum\prod_k\delta(Q_k)Q_k=\prod_k\left[\sum\delta(Q_k)Q_k\right]. \tag{3.19}$$

对于给定的杨表, 横算符和纵算符的乘积称为该杨表的杨算符 $\mathcal{Y}$:

$$\mathcal{Y}=\mathcal{P}\mathcal{Q}. \tag{3.20}$$

正则杨表对应的杨算符称为正则杨算符.

因为只有在杨图给定、杨表给定的条件下, 才能具体写出杨算符 $\mathcal{Y}$, 所以通常把对应这个杨算符 $\mathcal{Y}$ 的杨图和杨表, 就称为杨图 $\mathcal{Y}$ 和杨表 $\mathcal{Y}$. 如果单独说 $\mathcal{Y}$, 则指杨算符本身. 请注意不要混淆.

在具体写出给定杨表的横算符时, 通常先把每一行的所有横向置换加起来, 然后把不同行的横向置换之和乘起来. 同理, 在具体写出给定杨表的纵算符时, 先把每一列的所有纵向置换, 乘上各自的置换宇称后相加, 然后把不同列的纵向置换之代数和乘起来. 对于只有一格的行 (或列), 横 (纵) 向置换只有恒元, 在相乘时可以略去. 最后再把乘积的每一项都化成没有公共客体的轮换乘积. 注意, 不要忽略乘积的交叉项. 下面例子是根据杨表写出杨算符的标准方法. 设有杨表

1	2	3
4	5	

$$
\begin{aligned}
\mathcal{Y} = &\{E + (1\ 2) + (1\ 3) + (2\ 3) + (1\ 2\ 3) + (3\ 2\ 1)\} \\
&\times\{E + (4\ 5)\}\{E - (1\ 4)\}\{E - (2\ 5)\} \\
= &\{E + (1\ 2) + (1\ 3) + (2\ 3) + (1\ 2\ 3) + (3\ 2\ 1)\} \\
&+\{E + (1\ 2) + (1\ 3) + (2\ 3) + (1\ 2\ 3) + (3\ 2\ 1)\}(4\ 5) \\
&-(1\ 4) - (2\ 1\ 4) - (3\ 1\ 4) - (2\ 3)(1\ 4) - (2\ 3\ 1\ 4) - (3\ 2\ 1\ 4) \\
&-(5\ 4\ 1) - (2\ 1\ 5\ 4) - (3\ 1\ 5\ 4) - (2\ 3)(5\ 4\ 1) - (2\ 3\ 1\ 5\ 4) - (3\ 2\ 1\ 5\ 4) \\
&-(2\ 5) - (1\ 2\ 5) - (1\ 3)(2\ 5) - (3\ 2\ 5) - (3\ 1\ 2\ 5) - (1\ 3\ 2\ 5) \\
&-(2\ 4\ 5) - (1\ 2\ 4\ 5) - (1\ 3)(2\ 4\ 5) - (3\ 2\ 4\ 5) - (3\ 1\ 2\ 4\ 5) - (1\ 3\ 2\ 4\ 5) \\
&+(1\ 4)(2\ 5) + (1\ 4\ 2\ 5) + (3\ 1\ 4)(2\ 5) + (3\ 2\ 5)(1\ 4) + (3\ 1\ 4\ 2\ 5) + (1\ 4\ 3\ 2\ 5) \\
&+(4\ 1\ 5\ 2) + (4\ 2)(1\ 5) + (4\ 3\ 1\ 5\ 2) + (3\ 2\ 4\ 1\ 5) + (4\ 2)(3\ 1\ 5) \\
&+(4\ 3\ 2)(1\ 5).
\end{aligned}
$$

由置换群共轭元素的性质 (1.37) 知, 若置换 S 把杨表 $\mathcal{Y}$ 变成杨表 $\mathcal{Y}'$, 则相应的杨算符满足共轭关系 $\mathcal{Y}' = S\mathcal{Y}S^{-1}$, 横向置换, 纵向置换, 横算符和纵算符都满足相同的共轭关系. 由两个给定的杨表, 这样的置换变换 S 是很容易确定的. 只要按相同的次序, 把杨表 $\mathcal{Y}$ 的填数列在 S 的第一行, 把杨表 $\mathcal{Y}'$ 的填数列在 S 的第二行, 就唯一确定了这置换变换 S. 例如,

杨表 $\mathcal{Y}$ =

1	3	5
2	4	

, 杨表 $\mathcal{Y}'$ =

1	2	3
4	5	

,

$$
\begin{aligned}
&S = \begin{pmatrix} 1 & 3 & 5 & 2 & 4 \\ 1 & 2 & 3 & 4 & 5 \end{pmatrix}, \qquad (3.21)\\
&S\mathcal{Y}S^{-1} = \mathcal{Y}', \quad S\mathcal{P}S^{-1} = \mathcal{P}', \quad SPS^{-1} = P', \\
&S\mathcal{Q}S^{-1} = \mathcal{Q}', \quad SQS^{-1} = Q'.
\end{aligned}
$$

根据杨算符的定义式 (3.20), 也可直接从杨算符的展开式看到, 杨算符是置换群元素的代数和, 是置换群群代数的矢量,

$$\mathcal{Y} = \sum_{R \in \mathrm{S}_n} F(R) R, \tag{3.22}$$

其中, $F(R)$ 只能取 1, −1 和 0. 横向置换 P 和恒元 E 的系数为 1, 纵向置换 Q 和 PQ 的系数为 Q 的置换宇称 $\delta(Q)$,

$$F(E) = F(P) = \delta(Q) F(Q) = \delta(Q) F(PQ) = 1. \tag{3.23}$$

这些系数不为零的置换群元素称为属于杨表 $\mathcal{Y}$ 的元素, 也称属于杨算符 $\mathcal{Y}$ 的元素, 而系数为零的其他元素则称为不属于杨表 $\mathcal{Y}$ 或不属于杨算符 $\mathcal{Y}$ 的元素. 但是任意给出一个置换变换 R, 如何判别它是否属于杨表 $\mathcal{Y}$ 或杨算符 $\mathcal{Y}$ 呢? 下面两小节会提供一些简单的判据.

3.1.4 杨算符的基本对称性质

对给定的杨表, 在按式 (3.18) 写出横算符 $\mathcal{P}$ 时, 所有横向置换都已加起来, 因而根据群的重排定理, 它对左乘或右乘横向置换保持不变. 同理, 纵算符 $\mathcal{Q}$ 对左乘或右乘纵向置换, 除了产生一个置换宇称的因子外, 也保持不变:

$$P\mathcal{P} = \mathcal{P}P = \mathcal{P}, \quad Q\mathcal{Q} = \mathcal{Q}Q = \delta(Q)\mathcal{Q}, \tag{3.24}$$

而杨算符 $\mathcal{Y}$ 只能对左乘横向置换保持不变, 对右乘纵向置换产生一个置换宇称的因子:

$$P\mathcal{Y} = \delta(Q)\mathcal{Y}Q = \delta(Q)P\mathcal{Y}Q = \mathcal{Y}, \tag{3.25}$$

这是杨算符最基本的对称性质. 除了 $F(E) = 1$ 外, 杨算符展开式系数的关系式 (3.23), 可以直接从此对称性质推得. 设 $\mathcal{Y}$ 有展开式 (3.22), 左乘 P^{-1} 或右乘 Q^{-1}, 得

$$\begin{aligned}
P^{-1}\mathcal{Y} &= \sum_{R \in \mathrm{S}_n} F(R) P^{-1} R = \sum_{S \in \mathrm{S}_n} F(PS) S \\
&= \mathcal{Y} = \sum_{S \in \mathrm{S}_n} F(S) S, \\
\mathcal{Y}Q^{-1} &= \sum_{R \in \mathrm{S}_n} F(R) R Q^{-1} = \sum_{S \in \mathrm{S}_n} F(SQ) S \\
&= \delta(Q)\mathcal{Y} = \sum_{S \in \mathrm{S}_n} \delta(Q) F(S) S,
\end{aligned}$$

故

$$F(S) = F(PS) = \delta(Q) F(SQ) = \delta(Q) F(PSQ). \tag{3.26}$$

取 $S = E$, 并添上条件 $F(E) = 1$, 就得到式 (3.23).

福克 (Fock) 发现杨算符还有另一个重要对称性质, 称为福克条件. 设杨表 $\mathcal{Y}$ 中第 j 行和第 j' 行分别有 λ 和 λ' 格, $\lambda \geqslant \lambda'$, 填入这两行的数分别记为 a_μ 和 b_ν, 则

$$\left\{E + \sum_{\mu=1}^{\lambda} (a_\mu \ b_\nu)\right\} \mathcal{Y} = 0. \tag{3.27}$$

设杨表 $\mathcal{Y}$ 中第 k 列和第 k' 列分别有 τ 和 τ' 格, $\tau \geqslant \tau'$, 填入这两列的数分别记为 c_μ 和 d_ν, 则

$$\mathcal{Y} \left\{E - \sum_{\mu=1}^{\tau} (c_\mu \ d_\nu)\right\} = 0. \tag{3.28}$$

下面举个例子说明式中数字的填充位置.

a_1	a_2	a_3	a_4	a_5
	b_ν			

	c_1			
	c_2	d_ν		
	c_3			
	c_4			
	c_5			

证明 两个福克条件的证明方法是类似的, 以式 (3.27) 为例来证明. 用 $\left(\sum P_j\right)$ 和 $\left(\sum P_{j'}\right)$ 分别表第 j 行和第 j' 行所有横向置换之和, 而 $\mathcal{P}'$ 表不含此两行数字的所有横向置换之和, 则

$$\mathcal{Y} = \mathcal{P}\mathcal{Q} = \left(\sum P_j\right) \left(\sum P_{j'}\right) \mathcal{P}'\mathcal{Q}.$$

$\left(\sum P_j\right)$ 共含 $\lambda!$ 项, 它是填在第 j 行的数字的所有置换变换之和, 称为这些数字的全对称算符. 将它右乘到 $\left\{E + \sum\limits_{\mu} (a_\mu \ b_\nu)\right\}$ 上, 得 $(\lambda+1)!$ 项. 容易看出这 $(\lambda+1)!$ 项中没有重复元素, 因而它是 $\lambda+1$ 个数字的所有置换变换之和, 是 $\lambda+1$ 个数字的全对称算符. 这 $\lambda+1$ 个数字, 除了排在第 j 行的数字外, 还添上数字 b_ν. 把这全对称算符记为 $\left[\sum P_j(b_\nu)\right]$. 当把 $\left(\sum P_{j'}\right)$ 中的每一项 $P_{j'}$ 从这对称算符的右面移到左面去时, 根据式 (1.38), 其效果只是把对称算符中的 b_ν 换成第 j' 行的另一个数字 b_ρ, b_ρ 也可能和 b_ν 相同:

$$\left[\sum P_j(b_\nu)\right] P_{j'} = P_{j'} \left[\sum P_j(b_\rho)\right]. \tag{3.29}$$

对称算符 $\left[\sum P_j(b_\rho)\right]$ 可以与 $\mathcal{P}'$ 对易, 且容易证明它与 $\mathcal{Q}$ 相乘得零. 事实上, 由于 $\lambda \geqslant \lambda'$, 在第 j 行必存在处于与 b_ρ 同一列的数字 a_ρ. 对换 $(a_\rho \ b_\rho)$ 与对称算符

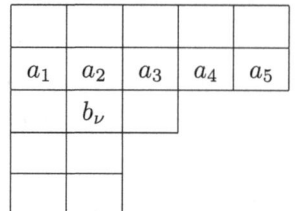

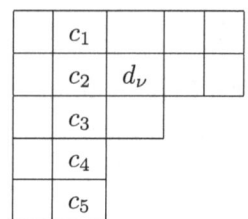

$\left[\sum P_j(b_\rho)\right]$ 相乘保持后者不变, 但与 $\mathcal{Q}$ 相乘则改变 $\mathcal{Q}$ 的符号:

$$\left[\sum P_j(b_\rho)\right]\mathcal{Q} = \left[\sum P_j(b_\rho)\right](a_\rho\ b_\rho)\,\mathcal{Q} = -\left[\sum P_j(b_\rho)\right]\mathcal{Q} = 0. \tag{3.30}$$

证完.

福克条件中并不要求 $j < j'$, 但当 $j < j'$ 时必有 $\lambda \geqslant \lambda'$. 反之, 当 $j > j'$ 时还是有可能 $\lambda = \lambda'$. 例如, 上面左图中, 若把 b_ν 取在第一行, 福克条件 (3.27) 仍是成立的. 对式 (3.28) 情况也类似.

从福克条件 (3.27) 的证明中我们看到, 从杨算符 $\mathcal{Y}$ 的左面看, 杨算符对第 j 行的 λ 个客体是全对称的, 现在从左面乘上因子 $\left\{E + \sum\limits_{\mu}(a_\mu\ b_\nu)\right\}$, 等于强迫 b_ν 和第 j 行客体, 共 $\lambda+1$ 个客体全对称化, 福克条件 (3.27) 指出这样做会得零. 福克条件 (3.28) 则指出, 从杨算符 $\mathcal{Y}$ 的右面, 强迫 d_ν 和第 k 列客体, 共 $\tau+1$ 个客体全反对称化, 这样做也会得零.

3.1.5 置换群群代数的原始幂等元

讨论杨算符乘积的性质. 注意由杨算符的乘积 $\mathcal{Y}'\mathcal{Y} = 0$, 不能推出 $\mathcal{Y}\mathcal{Y}' = 0$. 只有当两式都成立时, 才称两杨算符正交. 式 (3.30) 已提供判断两杨算符相乘为零的一个方法.

定理 3.3 若 T_0 同时是杨算符 $\mathcal{Y} = \mathcal{P}\mathcal{Q}$ 的横向对换和杨算符 $\mathcal{Y}' = \mathcal{P}'\mathcal{Q}'$ 的纵向对换, 则

$$\mathcal{Y}'\mathcal{Y} = 0, \quad \mathcal{Q}'\mathcal{P} = 0. \tag{3.31}$$

证明 $\mathcal{Q}'\mathcal{P} = \mathcal{Q}'T_0\mathcal{P} = -\mathcal{Q}'\mathcal{P} = 0$. 证完.

这里和以后, 加下标零以强调 T_0 是对换. 如果存在一对数 a 和 b, 它们在杨表 $\mathcal{Y}$ 中填在同一行, 而在杨表 $\mathcal{Y}'$ 中填在同一列, 则 $(a\ b)$ 就是定理所需要的 T_0, 因而式 (3.31) 成立. 这是定理 3.3 的另一种表述. 下面的推论, 关键在于要找出这样的一对数.

推论 1 若杨图 $\mathcal{Y}'$ 小于杨图 $\mathcal{Y}$, 则杨算符 $\mathcal{Y}'$ 左乘杨算符 $\mathcal{Y}$ 得零:

$$\mathcal{Y}'\mathcal{Y} = 0, \quad \text{杨图 } \mathcal{Y}' \text{ 小于杨图 } \mathcal{Y}. \tag{3.32}$$

证明 设杨图 $\mathcal{Y}'$ 和杨图 $\mathcal{Y}$ 的配分数分别为 $[\lambda']$ 和 $[\lambda]$, 当 $j < k$ 时 $\lambda'_j = \lambda_j$, 但 $\lambda'_k < \lambda_k$. 在填入杨表 $\mathcal{Y}$ 的前 $k-1$ 行的数字中, 如能找到一对数 a 和 b, 它们在杨表 $\mathcal{Y}$ 中填在同一行, 而在杨表 $\mathcal{Y}'$ 中填在同一列, 则根据定理 3.3, 式 (3.32) 成立. 反之, 如果这样的数不存在, 即凡填在杨表 $\mathcal{Y}$ 前 $k-1$ 行中每一行的数字, 在杨表 $\mathcal{Y}'$ 中都不填在同一列, 于是可以通过杨表 $\mathcal{Y}'$ 的纵向置换, 把它们变到杨表 $\mathcal{Y}'$

的相同行来. 换言之, 存在杨表 $\mathcal{Y}'$ 的纵向置换 Q', 经过它的变换, 杨表 $\mathcal{Y}'$ 变成杨表 $\mathcal{Y}''$, 而在杨表 $\mathcal{Y}''$ 和杨表 $\mathcal{Y}$ 的前 $k-1$ 行, 各对应行包含的数字都相同. 注意

$$\mathcal{Y}'' = Q'\mathcal{Y}'Q'^{-1} = \delta(Q')Q'\mathcal{Y}', \quad \mathcal{Y}' = \delta(Q')Q'^{-1}\mathcal{Y}''.$$

现在填入杨表 $\mathcal{Y}$ 的第 k 行的数字, 都填在杨表 $\mathcal{Y}''$ 的第 k 行或更下面的行, 既然 $\lambda'_k < \lambda_k$, 至少有一对数字 a 和 b, 在杨表 $\mathcal{Y}$ 中填在第 k 行, 而在杨表 $\mathcal{Y}''$ 中填在同一列, 从而 $\mathcal{Y}''\mathcal{Y} = 0$, 即 $\mathcal{Y}'\mathcal{Y} = 0$. 证完.

推论 2 对同一个杨图, 若正则杨表 $\mathcal{Y}'$ 大于正则杨表 $\mathcal{Y}$, 则杨算符 $\mathcal{Y}'$ 左乘杨算符 $\mathcal{Y}$ 得零

$$\mathcal{Y}'\mathcal{Y} = 0, \quad \text{正则杨表 } \mathcal{Y}' \text{ 大于正则杨表 } \mathcal{Y}. \tag{3.33}$$

证明 从第一行开始, 自左至右逐个比较杨表 $\mathcal{Y}$ 和杨表 $\mathcal{Y}'$ 中的对应填数, 如果都一样, 再接着比较第二行、第三行, 设第一对不相同的数出现在第 j 行第 k 列, 在杨表 $\mathcal{Y}'$ 中填的数是 a, 在杨表 $\mathcal{Y}$ 中是 b, 且 $a > b$. 查看数 b 在杨表 $\mathcal{Y}'$ 中填在哪里. 由于杨表 $\mathcal{Y}'$ 是正则杨表, b 只能填在 a 的左下方, 即行数比 j 大, 列数比 k 小的地方, 设为第 i 列, $i < k$. 在两个杨表中, 填在第 j 行第 i 列的数是相同的, 设为 c, 则一对数 b 和 c, 在杨表 $\mathcal{Y}'$ 中填在同一列, 在杨表 $\mathcal{Y}$ 中填在同一行, 根据定理 3.3, 式 (3.33) 成立. 证完.

推论 3 对同一杨图, 设填在杨表 $\mathcal{Y}'$ 同一列的数字在杨表 $\mathcal{Y}$ 中都不填在同一行, 则把杨表 $\mathcal{Y}$ 变成杨表 $\mathcal{Y}'$ 的置换 R 必属于杨表 $\mathcal{Y}$, 也属于杨表 $\mathcal{Y}'$.

证明 先做点说明. 所谓 R 属于杨表 $\mathcal{Y}$, 是指 R 能表为杨表 $\mathcal{Y}$ 的横向置换 P 和纵向置换 Q 的乘积, $R = PQ$. 如果凡填在杨表 $\mathcal{Y}'$ 同一列的数字, 都不填在杨表 $\mathcal{Y}$ 的同一行, 那么凡填在杨表 $\mathcal{Y}$ 同一行的数字, 也都不填在杨表 $\mathcal{Y}'$ 的同一列.

既然填入杨表 $\mathcal{Y}'$ 同一列的数字在杨表 $\mathcal{Y}$ 中都不填在同一行, 则必可找到杨表 $\mathcal{Y}$ 的一个横向置换 P, 它把杨表 $\mathcal{Y}$ 变成杨表 $\mathcal{Y}''$, 使杨表 $\mathcal{Y}''$ 和杨表 $\mathcal{Y}'$ 每一对应列包含的数字相同. 因此可通过杨表 $\mathcal{Y}''$ 的纵向置换 Q'' 把杨表 $\mathcal{Y}''$ 变成杨表 $\mathcal{Y}'$. 但杨表 $\mathcal{Y}''$ 的纵向置换 Q'' 可由杨表 $\mathcal{Y}$ 的纵向置换 Q 经变换 P 得到, $Q'' = PQP^{-1}$. 归结起来, 杨表 $\mathcal{Y}'$ 可由杨表 $\mathcal{Y}$ 经两次变换 P 和 Q'' 得到, $R = Q''P = PQ$. 又有 $R = RRR^{-1} = (RPR^{-1})(RQR^{-1})$. 证完.

从证明过程可以知道推论 3 的逆定理也成立. 如果杨表 $\mathcal{Y}$ 经过 R 变换得到杨表 $\mathcal{Y}'$, 而 R 属于杨表 $\mathcal{Y}$, $R = PQ = \left(PQP^{-1}\right)P$, 则填在杨表 $\mathcal{Y}'$ 同一列的数字在杨表 $\mathcal{Y}$ 中都不填在同一行. 推论 3 的逆否定理是, 如果 R 不属于杨表 $\mathcal{Y}$, 杨表 $\mathcal{Y}$ 经 R 变换得杨表 $\mathcal{Y}'$, 则至少有一对数字 a 和 b, 它们填在杨表 $\mathcal{Y}$ 的同一行, 而填在杨表 $\mathcal{Y}'$ 中的同一列, 即 $\mathcal{Y}'\mathcal{Y} = 0$. 但 $\mathcal{Y}' = R\mathcal{Y}R^{-1}$, 则

$$0 = R^{-1}\mathcal{Y}'\mathcal{Y} = \mathcal{Y}R^{-1}\mathcal{Y}, \quad R \text{不属于} \mathcal{Y}. \tag{3.34}$$

这是不属于杨表 $\mathcal{Y}$ 的置换的一个重要性质. 推论 4 给出更方便的判别条件.

推论 4 置换群元素 R 不属于杨表 $\mathcal{Y}$ 的充要条件是 R 可表成

$$R = P_0 R Q_0, \tag{3.35}$$

其中, P_0 和 Q_0 分别是杨表 $\mathcal{Y}$ 的某一个横向对换和纵向对换.

证明 若 $R = P_0 R Q_0$, 则由式 (3.26), 得

$$F(R) = F(P_0 R Q_0) = -F(R) = 0,$$

即 R 不属于杨表 $\mathcal{Y}$. 反之, 若 R 不属于杨表 $\mathcal{Y}$, 经 R 变换后, 杨表 $\mathcal{Y}$ 变成杨表 $\mathcal{Y}'$, 则由推论 3 的逆否定理知, 至少存在一个属于杨表 $\mathcal{Y}$ 的横向对换 P_0, 它同时是杨表 $\mathcal{Y}'$ 的纵向对换 $Q_0' = P_0$, 而 Q_0' 可由 $\mathcal{Y}$ 的纵向对换 Q_0 经 R 变换得到, $P_0 = Q_0' = R Q_0 R^{-1}$, 由此立刻推得式 (3.35). 证完.

现在我们来证明杨算符 $\mathcal{Y}$ 与置换群原始幂等元成比例, 并讨论它们产生的左理想的等价性.

定理 3.4 如果置换群群代数的矢量 $\mathcal{X}$ 满足

$$P\mathcal{X} = \delta(Q)\mathcal{X}Q = \mathcal{X}, \tag{3.36}$$

其中, P 和 Q 是杨算符 $\mathcal{Y}$ 的任意横向置换和纵向置换, 则 $\mathcal{X}$ 与杨算符 $\mathcal{Y}$ 只差常系数 λ:

$$\mathcal{X} = \lambda\mathcal{Y}. \tag{3.37}$$

证明 设

$$\mathcal{X} = \sum_{R \in \mathrm{S}_n} F_1(R) R,$$

根据式 (3.36), 模仿式 (3.26) 的证明, 得

$$F_1(S) = F_1(PS) = \delta(Q)F_1(SQ) = \delta(Q)F_1(PSQ).$$

取 $S = E$, 并令 $F_1(E)=\lambda$, 得

$$\lambda = F_1(E) = F_1(P) = \delta(Q)F_1(Q) = \delta(Q)F_1(PQ).$$

对于不属于杨算符 $\mathcal{Y}$ 的置换 R, 由定理 3.3 的推论 4 得

$$F_1(R) = F_1(P_0 R Q_0) = -F_1(R) = 0.$$

与式 (3.23) 比较, 得式 (3.37). 证完.

由杨算符 $\mathcal{Y}$ 的对称性质 (3.25) 立刻得到下面推论.

推论 1 设 t 是置换群群代数的任意矢量, 则

$$\mathcal{Y}t\mathcal{Y} = \lambda_t \mathcal{Y}, \tag{3.38}$$

其中, λ_t 是依赖于 t 的数, 可以为零.

推论 2 杨算符 $\mathcal{Y}$ 的平方不为零:

$$\mathcal{Y}\mathcal{Y} = \lambda \mathcal{Y} \neq 0. \tag{3.39}$$

证明 前一个等式是已知的, 这里要证明 λ 不等于零, 并计算 λ.

由杨算符 $\mathcal{Y}$ 产生的右理想, $\mathcal{R}_Y = \mathcal{Y}\mathcal{L}$, 至少包含杨算符本身, 因而它的维数 $f \neq 0$. 取置换群群代数 $\mathcal{L}$ 的一组基 x_μ, 其中前 f 个基属于右理想 $\mathcal{R}_Y$, 也是此右理想的一组基, 而后面 $n! - f$ 个基则不属于此右理想. 注意此右理想 $\mathcal{R}_Y$ 是由杨算符 $\mathcal{Y}$ 生成的, 右理想中的任何矢量, 包括基在内, 都可看成杨算符 $\mathcal{Y}$ 和群代数中另一矢量的乘积:

$$x_\mu = \mathcal{Y} y_\mu, \quad 1 \leqslant \mu \leqslant f. \tag{3.40}$$

从两个角度来计算乘积 $\mathcal{Y}x_\mu$. 一方面, 把它看成杨算符 $\mathcal{Y}$ 左乘到基 x_μ 上, 得到基的线性组合, 组合系数是杨算符 $\mathcal{Y}$ 在这组基中的矩阵形式,

$$\mathcal{Y}x_\mu = \sum_{\nu=1}^{n!} x_\nu \overline{D}_{\nu\mu}(\mathcal{Y}). \tag{3.41}$$

$\overline{D}(\mathcal{Y})$ 也就是杨算符 $\mathcal{Y}$ 在群代数中的表示矩阵, 这表示等价于正则表示, 因而只有恒元才有非零矩阵迹:

$$\mathrm{Tr}\overline{D}(\mathcal{Y}) = \mathrm{Tr}\overline{D}(E) = n!.$$

另一方面, 把 $\mathcal{Y}x_\mu$ 看成 x_μ 右乘到杨算符 $\mathcal{Y}$ 上, 得到右理想 $\mathcal{R}_Y$ 中的一个矢量, 可以表为此右理想的基的线性组合. 也就是说, 式 (3.41) 的求和指标 ν 只在 1 到 f 之间取值:

$$\overline{D}_{\nu\mu}(\mathcal{Y}) = 0, \quad \nu > f.$$

在 $\mu \leqslant f$ 时, 根据式 (3.40) 和式 (3.38), 得

$$\mathcal{Y}x_\mu = \mathcal{Y}\mathcal{Y}y_\mu = \lambda\mathcal{Y}y_\mu = \lambda x_\mu, \quad \mu \leqslant f.$$

可见当 $\mu \leqslant f$ 时 $\overline{D}_{\nu\mu}(\mathcal{Y}) = \delta_{\nu\mu}\lambda$, 即 $\overline{D}(\mathcal{Y})$ 取如下形式:

$$\overline{D}(\mathcal{Y}) = \begin{pmatrix} \lambda\mathbf{1} & M \\ \mathbf{0} & \mathbf{0} \end{pmatrix}, \quad \mathrm{Tr}\overline{D}(\mathcal{Y}) = f\lambda.$$

把两个方法计算的矩阵迹做比较, 由于 $f \neq 0$, 得

$$\lambda = n!/f \neq 0. \tag{3.42}$$

证完. 由式 (3.12) 得推论 3.

推论 3 $a = (f/n!)\mathcal{Y}$ 是置换群的原始幂等元.

推论 4 对同一杨图, 设填在杨表 $\mathcal{Y}'$ 同一列的数字在杨表 $\mathcal{Y}$ 中都不填在同一行, 则相应杨算符乘积 $\mathcal{Y}'\mathcal{Y} \neq 0$.

证明 在定理给出的条件下, 根据定理 3.3 推论 3, 把杨表 $\mathcal{Y}$ 变成杨表 $\mathcal{Y}'$ 的置换 R 可表为杨表 $\mathcal{Y}$ 的横向置换 P 和纵向置换 Q 的乘积, 因此

$$\mathcal{Y}'\mathcal{Y} = R\mathcal{Y}Q^{-1}P^{-1}\mathcal{Y} = \delta(Q)R\mathcal{Y}\mathcal{Y} = \delta(Q)\lambda R\mathcal{Y} \neq 0, \tag{3.43}$$

其中, λ 由 $\mathcal{Y}^2 = \lambda\mathcal{Y}$ 定出.

推论 5 由杨算符 $\mathcal{Y}$ 和 $\mathcal{Y}'$ 生成的最小左理想等价的充要条件是它们对应的杨图相同.

证明 如果杨图 $\mathcal{Y}$ 和 $\mathcal{Y}'$ 相同, 则必存在置换 R, 把杨表 $\mathcal{Y}$ 变成杨表 $\mathcal{Y}'$, 使

$$\mathcal{Y}' = R\mathcal{Y}R^{-1}, \qquad \mathcal{Y}'R\mathcal{Y} = R\mathcal{Y}\mathcal{Y} \neq 0.$$

反之, 如果杨图 $\mathcal{Y}$ 和 $\mathcal{Y}'$ 不相同, 则不失普遍性, 可设杨图 $\mathcal{Y}$ 大于杨图 $\mathcal{Y}'$. 对任何置换 R, 设 $R\mathcal{Y} = \mathcal{Y}''R$, 则杨图 $\mathcal{Y}''$ 和杨图 $\mathcal{Y}$ 相同, 它仍大于杨图 $\mathcal{Y}'$, 由定理 3.3 的推论 1, $\mathcal{Y}'R\mathcal{Y} = \mathcal{Y}'\mathcal{Y}''R = 0$. 证完.

因此, 置换群的不等价不可约表示可以用杨图 $[\lambda]$ 来标记. 置换群 S_n 不等价不可约表示的数目等于 n 的不同配分数的数目, 也就是置换群的类数. 反过来, 又根据定理 3.1, 得到推论 6.

推论 6 对应不同杨图的杨算符 $\mathcal{Y}$ 和 $\mathcal{Y}'$ 互相正交, $\mathcal{Y}'\mathcal{Y} = \mathcal{Y}\mathcal{Y}' = 0$.

对应不同杨图的杨算符是互相正交的, 但对应同一杨图不同正则杨表的杨算符不一定正交, 而且确实能找到正则杨算符乘积不为零的例子. 这种例子只有在 $n \geqslant 5$ 的置换群 S_n 中才出现. 在 $n = 5$ 时, 有两个杨图, $[3,2]$ 和 $[2,2,1]$, 它们的正则杨算符不完全正交. 我们以杨图 $[3,2]$ 为例来说明. 杨图 $[3,2]$ 有五个不同的正则杨表, 按它们的大小, 自小而大排列如下:

杨表$\mathcal{Y}_1$

1	2	3
4	5	

杨表$\mathcal{Y}_2$

1	2	4
3	5	

杨表$\mathcal{Y}_3$

1	2	5
3	4	

杨表$\mathcal{Y}_4$

1	3	4
2	5	

杨表$\mathcal{Y}_5$

1	3	5
2	4	

当 $\mu > \nu$ 时, $\mathcal{Y}_\mu\mathcal{Y}_\nu = 0$. 当 $\mu < \nu$ 时, 要逐对检查, 看有没有这样的情况, 就是填在杨表 $\mathcal{Y}_\nu$ 同一行的数字, 都不填在杨表 $\mathcal{Y}_\mu$ 的同一列. 如发生这样的情况, 就说明它们的乘积不等于零. 检查结果, 只有一对杨算符乘积不为零,

$$\mathcal{Y}_1\mathcal{Y}_5 \neq 0. \tag{3.44}$$

把杨表 $\mathcal{Y}_5$ 变成杨表 $\mathcal{Y}_1$ 的置换是 R_{15},

$$\begin{aligned} R_{15} &= \begin{pmatrix} 1 & 3 & 5 & 2 & 4 \\ 1 & 2 & 3 & 4 & 5 \end{pmatrix} = (3\ 2\ 4\ 5) = (2\ 4)\,(4\ 5\ 3) \\ &= (2\ 4)\,(5\ 3)\ \ (3\ 4) = P_5 Q_5, \\ P_5 &= (2\ 4)\,(5\ 3)\,, \quad Q_5 = (3\ 4)\,. \end{aligned} \tag{3.45}$$

先把 R_{15} 化为没有公共客体的轮换乘积, 然后用切断轮换的方法把杨表 $\mathcal{Y}_5$ 的横向置换尽量往左移, 纵向置换尽量往右移, 最后把 R_{15} 分解为杨表 $\mathcal{Y}_5$ 的横向置换 P_5 和纵向置换 Q_5 的乘积. 显然, 也可把 R_{15} 分解为杨表 $\mathcal{Y}_1$ 的横向置换 P_1 和纵向置换 Q_1 的乘积. 上面方法是这类分解的标准方法.

对于给定的杨图, 我们希望把正则杨算符做适当的组合, 使它们互相正交. 这里的组合指在正则杨算符的左面或右面乘上一个适当的群代数矢量. 这里只讨论右乘矢量的方法, 左乘矢量的方法是类似的. 在上面例子中, 可取

$$\mathcal{Y}'_1 = \mathcal{Y}_1\,[E - P_5]\,, \quad \mathcal{Y}'_\nu = \mathcal{Y}_\nu, \quad \nu > 1. \tag{3.46}$$

因为 $\mathcal{Y}_1 P_5 = \mathcal{Y}_1 R_{15} Q_5^{-1} = \delta(Q_5) R_{15} \mathcal{Y}_5$, 所以当 $\mu < 5$ 时 $\mathcal{Y}'_1 \mathcal{Y}_\mu = \mathcal{Y}_1 \mathcal{Y}_\mu$. 而 $\mathcal{Y}'_1 \mathcal{Y}_5 = \mathcal{Y}_1 (E - E) \mathcal{Y}_5 = 0$.

一般说来, 对于给定的杨图 $[\lambda]$, 如果 d 个正则杨算符 $\mathcal{Y}_\mu$ 不完全正交, 希望选取合适的群代数矢量 y_μ 右乘到杨算符 $\mathcal{Y}_\mu$ 上, 满足

$$e_\mu = \frac{f}{n!}\,\mathcal{Y}_\mu y_\mu, \quad e_\mu e_\nu = \delta_{\mu\nu} e_\mu, \tag{3.47}$$

其中, f 是杨算符 $\mathcal{Y}_\mu$ 产生右理想的维数. 既然杨图 $[\lambda]$ 已经选定, 为了书写简单, 这里省略了标记杨图的指标 $[\lambda]$.

式 (3.47) 就是要求 y_μ 满足

$$\begin{aligned} &\mathcal{Q}_\mu y_\mu \mathcal{P}_\nu = \delta_{\mu\nu} \mathcal{Q}_\mu \mathcal{P}_\mu, \quad 1 \leqslant \mu \leqslant d, \quad 1 \leqslant \nu \leqslant d, \\ &\mathcal{Y}_\mu y_\mu \mathcal{Y}_\nu = \mathcal{P}_\mu \mathcal{Q}_\mu y_\mu \mathcal{P}_\nu \mathcal{Q}_\nu = \delta_{\mu\nu} \mathcal{Y}_\mu \mathcal{Y}_\mu. \end{aligned} \tag{3.48}$$

定义置换 $R_{\mu\nu}$, 它把正则杨表 $\mathcal{Y}_\nu$ 变成正则杨表 $\mathcal{Y}_\mu$

$$\begin{aligned} &R_{\mu\rho} R_{\rho\nu} = R_{\mu\nu}, \qquad R_{\mu\mu} = E, \\ &R_{\mu\nu} \mathcal{Y}_\nu = \mathcal{Y}_\mu R_{\mu\nu}, \quad R_{\mu\nu} \mathcal{P}_\nu = \mathcal{P}_\mu R_{\mu\nu}, \quad R_{\mu\nu} \mathcal{Q}_\nu = \mathcal{Q}_\mu R_{\mu\nu}. \end{aligned} \tag{3.49}$$

由定理 3.3 的推论 3, 当 $\mathcal{Y}_\mu \mathcal{Y}_\nu \neq 0$ 时, $R_{\mu\nu} = P_\nu^{(\mu)} Q_\nu^{(\mu)}$, 其中, $P_\nu^{(\mu)}$ 和 $Q_\nu^{(\mu)}$ 分别是杨表 $\mathcal{Y}_\nu$ 的横向置换和纵向置换, 用带括号的上指标表明它们与杨表 $\mathcal{Y}_\mu$ 有关. 令

$$P_{\mu\nu} = \begin{cases} P_\nu^{(\mu)}, & \mathcal{Y}_\mu \mathcal{Y}_\nu \neq 0, \\ 0, & \mathcal{Y}_\mu \mathcal{Y}_\nu = 0. \end{cases} \tag{3.50}$$

显然, 当 $\mathcal{Y}_\mu\mathcal{Y}_\nu \neq 0$ 时, 有

$$\begin{aligned} &P_{\mu\nu}\mathcal{Q}_\nu = R_{\mu\nu}\mathcal{Q}_\nu\left(Q_\nu^{(\mu)}\right)^{-1} = \mathcal{Q}_\mu P_{\mu\nu}, \\ &\mathcal{P}_\nu P_{\mu\nu} = P_{\mu\nu}\mathcal{P}_\nu = \mathcal{P}_\nu, \\ &\mathcal{Y}_\mu P_{\mu\nu} = R_{\mu\nu}\mathcal{Y}_\nu\left(Q_\nu^{(\mu)}\right)^{-1} = \delta(Q_\nu^{(\mu)})R_{\mu\nu}\mathcal{Y}_\nu. \end{aligned} \tag{3.51}$$

可以用数学归纳法证明, 式 (3.52) 定义的 y_μ 满足式 (3.48):

$$y_\mu = E - \sum_{\rho=\mu+1}^{d} P_{\mu\rho}y_\rho, \quad y_d = E, \quad \mu \leqslant d. \tag{3.52}$$

y_μ 是按 μ 自大至小逐个定义的, 它是群元素的组合, 除了恒元项外, 其他项都是若干个 $-P_{\nu\rho}$ 的乘积.

证明 μ 等于 d 时式 (3.48) 显然成立. 现设当 $\mu > \tau$ 时式 (3.48) 成立, 要证 $\mu = \tau$ 时式 (3.48) 也成立.

$$\begin{aligned} \mathcal{Q}_\tau y_\tau \mathcal{P}_\nu &= \mathcal{Q}_\tau\mathcal{P}_\nu - \sum_{\rho=\tau+1}^{d} \mathcal{Q}_\tau P_{\tau\rho}y_\rho\mathcal{P}_\nu \\ &= \mathcal{Q}_\tau\mathcal{P}_\nu - \sum_{\rho=\tau+1}^{d} P_{\tau\rho}\mathcal{Q}_\rho y_\rho\mathcal{P}_\nu \\ &= \begin{cases} 0, & \nu < \tau, \\ \mathcal{Q}_\tau\mathcal{P}_\tau, & \nu = \tau, \\ \mathcal{Q}_\tau\mathcal{P}_\nu - P_{\tau\nu}\mathcal{Q}_\nu\mathcal{P}_\nu = 0, & \nu > \tau. \end{cases} \end{aligned}$$

证完.

由式 (3.49) 不难看出

$$\mathcal{Y}_\mu y_\mu = \mathcal{Y}_\mu - \sum_{\mathcal{Y}_\mu\mathcal{Y}_\rho\neq 0} \delta(Q_\rho^{(\mu)})R_{\mu\rho}\mathcal{Y}_\rho y_\rho = \sum_{\rho=\mu}^{d} t_\rho\mathcal{Y}_\rho, \tag{3.53}$$

前一求和号是在满足 $\mathcal{Y}_\mu\mathcal{Y}_\rho \neq 0$ 条件下对 ρ 求和. t_ρ 是群代数的矢量, 可为零.

定理 3.5 设 $\mathcal{Y}_\mu^{[\lambda]}$ 是对应杨图 $[\lambda]$ 的正则杨算符, 则互相正交的原始幂等元

$$e_\mu^{[\lambda]} = \frac{d_{[\lambda]}}{n!}\mathcal{Y}_\mu^{[\lambda]}y_\mu^{[\lambda]}, \quad 1 \leqslant \mu \leqslant d_{[\lambda]} \tag{3.54}$$

是完备的, 恒元可按这些原始幂等元分解:

$$E = \frac{1}{n!}\sum_{[\lambda]} d_{[\lambda]} \sum_{\mu=1}^{d_{[\lambda]}} \mathcal{Y}_\mu^{[\lambda]}y_\mu^{[\lambda]}. \tag{3.55}$$

证明 对于给定杨图 $[\lambda]$, 已找到 $d_{[\lambda]}$ 个互相正交的原始幂等元 $e_{\mu}^{[\lambda]}$, 如式 (3.54) 所示. 由这些原始幂等元生成的不可约表示是 $f_{[\lambda]}$ 维的. 因为有限群正则表示约化中, 每个不可约表示的重数等于表示的维数, 所以

$$d_{[\lambda]} \leqslant f_{[\lambda]}.$$

但有限群不等价不可约表示的维数平方和等于群的阶数

$$\sum_{[\lambda]} f_{[\lambda]}^2 = n!.$$

与式 (3.17) 比较知

$$d_{[\lambda]} = f_{[\lambda]}.$$

因此, 我们找到的这组正交的原始幂等元 $e_{\mu}^{[\lambda]}$, 它们生成的左理想已充满了整个置换群群代数, 故有式 (3.55). 证完.

3.2 置换群不可约表示的表示矩阵和特征标

3.2.1 置换群不可约表示的表示矩阵

每一个杨图对应置换群的一个不可约表示. 现在我们要讨论, 对于给定的杨图, 如何选择标准基, 并在此标准基中如何具体计算置换群元素的表示矩阵和特征标. 因为杨图已经选定, 下面计算中略去标记杨图的指标 $[\lambda]$.

3.1.5 节已经定义了置换 $R_{\nu\mu}$, 它把正则杨表 $\mathcal{Y}_{\mu}$ 变成正则杨表 $\mathcal{Y}_{\nu}$. 置换 $R_{\nu\mu}$ 满足式 (3.49). 由这些置换和正则杨算符, 可以定义如下 d^2 个基:

$$\begin{aligned} b_{\nu\mu} &= e_{\nu}R_{\nu\mu}e_{\mu} = (d/n!)^2\,\mathcal{Y}_{\nu}y_{\nu}R_{\nu\mu}\mathcal{Y}_{\mu}y_{\mu} = (d/n!)^2\,\mathcal{Y}_{\nu}y_{\nu}\mathcal{Y}_{\nu}R_{\nu\mu}y_{\mu} \\ &= (d/n!)\,\mathcal{Y}_{\nu}R_{\nu\mu}y_{\mu} = (d/n!)\,R_{\nu\mu}\mathcal{Y}_{\mu}y_{\mu} = R_{\nu\mu}e_{\mu}. \end{aligned} \tag{3.56}$$

请注意, $R_{\nu\mu}e_{\mu}$ 会自动产生左面的 e_{ν}. 由式 (3.49) 立刻可证明, 这组基满足不可约基的传递关系 (2.106):

$$b_{\nu\rho}b_{\lambda\mu} = \delta_{\rho\lambda}b_{\nu\mu}, \quad b_{\mu\mu} = e_{\mu} = (d/n!)\,\mathcal{Y}_{\mu}y_{\mu}. \tag{3.57}$$

因此这组基就是要找的置换群的不可约基. 当 μ 固定时, d 个基 $b_{\nu\mu}$ 架设左理想 $\mathcal{L}_{\mu}$, 当 ν 固定时, d 个基 $b_{\nu\mu}$ 架设右理想 $\mathcal{R}_{\nu}$, 在这些基中得到的表示完全相同. 在左理想 $\mathcal{L}_1$ 中找置换群元素 S 的表示矩阵 $D(S)$,

$$Sb_{\mu 1} = \sum_{\rho}^{d} b_{\rho 1}D_{\rho\mu}(S). \tag{3.58}$$

左乘 $b_{1\nu}$, 得

$$D_{\nu\mu}(S)e_1 = b_{1\nu}Sb_{\mu 1} = (d/n!)^2 \left(R_{1\nu}\mathcal{Y}_\nu y_\nu\right) S \left(R_{\mu 1}\mathcal{Y}_1 y_1\right). \tag{3.59}$$

注意: $R_{\mu 1}\mathcal{Y}_1 = \mathcal{Y}_\mu R_{\mu 1}$. 等式右面的量一定正比于 e_1. 为了化简此式, 把两个杨算符移到一起, 以消去一个杨算符. y_ν 是群元素的组合, 组合系数为 ± 1, 可以形式上把它写成

$$y_\nu = \sum_k \delta_k T_k, \quad \delta_k = \pm 1, \tag{3.60}$$

其中, T_k 是置换群元素. 设 $(T_k)^{-1}$ 把杨表 $\mathcal{Y}_\nu$ 变成杨表 $\mathcal{Y}_{\nu k}$, S 把杨表 $\mathcal{Y}_\mu$ 变成杨表 $\mathcal{Y}_\mu(S)$, 则式 (3.59) 化为

$$D_{\nu\mu}(S)e_1 = \sum_k \delta_k (d/n!)^2 R_{1\nu}T_k\mathcal{Y}_{\nu k}\mathcal{Y}_\mu(S)SR_{\mu 1}y_1. \tag{3.61}$$

现在的关键是计算这两个杨算符的乘积. 如果存在一对数, 它们在杨表 $\mathcal{Y}_\mu(S)$ 中填在同一行, 而在杨表 $\mathcal{Y}_{\nu k}$ 中填在同一列, 则这两个杨算符乘积为零. 如果填在杨表 $\mathcal{Y}_\mu(S)$ 同一行的数, 在杨表 $\mathcal{Y}_{\nu k}$ 中都不填在同一列, 则把杨表 $\mathcal{Y}_\mu(S)$ 变成杨表 $\mathcal{Y}_{\nu k}$ 的置换 R 可表为杨表 $\mathcal{Y}_\mu(S)$ 的横向置换 $P_\mu(S)$ 和纵向置换 $Q_\mu(S)$ 的乘积,

$$R = P_\mu(S)Q_\mu(S) = \left[RQ_\mu(S)R^{-1}\right] P_\mu(S) \equiv Q_{\nu k}P_\mu(S).$$

方括号里的置换是杨表 $\mathcal{Y}_{\nu k}$ 的纵向置换 $Q_{\nu k}$, 它的逆变换可把杨表 $\mathcal{Y}_{\nu k}$ 变成杨表 $\mathcal{Y}'$, 使杨表 $\mathcal{Y}'$ 和杨表 $\mathcal{Y}_\mu(S)$ 每一对应行包含的填数相同. 利用式 (3.43) (定理 3.4 推论 4), 得

$$\begin{aligned}(d/n!)\,\mathcal{Y}_{\nu k}\mathcal{Y}_\mu(S)SR_{\mu 1} &= (d/n!)\,\mathcal{Y}_{\nu k}\delta(Q_{\nu k})Q_{\nu k}P_\mu(S)\mathcal{Y}_\mu(S)SR_{\mu 1}\\ &= (d/n!)\,\delta(Q_{\nu k})Q_{\nu k}P_\mu(S)\mathcal{Y}_\mu(S)\mathcal{Y}_\mu(S)SR_{\mu 1}\\ &= \delta(Q_{\nu k})Q_{\nu k}P_\mu(S)SR_{\mu 1}\mathcal{Y}_1.\end{aligned}$$

代入式 (3.61) 得

$$D_{\nu\mu}(S)e_1 = \sum_k \delta_k\delta(Q_{\nu k})\,(d/n!)\left[R_{1\nu}T_kQ_{\nu k}P_\mu(S)SR_{\mu 1}\right]\mathcal{Y}_1 y_1. \tag{3.62}$$

我们来研究方括号里的置换. $R_{\mu 1}$ 把杨表 $\mathcal{Y}_1$ 变成杨表 $\mathcal{Y}_\mu$, S 把杨表 $\mathcal{Y}_\mu$ 变成杨表 $\mathcal{Y}_\mu(S)$, $Q_{\nu k}P_\mu(S)$ 把杨表 $\mathcal{Y}_\mu(S)$ 变成杨表 $\mathcal{Y}_{\nu k}$, T_k 把杨表 $\mathcal{Y}_{\nu k}$ 变成杨表 $\mathcal{Y}_\nu$, 而 $R_{1\nu}$ 又把杨表 $\mathcal{Y}_\nu$ 变回到杨表 $\mathcal{Y}_1$, 这就是说, 花括号里的置换是恒等变换. 这是合理的, 因为式 (3.61) 右面正比于幂等元 e_1. 最后,

$$D_{\nu\mu}(S) = \sum_k \delta_k\delta(Q_{\nu k}), \tag{3.63}$$

即在这组标准基 $b_{\nu\mu}$ 中, 置换群不可约表示的矩阵元素都是整数, 置换群的不可约表示都是实表示.

现在, 计算置换群不可约表示的矩阵元素的问题, 归结为计算因子 $\delta_k\delta(Q_{\nu k})$. δ_k 是 y_ν 展开式的系数, 是已知的. $\delta(Q_{\nu k})$ 可按下法通过比较杨表 $\mathcal{Y}_{\nu k}$ 和杨表 $\mathcal{Y}_\mu(S)$ 得到. 如果存在一对数, 它们在杨表 $\mathcal{Y}_\mu(S)$ 中填在同一行, 而在杨表 $\mathcal{Y}_{\nu k}$ 中填在同一列, 则取 $\delta(Q_{\nu k})$ 为零. 如果填在杨表 $\mathcal{Y}_\mu(S)$ 中同一行的数, 在杨表 $\mathcal{Y}_{\nu k}$ 中都不填在同一列, 则找杨表 $\mathcal{Y}_{\nu k}$ 的纵向置换 $Q_{\nu k}^{-1}$, 它把杨表 $\mathcal{Y}_{\nu k}$ 变成杨表 $\mathcal{Y}'$, 使杨表 $\mathcal{Y}'$ 和杨表 $\mathcal{Y}_\mu(S)$ 每一对应行包含的填数都相同. $Q_{\nu k}$ 的置换宇称就是 $\delta(Q_{\nu k})$. 具体计算可通过列表法进行.

如果要计算元素 S 在表示 $[\lambda]$ 中的表示矩阵, 先写出杨图 $[\lambda]$ 对应的正则杨表 $\mathcal{Y}_\nu$ 及其 y_ν, y_ν 是群元素 T_k 的组合, 如式 (3.60) 所示. **逐项计算 T_k^{-1} 对正则杨表 $\mathcal{Y}_\nu$ 的作用, 得到新杨表 $\mathcal{Y}_{\nu k}$. 用新杨表 $\mathcal{Y}_{\nu k}$ 代替式 (3.60) 中的 T_k, 得到的杨表组合式, 按 ν 增加的次序, 填在表中最左面一列.** 这一列对计算任何群元素的表示矩阵都是一样的. 然后, **把要计算的元素 S 作用在正则杨表 $\mathcal{Y}_\mu$ 上, 得到新杨表 $\mathcal{Y}_\mu(S)$, 按 μ 增加的顺序列于表的最上面一行**. 表的内容有 d 行和 d 列, 第 ν 行第 μ 列的数就是表示矩阵元 $D_{\nu\mu}(S)$, 它等于 $\sum_k \delta_k\delta(Q_{\nu k})$. **通过比较杨表 $\mathcal{Y}_{\nu k}$ 和杨表 $\mathcal{Y}_\mu(S)$ 可以算得 $\delta(Q_{\nu k})$. 用 $\delta(Q_{\nu k})$ 代替最左面一列第 ν 行中的杨表 $\mathcal{Y}_{\nu k}$, 得到的组合数就是** $D_{\nu\mu}(S)$, 填入表中第 ν 行第 μ 列的位置. 表中对角元之和就是特征标 $\chi^{[\lambda]}(S)$.

表 3.1 以表示 $[3,2]$ 为例, 具体计算了轮换 $S=(1\ 2\ 3\ 4\ 5)$ 的表示矩阵, 从这例子中应该可以学会用列表法计算置换群不可约表示矩阵的一般方法. 由表中可知

$$D^{[3,2]}\left[(1\ 2\ 3\ 4\ 5)\right]=\begin{pmatrix} -1 & -1 & 1 & 1 & 0 \\ -1 & 0 & 0 & 0 & 1 \\ 0 & -1 & 0 & 0 & 0 \\ -1 & 0 & 0 & 1 & 0 \\ 0 & -1 & 0 & 1 & 0 \end{pmatrix},$$

同法可得

$$D^{[3,2]}\left[(1\ 2)\right]=\begin{pmatrix} 1 & 0 & 0 & -1 & -1 \\ 0 & 1 & 0 & -1 & 0 \\ 0 & 0 & 1 & 0 & -1 \\ 0 & 0 & 0 & -1 & 0 \\ 0 & 0 & 0 & 0 & -1 \end{pmatrix},$$

$$D^{[3,2]}[(5\ 4\ 3\ 2\ 1)] = \begin{pmatrix} 0 & 0 & -1 & -1 & 1 \\ 0 & 0 & -1 & 0 & 0 \\ 1 & 0 & -1 & -1 & 0 \\ 0 & 0 & -1 & 0 & 1 \\ 0 & 1 & -1 & -1 & 1 \end{pmatrix}.$$

表 3.1 列表法计算置换群不可约表示的表示矩阵

$\sum_k \delta_k$ {杨表 $\mathcal{Y}_{\nu k}$}	杨表 $\mathcal{Y}_\mu(S)$				
	2 3 4 5 1	2 3 5 4 1	2 3 1 4 5	2 4 5 3 1	2 4 1 3 5
1 2 3 − 1 4 5 4 5 2 3	$-1-0$	$0-1$	$1-0$	$0+1$	$0-0$
1 2 4 3 5	-1	0	0	0	1
1 2 5 3 4	0	-1	0	0	0
1 3 4 2 5	-1	0	0	1	0
1 3 5 2 4	0	-1	0	1	0

$[\lambda]=[3,2]$, $S=(1\ 2\ 3\ 4\ 5)$, $y_\nu=\sum_k \delta_k T_k$.

T_k^{-1} 作用在杨表 $\mathcal{Y}_\nu$ 上得到杨表 $\mathcal{Y}_{\nu k}$,

S 作用在杨表 $\mathcal{Y}_\mu$ 上得到杨表 $\mathcal{Y}_\mu(S)$.

由此很容易计算出每一个类中一个代表元素的表示矩阵

$$\begin{aligned} &(2\ 3)=(1\ 2\ 3\ 4\ 5)(1\ 2)(5\ 4\ 3\ 2\ 1), \quad (1\ 2\ 3)=(1\ 2)(2\ 3), \\ &(3\ 4)=(1\ 2\ 3\ 4\ 5)(2\ 3)(5\ 4\ 3\ 2\ 1), \quad (2\ 3\ 4\ 5)=(1\ 2)(1\ 2\ 3\ 4\ 5), \\ &(4\ 5)=(1\ 2\ 3\ 4\ 5)(3\ 4)(5\ 4\ 3\ 2\ 1), \quad (1\ 2)(3\ 4), \quad (1\ 2\ 3)(4\ 5). \end{aligned}$$

并算出这表示的特征标表, 列于表 3.2.

表 3.2 置换群 [3,2] 表示的特征标表

类 (ℓ)	(1^5)	$(2,1^3)$	$(2^2,1)$	$(3,1^2)$	$(3,2)$	$(4,1)$	(5)
特征标	5	1	1	-1	1	-1	0

3.2.2 计算特征标的等效方法

列表法固然可以计算置换群不可约表示的特征标, 但这样计算特征标并不比计算表示矩阵简单. 有一种等效的方法, 只根据表示 $[\lambda]$ 和类 (ℓ) 这两个配分数, 就可以很方便地把特征标计算出来.

把描写类的非零配分数 ℓ_j 按任意次序排列并顺序编号, **把较小的 ℓ_j 排在前面会便于计算.** 排定后, 用 ℓ_1 个 1, ℓ_2 个 2 等, 顺序按满足下面条件的所谓**正则填充法**填入杨图 $[\lambda]$.

(1) 每个数字填完后, 已填格子必须构成正则杨图.

(2) 填充同一数字的格子必须相连, 且由填该数的最左下方的格子开始, 沿向右或向上的方向, 可以不回头地一次走遍填以该数的全部格子. 这些格子所占行数减 1 的奇偶性称为该数字的**填充宇称**, 奇数为 -1, 偶数为 1.

如果能按正则填充法把全部数字都填入杨图, 称为一次正则填充. 在一次正则填充中, **每个数字的填充宇称的乘积称为该次正则填充的填充宇称, 最后把各次正则填充的填充宇称相加, 即得类 (ℓ) 在表示 $[\lambda]$ 中的特征标 $\chi^{[\lambda]}[(\ell)]$.** 如果不能按正则填充法把全部数字都填入杨图, 则 $\chi^{[\lambda]}[(\ell)]=0$.

恒元单独构成类 (1^n), 它的正则填充就是正则杨表, 因而特征标正是正则杨表的数目, 即表示的维数, 可用公式 (3.16) 计算. 在表 3.3 中用等效方法重新计算表 3.2 给出的特征标. 恒元的正则填充在表 3.3 中不再列出.

表 3.3 用等效方法计算置换群[3,2]表示的特征标表

类	(1^5)	$(1^3,2)$	$(1,2^2)$	$(1^2,3)$	$(2,3)$	$(1,4)$	(5)
正则填充		1 2 3 4 4	1 2 2 3 3	1 3 3 2 3	1 2 2 1 2	1 2 2 2 2	
填充宇称		1	1	-1	1	-1	
$\chi^{[3,2]}[(\ell)]$	5	1	1	-1	1	-1	0

如果把大的 ℓ_j 排在前面先填, 有时会增加正则填充的次数, 但最后填充宇称相加后还是一样的. 例如, 前例中, 类 $(2,2,1)$, 把 $\ell_j=2$ 的数先填, 会有三次正则填充:

	1 1 3 2 2		1 2 2 1 3		1 2 3 1 2	
填充宇称 =	1	+	(-1)	+	1	= 1.

3.2.3 三个客体的置换群 S_3

S_3 群与正三角形对称群 D_3 同构. 下面作为例子, 用杨算符方法计算它的标准基和不等价不可约表示. S_3 群有六个元素, 三个类. (1^3) 类只包含恒元 E; $(2,1)$ 类包含三个元素, $A=(2\ 3)$, $B=(3\ 1)$ 和 $C=(1\ 2)$; (3) 类包含两个元素, $D=(3\ 2\ 1)$ 和 $F=(1\ 2\ 3)$. S_3 群有三种不同的杨图.

杨图 $[3]$ 只有一个正则杨表, 对应的一维表示就是恒等表示. 不可约基为

$$\begin{array}{|c|c|c|}\hline 1 & 2 & 3 \\ \hline \end{array} \quad b^{[3]} = e^{[3]} = \{E + (1\ 2) + (2\ 3) + (3\ 1) + (1\ 2\ 3) + (3\ 2\ 1)\}/6.$$

杨图 $[2,1]$ 有两个正则杨表, 对应二维表示. 幂等元和不可约基为

$$\begin{array}{|c|c|}\hline 1 & 2 \\ \hline 3 \\ \cline{1-1} \end{array} \quad b_{11}^{[2,1]} = e_1^{[2,1]} = \{E + (1\ 2) - (1\ 3) - (2\ 1\ 3)\}/3,$$

$$\begin{array}{|c|c|}\hline 1 & 3 \\ \hline 2 \\ \cline{1-1} \end{array} \quad b_{22}^{[2,1]} = e_2^{[2,1]} = \{E + (1\ 3) - (1\ 2) - (3\ 1\ 2)\}/3,$$

$$b_{21}^{[2,1]} = (2\ 3)e_1^{[2,1]} = \{(2\ 3) + (3\ 2\ 1) - (2\ 3\ 1) - (2\ 1)\}/3,$$
$$b_{12}^{[2,1]} = (2\ 3)e_2^{[2,1]} = \{(2\ 3) + (2\ 3\ 1) - (3\ 2\ 1) - (3\ 1)\}/3.$$

用列表法可以算出相邻客体对换 P_1 和 P_2 的表示矩阵 (表 3.4):

$$D^{[2,1]}(P_1) = \begin{pmatrix} 1 & -1 \\ 0 & -1 \end{pmatrix}, \quad D^{[2,1]}(P_2) = \begin{pmatrix} 0 & 1 \\ 1 & 0 \end{pmatrix}. \tag{3.64}$$

表 3.4 S_3 群若干元素在不可约表示 $[2,1]$ 中的表示矩阵

$\mathcal{Y}_\nu$	$P_1 = (1\ 2)$		$P_2 = (2\ 3)$		$P_1P_2 = (1\ 2\ 3)$	
	2 1 3	2 3 1	1 3 2	1 2 3	2 3 1	2 1 3
1 2 3	1	−1	0	1	−1	1
1 3 2	0	−1	1	0	−1	0

杨图 $[1,1,1]$ 也只有一个正则杨表, 对应的一维表示是反对称表示, 元素的表示矩阵等于该元素的置换宇称. 不可约基为

$$\begin{array}{|c|}\hline 1 \\ \hline 2 \\ \hline 3 \\ \hline \end{array} \quad \begin{aligned} b^{[1,1,1]} &= e^{[1,1,1]} \\ &= \{E - (1\ 2) - (2\ 3) - (3\ 1) + (1\ 2\ 3) + (3\ 2\ 1)\}/6. \end{aligned}$$

3.2.4 I 群的特征标表

在 1.5.2 节中介绍了 I 群的基本性质, 并指出 $\mathrm{I} \simeq \mathrm{S}_5'$. I 群包含 5 个类: $\mathcal{C}_1$ 由恒元 E 构成, $\mathcal{C}_2$ 由二次转动 S_k 构成, $1 \leqslant k \leqslant 15$, $\mathcal{C}_3$ 由三次转动 $R_j^{\pm 1}$ 构成, $1 \leqslant j \leqslant 10$, $\mathcal{C}_4$ 和 $\mathcal{C}_5$ 由五次转动构成, 分别是 $T_\mu^{\pm 1}$ 和 $T_\mu^{\pm 2}$, $0 \leqslant \mu \leqslant 5$, 共 60 个元素. 因为 $1^2 + 3^2 + 3^2 + 4^2 + 5^2 = 60$, I 群有一个一维, 两个三维, 一个四维和一个五维不等价不可约表示. 一维表示是恒等表示, 有一个三维表示是 SO(3) 群自身表示的分导

表示, 特征标为 $1+2\cos\omega$, 其中 ω 是元素的转动角度. 表 3.5 左侧列出 I 群特征标表的已知部分, 其中 $p=(\sqrt{5}-1)/2$.

表 3.5 I 群和 S_5' 群特征标表比较

I	E	C_2	C_3	C_5	C_5^2	S_5'	E	$(2^2,1)$	$(3,1^2)$	(5)	$(5')$
A	1	1	1	1	1	[5]	1	1	1	1	1
T_1	3	-1	0	p^{-1}	$-p$	[3, 1, 1]	6	-2	0	1	1
T_2	3										
G	4					[4, 1]	4	0	1	-1	-1
H	5					[3, 2]	5	1	-1	0	0

S_5' 群也包含 60 个元素和 5 个类, $\mathcal{C}_1$ 类由恒元 E 构成; $\mathcal{C}_2$ 类的轮换结构是 $(2,2,1)$, 包含 15 个元素, 元素的阶数是 2; $\mathcal{C}_3$ 类的轮换结构是 $(3,1,1)$, 包含 20 个元素, 元素的阶数是 3; 长度为 5 的轮换分成两个类, $\mathcal{C}_4$ 和 $\mathcal{C}_5$, 各包含 12 个元素. 作为置换群 S_5 的子群 S_5', 不可约表示仍用杨图标记, 但对偶杨图对应等价表示, 自对偶杨图是可约表示, 它们的特征标容易用等效方法计算, 列于表 3.5 右侧. 比较可知, S_5' 群的六维可约表示约化为两个三维不可约表示. 因为 $p^{-1}=1+p$, 最后得到的 I 群特征标表如表 3.6 所示.

表 3.6 I 群特征标表

I	E	$15C_2$	$20C_3$	$12C_5$	$12C_5^2$
A	1	1	1	1	1
T_1	3	-1	0	p^{-1}	$-p$
T_2	3	-1	0	$-p$	p^{-1}
G	4	0	1	-1	-1
H	5	1	-1	0	0

3.2.5 不可约表示的实正交形式

用列表法计算的置换群不可约表示不是实正交的. 因它与杨算符密切联系在一起, 在某些问题中有它的方便之处. 但在另一些问题中可能需要找置换群的实正交表示形式. 本节我们不加证明地给出置换群不可约表示 $[\lambda]$ 的实正交形式的计算方法, 和它与用杨算符方法计算得的表示形式间的相似变换矩阵. 为简化符号, 书写中省略指标 $[\lambda]$.

定理 3.6 用杨算符方法计算得的置换群不可约表示 $D^{[\lambda]}$ 可通过上三角相似变换 X 化为实正交表示形式 $\overline{D}^{[\lambda]}$:

$$D^{[\lambda]}(P_a)X=X\overline{D}^{[\lambda]}(P_a),\quad X_{\nu\mu}=0 \quad 当 \quad \nu>\mu, \tag{3.65}$$

其中, 行 (列) 指标由正则杨表 $\mathcal{Y}_\nu^{[\lambda]}$ 自小而大排列, $P_a=(a\ \ a+1)$ 是相邻客体的对

换, $\overline{D}^{[\lambda]}(P_a)$ 是由 1×1 和 2×2 子矩阵直和构成的实正交矩阵. 当 a 和 $(a+1)$ 在正则杨表 $\mathcal{Y}_\nu^{[\lambda]}$ 中填在同一行或同一列时, 有 1×1 子矩阵:

$$\overline{D}_{\nu\nu}^{[\lambda]}(P_a)=\begin{cases}1, & \text{a 和 (a+1) 填在同一行,}\\ -1, & \text{a 和 (a+1) 填在同一列.}\end{cases} \tag{3.66}$$

当 a 和 $(a+1)$ 在正则杨表 $\mathcal{Y}_\nu^{[\lambda]}$ 中既不填在同一行, 也不填在同一列, 则交换 a 和 $(a+1)$ 的位置, 正则杨表 $\mathcal{Y}_\nu^{[\lambda]}$ 变成正则杨表 $\mathcal{Y}_{\nu_a}^{[\lambda]}$. 不失普遍性, 设正则杨表 $\mathcal{Y}_\nu^{[\lambda]}$ 小于正则杨表 $\mathcal{Y}_{\nu_a}^{[\lambda]}$, 则有 2×2 子矩阵:

$$\begin{pmatrix}\overline{D}_{\nu\nu}(P_a) & \overline{D}_{\nu\nu_a}(P_a)\\ \overline{D}_{\nu_a\nu}(P_a) & \overline{D}_{\nu_a\nu_a}(P_a)\end{pmatrix}=\frac{1}{m}\begin{pmatrix}-1 & \sqrt{m^2-1}\\ \sqrt{m^2-1} & 1\end{pmatrix}, \tag{3.67}$$

其中, m 是在正则杨表 $\mathcal{Y}_\nu^{[\lambda]}$ 中, 自填 a 的格子向左或向下走到填 $(a+1)$ 的格子需走的步数. 其实, 式 (3.66) 可以看成式 (3.67) 的特殊情况, 其中 $m=\mp 1$.

例 1 S_3 群的 $[2,1]$ 表示.

用杨算符方法算得的表示矩阵如式 (3.64) 所示, 而由式 (3.67) 算得实正交表示为

$$\overline{D}^{[2,1]}(P_1)=\begin{pmatrix}1 & 0\\ 0 & -1\end{pmatrix},\quad \overline{D}^{[2,1]}(P_2)=\frac{1}{2}\begin{pmatrix}-1 & \sqrt{3}\\ \sqrt{3} & 1\end{pmatrix}.$$

代入式 (3.65), 其中 P_a 取 P_2 和 $X_{21}=0$, 得

$$\begin{pmatrix}0 & X_{22}\\ X_{11} & X_{12}\end{pmatrix}=\frac{1}{2}\begin{pmatrix}-X_{11}+\sqrt{3}X_{12} & \sqrt{3}X_{11}+X_{12}\\ \sqrt{3}X_{22} & X_{22}\end{pmatrix},$$

取 $X_{11}=\sqrt{3}$, 得 $X_{12}=1$ 和 $X_{22}=2$.

例 2 S_5 群的 $[3,2]$ 表示.

对杨图 $[3,2]$, 正则杨表自 $\mathcal{Y}_1$ 至 $\mathcal{Y}_5$ 排列如下：

$$\begin{matrix}1\,2\,3 \\ 4\,5\end{matrix}\qquad \begin{matrix}1\,2\,4 \\ 3\,5\end{matrix}\qquad \begin{matrix}1\,2\,5 \\ 3\,4\end{matrix}\qquad \begin{matrix}1\,3\,4 \\ 2\,5\end{matrix}\qquad \begin{matrix}1\,3\,5 \\ 2\,4\end{matrix}$$

用列表法计算 P_a 在不可约基中的表示矩阵 $D(P_a)$ 是

$$D(P_1)=\begin{pmatrix}1 & 0 & 0 & -1 & -1\\ 0 & 1 & 0 & -1 & 0\\ 0 & 0 & 1 & 0 & -1\\ 0 & 0 & 0 & -1 & 0\\ 0 & 0 & 0 & 0 & -1\end{pmatrix},\quad D(P_2)=\begin{pmatrix}1 & 0 & 0 & 0 & 0\\ 0 & 0 & 0 & 1 & 0\\ 0 & 0 & 0 & 0 & 1\\ 0 & 1 & 0 & 0 & 0\\ 0 & 0 & 1 & 0 & 0\end{pmatrix},$$

$$D(P_3)=\begin{pmatrix}0&1&0&0&-1\\1&0&0&0&-1\\0&0&1&0&-1\\0&0&0&1&-1\\0&0&0&0&-1\end{pmatrix},\quad D(P_4)=\begin{pmatrix}1&0&0&0&0\\0&0&1&0&0\\0&1&0&0&0\\0&0&0&0&1\\0&0&0&1&0\end{pmatrix}.$$

计算实正交表示, 例如, 计算 $\overline{D}(P_2)$, 需观察 2 和 3 在正则杨表中所填位置. 把正则杨表 $\mathcal{Y}_2$ 中填 2 和 3 的格子交换, 得正则杨表 $\mathcal{Y}_4$, 从填 2 的格子走到填 3 的格子需走两步, 即 $m=2$. 同样, 正则杨表 $\mathcal{Y}_3$ 和 $\mathcal{Y}_5$ 中, 填 2 和 3 的格子互相交换, $m=2$. 按此法计算得表示矩阵:

$$\overline{D}(P_1)=\begin{pmatrix}1&0&0&0&0\\0&1&0&0&0\\0&0&1&0&0\\0&0&0&-1&0\\0&0&0&0&-1\end{pmatrix},\quad \overline{D}(P_2)=\frac{1}{2}\begin{pmatrix}2&0&0&0&0\\0&-1&0&\sqrt{3}&0\\0&0&-1&0&\sqrt{3}\\0&\sqrt{3}&0&1&0\\0&0&\sqrt{3}&0&1\end{pmatrix},$$

$$\overline{D}(P_3)=\frac{1}{3}\begin{pmatrix}-1&\sqrt{8}&0&0&0\\\sqrt{8}&1&0&0&0\\0&0&3&0&0\\0&0&0&3&0\\0&0&0&0&-3\end{pmatrix},\quad \overline{D}(P_4)=\frac{1}{2}\begin{pmatrix}2&0&0&0&0\\0&-1&\sqrt{3}&0&0\\0&\sqrt{3}&1&0&0\\0&0&0&-1&\sqrt{3}\\0&0&0&\sqrt{3}&1\end{pmatrix}.$$

相似变换矩阵 X 是上三角形矩阵, 把 X 的五个列矩阵分别记为 X_μ, 设

$$X_1=\begin{pmatrix}1\\0\\0\\0\\0\end{pmatrix},\quad X_2=\begin{pmatrix}a_1\\a_2\\0\\0\\0\end{pmatrix},\quad X_3=\begin{pmatrix}b_1\\b_2\\b_3\\0\\0\end{pmatrix},\quad X_4=\begin{pmatrix}c_1\\c_2\\c_3\\c_4\\0\end{pmatrix},\quad X_5=\begin{pmatrix}d_1\\d_2\\d_3\\d_4\\d_5\end{pmatrix}.$$

下面计算中只写出矩阵等式中不全为零的那些行. 代入式 (3.65), 其中取 P_3 得

$$D(P_3)X_1=-\frac{1}{3}X_1+\frac{\sqrt{8}}{3}X_2,\quad \begin{pmatrix}0\\1\end{pmatrix}=-\frac{1}{3}\begin{pmatrix}1\\0\end{pmatrix}+\frac{\sqrt{8}}{3}\begin{pmatrix}a_1\\a_2\end{pmatrix}.$$

定出 $a_1=1/\sqrt{8}$ 和 $a_2=3/\sqrt{8}$. 取 P_4 得

$$D(P_4)X_2=-\frac{1}{2}X_2+\frac{\sqrt{3}}{2}X_3,\quad \frac{1}{\sqrt{8}}\begin{pmatrix}1\\0\\3\end{pmatrix}=-\frac{1}{2\sqrt{8}}\begin{pmatrix}1\\3\\0\end{pmatrix}+\frac{\sqrt{3}}{2}\begin{pmatrix}b_1\\b_2\\b_3\end{pmatrix}.$$

定出 $b_1=b_2=\sqrt{3/8}$ 和 $b_3=\sqrt{3/2}$. 取 P_2 得

$$D(P_2)X_2=-\frac{1}{2}X_2+\frac{\sqrt{3}}{2}X_4,\quad \frac{1}{\sqrt{8}}\begin{pmatrix}1\\0\\0\\3\end{pmatrix}=-\frac{1}{2\sqrt{8}}\begin{pmatrix}1\\3\\0\\0\end{pmatrix}+\frac{\sqrt{3}}{2}\begin{pmatrix}c_1\\c_2\\c_3\\c_4\end{pmatrix}.$$

定出 $c_1=c_2=\sqrt{3/8}$, $c_3=0$ 和 $c_4=\sqrt{3/2}$. 取 P_4 得

$$D(P_4)X_4=-\frac{1}{2}X_4+\frac{\sqrt{3}}{2}X_5,\quad \sqrt{\frac{3}{8}}\begin{pmatrix}1\\0\\1\\0\\2\end{pmatrix}=-\frac{1}{2}\sqrt{\frac{3}{8}}\begin{pmatrix}1\\1\\0\\2\\0\end{pmatrix}+\frac{\sqrt{3}}{2}\begin{pmatrix}d_1\\d_2\\d_3\\d_4\\d_5\end{pmatrix}.$$

定出 $d_1=3/\sqrt{8}$, $d_2=1/\sqrt{8}$, $d_3=d_4=1/\sqrt{2}$ 和 $d_5=\sqrt{2}$. 最后通乘 $\sqrt{8}$ 以消去分母, 得相似变换矩阵 X 为

$$X=\begin{pmatrix}\sqrt{8} & 1 & \sqrt{3} & \sqrt{3} & 3\\ 0 & 3 & \sqrt{3} & \sqrt{3} & 1\\ 0 & 0 & 2\sqrt{3} & 0 & 2\\ 0 & 0 & 0 & 2\sqrt{3} & 2\\ 0 & 0 & 0 & 0 & 4\end{pmatrix}.$$

解出来的 X 矩阵应该进行验算, 是否满足式 (3.65).

3.3 置换群不可约表示的内积和外积

3.3.1 置换群不可约表示的直乘分解

置换群不可约表示的直乘通常称为内积, 因为置换群不可约表示还有另外一种称为外积的运算, 它涉及子群 $\mathrm{S}_n\otimes\mathrm{S}_m$ 不可约表示关于群 S_{n+m} 的诱导表示.

置换群不可约表示直乘分解的克莱布什 – 戈登级数就按特征标分解的方法计算. 但因置换群所有不可约表示都是实表示, 特征标是实数, 这使参加直乘的表示 $[\lambda]$ 和 $[\mu]$ 与约化后的表示 $[\nu]$, 在特征标分解的公式中处于平等的地位:

$$\begin{aligned}\chi^{[\lambda]}(R)\chi^{[\mu]}(R)&=\sum_{\nu}a_{\lambda\mu\nu}\chi^{[\nu]}(R),\\ a_{\lambda\mu\nu}&=\frac{1}{n!}\sum_{R\in\mathrm{S}_n}\chi^{[\lambda]}(R)\chi^{[\mu]}(R)\chi^{[\nu]}(R),\end{aligned}\tag{3.68}$$

从而使 $a_{\lambda\mu\nu}$ 对于三个指标完全对称. 这性质可以部分简化置换群克莱布什 – 戈登级数的计算, 部分计算结果可参看有关书籍, 如文献 (马中骐, 2002) 第六章第 31 题.

一行的杨图 $[n]$ 只有一种正则杨表, 对应杨算符是所有群元素相加, 因而对应恒等表示, 所有群元素都对应数 1. 一列的杨图 $[1^n]$ 也只有一种正则杨表, 对应杨算符是所有群元素乘其置换宇称后相加, 因而对应反对称表示, 群元素的表示矩阵等于元素的置换宇称. 把杨图 $[\lambda]$ 取转置, 即以杨图对角线作反射, 得到的杨图 $[\tilde{\lambda}]$, 与杨图 $[\lambda]$ 互称关联 (associate) 杨图. 可以证明, 互为关联杨图的两表示维数相等, 每个类在这两表示中的特征标只相差类中元素的置换宇称. 因此,

$$[\tilde{\lambda}] \simeq [1^n] \times [\lambda]. \tag{3.69}$$

这里为书写清楚起见, 直接用杨图代替不可约表示. 事实上, 杨图 $[\lambda]$ 的任一正则填充, 取转置后正是关联杨图 $[\tilde{\lambda}]$ 的正则填充. 在这一对正则填充中, 每一个数的填充位置只是行列交换. 设类中元素包含一个长度为 ℓ_j 的轮换, 在正则填充中有 ℓ_j 个相同的数填入杨图. 根据正则填充的规则, 这些数所占行数和列数之和等于 ℓ_j+1, 它的偶奇性就是长度为 ℓ_j 轮换的偶奇性. 因此这些数在这一对正则填充中所产生的填充宇称也就相差该轮换的置换宇称. 这就是式 (3.69). 结合 $a_{\lambda\mu\nu}$ 的对称性质, 可得关于置换群不可约表示直乘分解的若干一般规则:

$$\begin{aligned} &[\lambda] = [n] \times [\lambda], && [\tilde{\lambda}] = [1^n] \times [\lambda], \\ &[\tilde{\lambda}] \times [\mu] \simeq [\lambda] \times [\tilde{\mu}], && [\lambda] \times [\mu] \simeq [\tilde{\lambda}] \times [\tilde{\mu}], \\ &[\lambda] \times [\lambda] = [n] \oplus \cdots, && [\lambda] \times [\tilde{\lambda}] = [1^n] \oplus \cdots. \end{aligned} \tag{3.70}$$

在 $[\lambda] \times [\mu]$ 的分解中出现恒等表示的充要条件是 $[\lambda] \simeq [\mu]$, 出现反对称表示的充要条件是 $[\lambda] \simeq [\tilde{\mu}]$, 而且在此条件下, 恒等表示或反对称表示只出现一次. 利用这些规则, S_3 群不可约表示直乘分解的克莱布什–戈登级数为

$$\begin{aligned} &[3] \times [3] \simeq [1^3] \times [1^3] \simeq [3], \quad [3] \times [1^3] \simeq [1^3], \\ &[3] \times [2,1] \simeq [1^3] \times [2,1] \simeq [2,1], \\ &[2,1] \times [2,1] \simeq [3] \oplus [1^3] \oplus [2,1]. \end{aligned} \tag{3.71}$$

3.3.2 置换群不可约表示的外积

在 $n+m$ 个客体的置换群 S_{n+m} 中, 前 n 个客体置换群记为 S_n, 后 m 个客体置换群记为 S_m. 这两个置换群涉及的客体不同, 因而分属两个子群的元素乘积可以对易, 两子群的公共元素只有恒元. 两子群的直乘 $S_n \otimes S_m$ 是 S_{n+m} 群的一个子群. 子群的指数 N 等于 $n+m$ 个客体中选 n 个客体的组合数,

$$N = \begin{pmatrix} n+m \\ n \end{pmatrix} = \frac{(n+m)!}{n!m!}. \tag{3.72}$$

子群的陪集记为 $T_\alpha\,(\mathrm{S}_n \otimes \mathrm{S}_m)$. 置换 $T_\alpha \in \mathrm{S}_{n+m}$ 把前 n 个客体移到 $n+m$ 个位置中的 n 个新位置. 常把 T_α 的选定为

$$\begin{aligned} &T_\alpha = \begin{pmatrix} 1 & 2 & \cdots & n & n+1 & n+2 & \cdots & n+m \\ a_1 & a_2 & \cdots & a_n & b_1 & b_2 & \cdots & b_m \end{pmatrix}, \\ &a_j \neq b_k, \quad 1 \leqslant a_1 < a_2 < \ldots < a_n \leqslant n+m, \\ &\qquad\qquad 1 \leqslant b_1 < b_2 < \ldots < b_n \leqslant n+m. \end{aligned} \tag{3.73}$$

下面用群代数的观点来讨论. 置换群 S_{n+m} 的群代数记为 $\mathcal{L}$, 它是 $(n+m)!$ 维的. 子群 $\mathrm{S}_n \otimes \mathrm{S}_m$ 的群代数记为 $\mathcal{L}^{nm}$, 它是 $n!m!$ 维的. 子群陪集对应的子空间为 $T_\alpha \mathcal{L}^{nm}$, 有

$$\mathcal{L} = \bigoplus_{\alpha=1}^{N} T_\alpha \mathcal{L}^{nm}, \quad T_1 = E. \tag{3.74}$$

设杨图 $[\lambda]$, $[\mu]$ 和 $[\omega]$ 分别是 n 格, m 格和 $n+m$ 格的. $\mathcal{L}$ 中的原始幂等元记为 $e^{[\omega]}$, 它生成的最小左理想是 $\mathcal{L}^{[\omega]} = \mathcal{L}e^{[\omega]}$, 对应的不可约表示 $D^{[\omega]}(\mathrm{S}_{n+m}) \equiv [\omega]$ 是 $d_{[\omega]}$ 维的. 子群 $\mathrm{S}_n \otimes \mathrm{S}_m$ 的原始幂等元记为 $e^{[\lambda][\mu]}$, 由它生成的关于 $\mathcal{L}^{nm}$ 的最小左理想记为 $\mathcal{L}^{[\lambda][\mu]} = \mathcal{L}^{nm} e^{[\lambda][\mu]}$, 对应子群的不可约表示为 $D^{[\lambda]}(\mathrm{S}_n) \times D^{[\mu]}(\mathrm{S}_m) \equiv D^{[\lambda]\times[\mu]}(\mathrm{S}_n \otimes \mathrm{S}_m)$, 维数是 $d_{[\lambda]} d_{[\mu]}$.

对 S_{n+m} 群的群代数 $\mathcal{L}$ 来说, $e^{[\lambda][\mu]}$ 是幂等元, 但不是原始幂等元, $\mathcal{L}^{[\lambda][\mu]}$ 是子代数, 但不是左理想. 用 $\mathcal{L}$ 左乘幂等元 $e^{[\lambda][\mu]}$, 把子代数 $\mathcal{L}^{[\lambda][\mu]}$ 扩充成 $\mathcal{L}$ 的左理想, 对应关于群 S_{n+m} 的诱导表示, 记为 $D^{[\lambda]\otimes[\mu]}(\mathrm{S}_{n+m}) \equiv [\lambda] \otimes [\mu]$,

$$\mathcal{L}_{\lambda\mu} \equiv \mathcal{L}e^{[\lambda][\mu]} = \bigoplus_{\alpha=1}^{N} T_\alpha \mathcal{L}^{nm} e^{[\lambda][\mu]} = \bigoplus_{\alpha=1}^{N} T_\alpha \mathcal{L}^{[\lambda][\mu]}. \tag{3.75}$$

求和的每一项 $T_\alpha \mathcal{L}^{[\lambda][\mu]}$ 都是 $d_{[\lambda]} d_{[\mu]}$ 维的, 而且不同项不包含公共矢量, 因而诱导表示 $[\lambda] \otimes [\mu]$ 的维数为

$$d_{[\lambda]\otimes[\mu]} = \frac{(n+m)!}{n!m!} d_{[\lambda]} d_{[\mu]}. \tag{3.76}$$

子群 $\mathrm{S}_n \otimes \mathrm{S}_m$ 的不可约表示 $D^{[\lambda]\times[\mu]}(\mathrm{S}_n \otimes \mathrm{S}_m)$, 关于群 S_{n+m} 的诱导表示 $[\lambda]\otimes[\mu]$, 称为两表示的外积. 左理想 $\mathcal{L}_{\lambda\mu}$ 一般不是 $\mathcal{L}$ 的最小左理想, 对应的诱导表示 $[\lambda]\otimes[\mu]$ 也一般是置换群 S_{n+m} 的可约表示, 可以按置换群 S_{n+m} 的不可约表示 $[\omega]$ 分解:

$$[\lambda] \otimes [\mu] \simeq \bigoplus_{[\omega]} a^{\omega}_{\lambda\mu}\,[\omega], \quad \frac{(n+m)!}{n!m!} d_{[\lambda]} d_{[\mu]} = \sum_{[\omega]} a^{\omega}_{\lambda\mu}\, d_{[\omega]}. \tag{3.77}$$

表示的重数可以由特征标公式计算:

$$a^{\omega}_{\lambda\mu} = \frac{1}{(n+m)!} \sum_{R \in \mathrm{S}_{n+m}} \chi^{[\lambda]\otimes[\mu]}(R)\chi^{[\omega]}(R). \tag{3.78}$$

用群代数的语言, 这种约化可以表为

$$\mathcal{L}e^{[\omega]}t_j e^{[\lambda][\mu]} \subset \mathcal{L}_{\lambda\mu}. \tag{3.79}$$

换言之, 任取 $\mathcal{L}$ 中的矢量 t_j, 有且只有 $a^{\omega}_{\lambda\mu}$ 个线性无关的矢量 $e^{[\omega]}t_j e^{[\lambda][\mu]}$, 它们把左理想 $\mathcal{L}_{\lambda\mu}$ 映射到最小左理想 $\mathcal{L}e^{[\omega]}$.

虽然特征标方法 (3.78) 可以计算重数 $a^{\omega}_{\lambda\mu}$, 但李特尔伍德 (Littlewood)– 理查森 (Richardson) 提出一种图形规则, 可更方便地利用杨图计算置换群不可约表示外积的约化. 计算方法如下.

对表示 $[\lambda]\otimes[\mu]$, 任取其中一个杨图, 通常取格数较多的杨图, 如 $[\lambda]$ 作为基础, 将另一个杨图 $[\mu]$ 的各行格子分别填以行数, 即第 j 行的格子填以数 j. 然后, 自第一行开始, 自上而下逐行把杨图 $[\mu]$ 的格子补到杨图 $[\lambda]$ 上, 每补完一行格子, 都要求满足如下条件:

(1) 每行补完后的图是正则杨图;

(2) 填相同数的格子不补在同一列;

(3) 自第一行开始, 逐行地自右向左读杨图中补上的格子, 在读的过程中的每一步, 始终保持填数大的格子数目不大于填数小的格子数目.

这样补得的全部可能的杨图 $[\omega]$, 就是在表示外积 $[\lambda]\otimes[\mu]$ 中出现的 S_{n+m} 群不可约表示. 在满足上述规则的条件下, 同一个杨图 $[\omega]$ 出现的次数, 就是该表示在约化中的重数 $a^{\omega}_{\lambda\mu}$.

例 1 计算表示 $[2,1]\otimes[2,1]$ 的约化.

$$\begin{array}{|c|c|}\hline \times & \times \\ \hline \times & \multicolumn{1}{c}{} \\ \cline{1-1} \end{array} \otimes \begin{array}{|c|c|}\hline 1 & 1 \\ \hline 2 & \multicolumn{1}{c}{} \\ \cline{1-1} \end{array}$$

将第二个杨图的第一行格子填 1, 第二行格子填 2. 先将第一行的格子按上述规则补入第一个杨图

$$\begin{array}{llll} \times & \times & 1 & 1 \\ \times \end{array} \qquad \begin{array}{lll} \times & \times & 1 \\ \times & 1 \end{array} \qquad \begin{array}{lll} \times & \times & 1 \\ \times \\ 1 \end{array} \qquad \begin{array}{ll} \times & \times \\ \times & 1 \\ 1 \end{array}$$

再将填 2 的格子补上. 按照第三条规则, 这格子不能补在第一行, 对第四个图, 它也

不能补在第二行. 允许的图有

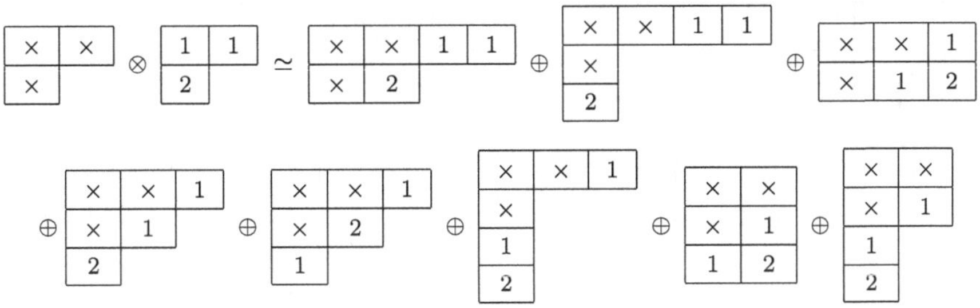

经检验, 等式两边表示的维数确实是相等的:

$$20 \times 2 \times 2 = 80 = 9 + 10 + 5 + 2 \times 16 + 10 + 5 + 9.$$

3.3.3 S_{n+m} 群的分导表示

讨论一个相关联的问题: S_{n+m} 群的不可约表示 $[\omega]$ 关于子群 $\mathrm{S}_n \otimes \mathrm{S}_m$ 的分导表示, 按子群不可约表示 $[\lambda] \times [\mu]$ 约化的问题:

$$D^{[\omega]}(\mathrm{S}_n \otimes \mathrm{S}_m) \simeq \bigoplus b^{\omega}_{\lambda\mu}\ D^{[\lambda]\times[\mu]}(\mathrm{S}_n \otimes \mathrm{S}_m), \quad d_{[\omega]} = \sum b^{\omega}_{\lambda\mu}\ d_{[\lambda]} d_{[\mu]}. \tag{3.80}$$

按照特征标公式,

$$b^{\omega}_{\lambda\mu} = \frac{1}{n!m!} \sum_{P \in \mathrm{S}_n \otimes \mathrm{S}_m} \chi^{[\lambda][\mu]}(P) \chi^{[\omega]}(P). \tag{3.81}$$

费罗贝尼乌斯定理告诉我们, $b^{\omega}_{\lambda\mu} = a^{\omega}_{\lambda\mu}$. 用群代数的语言, $\mathcal{L}e^{[\omega]}$ 是 $\mathcal{L}$ 的最小左理想, 但限制子群 $\mathrm{S}_n \otimes \mathrm{S}_m$ 元素的作用, 它可能包含更小的左理想:

$$\mathcal{L}^{nm} e^{[\lambda][\mu]} t'_j e^{[\omega]} \subset \mathcal{L} e^{\omega}. \tag{3.82}$$

换言之, 任取 $\mathcal{L}$ 中的矢量 t'_j, 同样有且只有 $a^{\omega}_{\lambda\mu}$ 个线性无关的矢量 $e^{[\lambda][\mu]} t'_j e^{[\omega]}$, 它们把左理想 $\mathcal{L}e^{[\omega]}$ 映射到子群 $\mathrm{S}_n \otimes \mathrm{S}_m$ 的最小左理想 $\mathcal{L}^{nm} e^{[\lambda][\mu]}$.

用李特尔伍德–理查森规则也可计算这分导表示的约化.

例 2 S_6 群表示 $[3, 2, 1]$, 作为子群 $\mathrm{S}_3 \otimes \mathrm{S}_3$ 的分导表示, 按子群不可约表示约化.

$$\begin{array}{lllllllllll}
\times\ \times\ \times & & \times\ \times\ 1 & & \times\ \times\ 1 & & \times\ \times\ 1 & & \times\ \times\ 1 & & \times\ 1\ 1 \\
1\ \ 1 & \oplus & \times\ 1 & \oplus & \times\ 1 & \oplus & \times\ 2 & \oplus & \times\ 2 & \oplus & \times\ 2 \\
2 & & 1 & & 2 & & 1 & & 3 & & \times
\end{array}$$

即

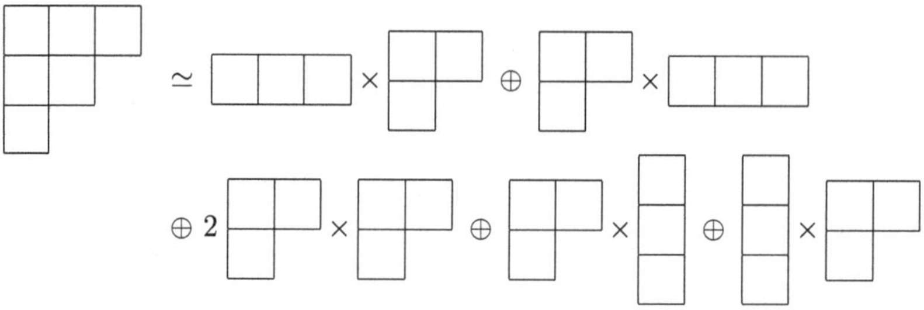

检验等式两边表示的维数：

$$16 = 1 \times 2 + 2 \times 1 + 2 \times 2 \times 2 + 2 \times 1 + 1 \times 2.$$

习 题 3

1. 写出对应下列杨表的杨算符：

(1) $\begin{array}{|c|c|c|} \hline 1 & 2 & 3 \\ \hline 4 & & \\ \hline \end{array}$；　(2) $\begin{array}{|c|c|} \hline 1 & 2 \\ \hline 3 & 4 \\ \hline \end{array}$；　(3) $\begin{array}{|c|c|c|c|} \hline 1 & 2 & 3 & 4 \\ \hline 5 & & & \\ \hline \end{array}$.

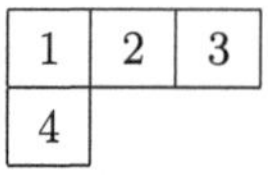

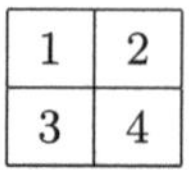

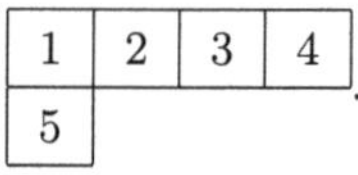

2. 具体写出 S_4 群恒元按杨算符的展开式.

3. 下列两正则杨算符乘积 $\mathcal{Y}_1 \mathcal{Y}_2$ 不为零, R 把正则杨表 $\mathcal{Y}_2$ 变成正则杨表 $\mathcal{Y}_1$, 试把 R 表成属杨表 $\mathcal{Y}_2$ 的横向置换 P_2 和纵向置换 Q_2 的乘积 $P_2 Q_2$, 再表成属杨表 $\mathcal{Y}_1$ 的横向置换 P_1 和纵向置换 Q_1 的乘积 $P_1 Q_1$.

$$\mathcal{Y}_1 = \begin{array}{|c|c|c|} \hline 1 & 2 & 3 & 4 \\ \hline 5 & 6 & 7 & \\ \hline 8 & 9 & & \\ \hline \end{array}, \quad \mathcal{Y}_2 = \begin{array}{|c|c|c|c|} \hline 1 & 2 & 4 & 7 \\ \hline 3 & 5 & 9 & \\ \hline 6 & 8 & & \\ \hline \end{array}.$$

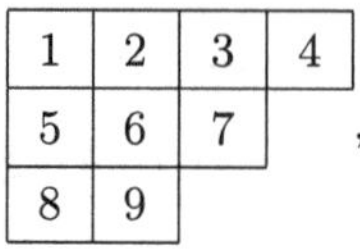

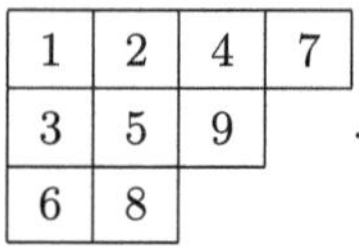

4. 用列表法计算 S_5 群生成元 (1 2) 和 (1 2 3 4 5) 在不可约表示 [2,2,1] 中的表示矩阵.

5. 用等效方法计算 S_5 群各类在所有不等价不可约表示中的特征标.

6. 用等效方法计算 S_6 群各类在下列不可约表示中的特征标.

(1) 表示 [3,2,1]; 　(2) 表示 [3,3]; 　(3) 表示 [2,2,2].

7. 对用杨算符算得的 S_3 群不可约表示 [2,1], 试计算它的自乘表示分解的克莱布什–戈登系数.

8. 采用杨算符方法计算 S_4 群不可约表示 [3,1] 的全部 9 个不可约基, 用列表法计算在此不可约基中相邻客体对换 P_1, P_2 和 P_3 的表示矩阵.

9. 具体写出 S_4 群相邻客体对换 P_a 在不可约表示 [3,1] 的实正交表示矩阵形式, 计算此表示与上题中用列表法算得的矩阵形式之间的相似变换矩阵, 并把上题的不可约基转换成 9 个正交基 $\phi_{\nu\mu}$.

10. 分别写出 S_6 群相邻客体对换 P_a 在不可约表示 [3, 3] 和 [2, 2, 2] 中的实正交表示矩阵形式. 因为下式两边的表示是等价的:

$$[2,2,2] \simeq [1^6] \times [3,3],$$

试计算它们间的相似变换矩阵 X.

11. 用李特尔伍德–理查森规则计算下列置换群表示外积的约化:

(1) $[3,2,1] \otimes [3]$; (2) $[3,2] \otimes [2,1]$; (3) $[2,1] \otimes [4,2^3]$.

12. 用李特尔伍德–理查森规则计算, S_6 群下列不可约表示关于子群 $S_3 \otimes S_3$ 的分导表示, 按子群不可约表示的约化:

(1) [4, 2]; (2) [2, 2, 1, 1]; (3) [3, 3].

第 4 章　三维转动群和李代数基本知识

球对称是物理学中最常见的对称性, 无论在经典力学中还是在量子力学中, 中心力场 (球对称系统) 问题总是最基本的研究课题. 这不仅是因为中心力场问题容易处理, 而且很多真实物理系统都有近似的球对称性质. 在球对称的系统里空间各向同性, 系统绕通过原点的任何轴的任何转动都保持不变, 因而系统的对称变换群是三维空间转动群 SO(3). SO(3) 群是最简单的李群. 对 SO(3) 群的深入研究会给李群的一般研究提供很多启示. 总之, 三维空间转动群的研究在物理上和数学上都有重要意义. 本章还将通过 SO(3) 群介绍李代数的基本知识.

4.1　三维空间转动变换群

描述转动变换, 存在两种不同的观点, 一种是系统转动的观点, 另一种是坐标系转动的观点. 本书按照多数文献的习惯, 采用系统转动的观点. 在群论中矢量这一术语用得比较广泛, 为区别起见, 本章对这三维空间的矢量, 专门用带箭头的符号来标记, 除矢量基外的单位矢量则用带小尖角的黑体符号标记.

在三维空间建立直角坐标系 K, 用原点 O 到空间任意点 P 的位置矢量 $\vec{r}$ 来描写 P 点的位置. 坐标轴向的单位矢量记为 $\vec{e_a}$, $a=1,\ 2,\ 3$, 则

$$\vec{r}=\sum_{a=1}^{3}\ \vec{e_a}x_a. \tag{4.1}$$

三个坐标 x_a 作为一个整体, 与 $\vec{r}$ 一一对应, 描写 P 点的位置. 这里坐标记为 x_a, 而不记为 x, y 和 z, 是为了写求和式的方便.

空间转动变换保持原点不变, 保持两点间距离不变, 保持手征性不变. 设转动 R 把 P 点转到 P' 点, 变换前后的坐标可用 R 矩阵联系起来:

$$\vec{r}\,'=\sum_{a=1}^{3}\ \vec{e_a}x'_a,$$

$$\begin{pmatrix} x'_1 \\ x'_2 \\ x'_3 \end{pmatrix}=\begin{pmatrix} R_{11} & R_{12} & R_{13} \\ R_{21} & R_{22} & R_{23} \\ R_{31} & R_{32} & R_{33} \end{pmatrix}\begin{pmatrix} x_1 \\ x_2 \\ x_3 \end{pmatrix}=R\begin{pmatrix} x_1 \\ x_2 \\ x_3 \end{pmatrix}. \tag{4.2}$$

坐标间的齐次变换保证原点位置不变, 而距离不变性要求 R 是实正交矩阵

$$\underline{x}'^T \ \underline{x}' = \underline{x}^T \ R^T R \ \underline{x} = \underline{x}^T \ \underline{x}, \quad R^T R = \mathbf{1}. \tag{4.3}$$

建立固定在系统上的坐标系 K', 单位矢量为 $\overrightarrow{e'_a}$, 则 $\overrightarrow{r'}$ 在动坐标系 K' 中的分量保持不变

$$\overrightarrow{r'} = \sum_{a=1}^{3} \overrightarrow{e_a} x'_a = \sum_{b=1}^{3} \overrightarrow{e'_b} x_a. \tag{4.4}$$

把式 (4.2) 代入式 (4.4), 得单位矢量的变换关系

$$\overrightarrow{e'_b} = \sum_{a=1}^{3} \overrightarrow{e_a} R_{ab}. \tag{4.5}$$

坐标系的手征性是用单位矢量的混合积来确定的, 右手坐标系单位矢量的混合积为 1, 即

$$\overrightarrow{e_1} \cdot (\overrightarrow{e_2} \times \overrightarrow{e_3}) = 1. \tag{4.6}$$

左手坐标系则为 -1. 转动变换保持系统的手征性不变, 就是要求固定在系统上的坐标系, 它的单位矢量的混合积变换前后都是 1, 即

$$\overrightarrow{e'_1} \cdot \left(\overrightarrow{e'_2} \times \overrightarrow{e'_3}\right) = \det R = 1. \tag{4.7}$$

因此行列式是 1 的实正交矩阵 R 描写三维空间转动变换, 所有三维空间转动变换都可以用行列式是 1 的实正交矩阵 R 来描写. 而行列式为 -1 的实正交矩阵要改变系统的手征性, 这说明此变换中包含了空间反演 σ, 是所谓的非固有转动. 事实上, 实正交矩阵的行列式只能取不连续的 1 或 -1, 分别对应固有转动和非固有转动. 非固有转动元素是固有转动元素和空间反演 σ 的乘积, 描写转动变换后再做空间反演变换. 行列式为 1 的矩阵常称为幺模矩阵.

三维幺模实正交矩阵 $R(\hat{\boldsymbol{n}}, \omega)$, 描写绕三维空间 $\hat{\boldsymbol{n}}$ 方向转动 ω 角的变换, 按照矩阵的乘积规则, 它的集合构成群, 称为三维转动群, 记为 SO(3) 群, 其中 O 代表实正交矩阵, S 代表幺模. 三维转动群是空间各向同性系统的对称变换群. 如果再把空间反演变换 σ 也包括进来, 所有三维实正交矩阵的集合构成三维实正交矩阵群, 记为 O(3) 群.

研究几个特殊的转动. 图 2.1 已经研究过绕 x_3 轴转动 ω 角的变换矩阵

$$R(\overrightarrow{e_3}, \omega) = \begin{pmatrix} \cos\omega & -\sin\omega & 0 \\ \sin\omega & \cos\omega & 0 \\ 0 & 0 & 1 \end{pmatrix}. \tag{4.8}$$

利用物理中常用的泡利 (Pauli) 矩阵可把转动矩阵写成矩阵的指数函数形式.

$$\sigma_1 = \begin{pmatrix} 0 & 1 \\ 1 & 0 \end{pmatrix}, \quad \sigma_2 = \begin{pmatrix} 0 & -\mathrm{i} \\ \mathrm{i} & 0 \end{pmatrix}, \quad \sigma_3 = \begin{pmatrix} 1 & 0 \\ 0 & -1 \end{pmatrix},$$
$$\sigma_a\sigma_b = \delta_{ab}\mathbf{1} + \mathrm{i}\sum_{c=1}^{3} \epsilon_{abc}\sigma_c, \qquad \text{即}\sigma_a^2 = \mathbf{1}, \quad \sigma_1\sigma_2 = \mathrm{i}\sigma_3\text{等}, \tag{4.9}$$
$$\mathrm{Tr}\ \sigma_a = 0, \quad \mathrm{Tr}\,(\sigma_a\sigma_b) = 2\delta_{ab}.$$

矩阵的指数函数用它的级数展开来定义

$$\begin{aligned}\exp\{-\mathrm{i}\omega\sigma_2\} &= \sum_n \frac{1}{n!}(-\mathrm{i}\omega\sigma_2)^n \\ &= \mathbf{1}\left(1 - \frac{1}{2!}\omega^2 + \frac{1}{4!}\omega^4 - \cdots\right) - \mathrm{i}\sigma_2\left(\omega - \frac{1}{3!}\omega^3 + \frac{1}{5!}\omega^5 - \cdots\right) \\ &= \mathbf{1}\cos\omega - \mathrm{i}\sigma_2\sin\omega = \begin{pmatrix} \cos\omega & -\sin\omega \\ \sin\omega & \cos\omega \end{pmatrix}.\end{aligned}$$

把 σ_2 换成 T_3 矩阵, 就可得 $R(\overrightarrow{e_3},\omega)$ 矩阵的指数形式

$$R(\overrightarrow{e_3},\omega) = \exp\{-\mathrm{i}\omega T_3\} = \begin{pmatrix} \cos\omega & -\sin\omega & 0 \\ \sin\omega & \cos\omega & 0 \\ 0 & 0 & 1 \end{pmatrix}, \quad T_3 = \begin{pmatrix} 0 & -\mathrm{i} & 0 \\ \mathrm{i} & 0 & 0 \\ 0 & 0 & 0 \end{pmatrix}.$$

根据三个轴的循环对称性, 可知绕其他两轴的转动变换矩阵为

$$R(\overrightarrow{e_1},\omega) = \exp\{-\mathrm{i}\omega T_1\} = \begin{pmatrix} 1 & 0 & 0 \\ 0 & \cos\omega & -\sin\omega \\ 0 & \sin\omega & \cos\omega \end{pmatrix}, \quad T_1 = \begin{pmatrix} 0 & 0 & 0 \\ 0 & 0 & -\mathrm{i} \\ 0 & \mathrm{i} & 0 \end{pmatrix},$$
$$R(\overrightarrow{e_2},\omega) = \exp\{-\mathrm{i}\omega T_2\} = \begin{pmatrix} \cos\omega & 0 & \sin\omega \\ 0 & 1 & 0 \\ -\sin\omega & 0 & \cos\omega \end{pmatrix}, \quad T_2 = \begin{pmatrix} 0 & 0 & \mathrm{i} \\ 0 & 0 & 0 \\ -\mathrm{i} & 0 & 0 \end{pmatrix}.$$

T_a 矩阵的矩阵元素满足

$$(T_a)_{bc} = -\mathrm{i}\epsilon_{abc}. \tag{4.10}$$

再引入一个特殊的转动 $S(\varphi,\theta)$, 它把 x_3 轴上的点转到 $\hat{\boldsymbol{n}}(\theta,\varphi)$ 方向, 其中 θ 和 φ 角是 $\hat{\boldsymbol{n}}$ 方向的极角和方位角

$$S(\varphi,\theta) = R(\overrightarrow{e_3},\varphi)R(\overrightarrow{e_2},\theta) = \begin{pmatrix} \cos\varphi\cos\theta & -\sin\varphi & \cos\varphi\sin\theta \\ \sin\varphi\cos\theta & \cos\varphi & \sin\varphi\sin\theta \\ -\sin\theta & 0 & \cos\theta \end{pmatrix},$$
$$S(\varphi,\theta)\begin{pmatrix} 0 \\ 0 \\ 1 \end{pmatrix} = \begin{pmatrix} \cos\varphi\sin\theta \\ \sin\varphi\sin\theta \\ \cos\theta \end{pmatrix} = \begin{pmatrix} n_1 \\ n_2 \\ n_3 \end{pmatrix}. \tag{4.11}$$

不难验证

$$
\begin{aligned}
ST_3S^{-1} &= n_1T_1 + n_2T_2 + n_3T_3 = \hat{\boldsymbol{n}} \cdot \overrightarrow{T}, \\
\overrightarrow{T} &= \overrightarrow{e_1}T_1 + \overrightarrow{e_2}T_2 + \overrightarrow{e_3}T_3.
\end{aligned} \tag{4.12}
$$

绕 $\hat{\boldsymbol{n}}$ 方向转动 ω 角的变换 $R(\hat{\boldsymbol{n}},\omega)$, 可以表为三个转动的乘积, 先把 $\hat{\boldsymbol{n}}$ 方向转到 x_3 方向, 再绕 x_3 方向转动 ω 角, 最后把 x_3 方向转回到 $\hat{\boldsymbol{n}}$ 方向. 这三个转动的乘积可以写成指数形式

$$
\begin{aligned}
R(\hat{\boldsymbol{n}},\omega) &= S(\varphi,\theta)R(\overrightarrow{e_3},\omega)S(\varphi,\theta)^{-1} = \exp\{-\mathrm{i}\omega ST_3S^{-1}\} \\
&= \exp\{-\mathrm{i}\omega\hat{\boldsymbol{n}}\cdot\overrightarrow{T}\} = \exp\left\{-\mathrm{i}\sum_{a=1}^{3}\omega_aT_a\right\},
\end{aligned} \tag{4.13}
$$

可以把三个 ω_a 看成矢量 $\overrightarrow{\omega}$ 的直角坐标, 而 ω, θ 和 φ 是它的球坐标, 它们描写了 SO(3) 群的任意元素, 即绕 $\hat{\boldsymbol{n}}$ 方向转动 ω 角的变换.

$$
\begin{aligned}
\omega_1 &= \omega n_1 = \omega\sin\theta\cos\varphi, \\
\omega_2 &= \omega n_2 = \omega\sin\theta\sin\varphi, \\
\omega_3 &= \omega n_3 = \omega\cos\theta.
\end{aligned} \tag{4.14}
$$

因为绕相反方向的转动变换有如下联系:

$$
R(\hat{\boldsymbol{n}},\omega) = R(-\hat{\boldsymbol{n}},2\pi-\omega), \quad R(\hat{\boldsymbol{n}},\pi) = R(-\hat{\boldsymbol{n}},\pi), \tag{4.15}
$$

所以参数 $\overrightarrow{\omega}$ 在半径为 π 的球体内连续变化, 在球面上直径两端的点代表同一个转动.

式 (4.13) 还说明, 三维转动群中转动相同角度的元素互相共轭, 三维转动群的类用转动角度 ω 来描写, $0 \leqslant \omega \leqslant \pi$. 对任意转动变换矩阵 $R(\hat{\boldsymbol{n}},\omega)$, 它的本征值为 1 的本征矢量沿转动轴 $\hat{\boldsymbol{n}}$ 方向, 由它的矩阵迹 $(1+2\cos\omega)$ 可定出转动角 ω.

4.2 李群的基本概念

三维转动群是最简单的李群. 本节通过三维转动群的研究和推广, 可以初步理解李群的一般性质.

4.2.1 李群的组合函数

三维空间转动群 SO(3) 的元素 $R(\hat{\boldsymbol{n}},\omega)$ 可用三个实参数来描写, 这三个实参数在半径为 π 的球体内连续变化, 在球面上直径两端的点代表同一个元素. 这是最简单的一个李群.

李群是一种连续群, 它的每一个元素都可以用一组独立实参数来描写, 这组参数在欧氏空间的一定区域内连续变化. 尽可能缩减参数的变化区域, 使在测度不

为零的区域内, 群元素和参数值间有一一对应的关系. **参数的变化区域称为群空间, 独立实参数数目 g, 也就是群空间的维数, 称为连续群的阶**. 所谓测度不为零的区域, 可以简单地理解为维数等于群空间维数的区域. 例如, 三维转动群的群空间取作半径为 π 的球体, 保证了球体内群元素和参数值间有一一对应关系. 但作为群空间的边界, 外球面是二维空间, 测度为零. 外球面上直径两端的点, 即两组不同的参数值, 对应同一个群元素. 因为群空间上的点, 即一组独立实参数, 完全描写了群元素, 所以经常直接把群空间的点也称为群元素.

设元素 $R \in \mathrm{G}$, 参数为 $(r_1, r_2, \cdots, r_g)$, 简写为 $R(r_1, r_2, \cdots, r_g) = R(r)$. 对于群元素的乘积, $R(r)S(s) = T(t)$, g 个参数 t_A 是 $2g$ 个变量 r_B 和 s_D 的函数

$$t_A = f_A(r_1, \cdots, r_g; s_1, \cdots, s_g) = f_A(r; s). \tag{4.16}$$

g 个函数 $f_A(r; s)$ 称为连续群的组合函数, 它完全描写了连续群群元素的乘积规则. **如果组合函数是解析函数, 则此连续群称为李群**. 由于函数连续可微, 微积分的整套工具可以用来深入研究李群, 使李群成为至今研究最深入最成功的无限群.

作为群的组合函数, $f_A(r; s)$ 必须满足如下条件.

(1) 封闭性. 组合函数的定义域是 (群空间) $\times$ (群空间), 而值域是群空间. 至少在测度不为零的区域内, 要求 $f_A(r; s)$ 是单值解析函数.

(2) 结合律.

$$f_A\left[r; f(s; t)\right] = f_A\left[f(r; s); t\right].$$

(3) 恒元的参数为 e_A, 它包含在群空间内,

$$f_A(e; r) = f_A(r; e) = r_j,$$

通常为方便起见, 取 $e_A = 0$.

(4) R 逆元的参数记为 $\overline{r_A}$,

$$f_A(\overline{r}; r) = f_A(r; \overline{r}) = e_A.$$

实际上, 即使很简单的李群, 组合函数的形式也往往相当复杂. 组合函数主要用于理论分析, 很少用来进行实际计算.

群的许多概念在李群中同样适用. 例如, 阿贝尔群、子群、陪集、共轭元素、类、不变子群、群的同构和同态、商群、线性表示、等价表示、不可约表示、自共轭表示、特征标等概念也都是李群的基本概念. 李群线性表示的每一个矩阵元素和特征标, 在群空间测度不为零的区域内, 都是群参数的单值解析函数.

4.2.2 李群的局域性质

在群空间中, 在群元素 R 的点的邻域 (adjacent) 中, 各点对应的元素称为 R 的邻近元素. 领域在数学中有严格的定义. 为避免抽象的数学, 这里可以简单地把邻

域理解为无限邻近的小区域. 因为常把恒元的参数选为零, 恒元邻近的元素, 参数是无穷小量, 称为无穷小元素. 应该强调: 无穷小量是一个极限过程. 不能把无穷小元素就看成是一个参数很小的元素. 无穷小元素是与群元素的微分运算相联系的. **李群的无穷小元素描写李群的局域 (local) 性质**. 无穷小元素与任意元素 R 的乘积, 是 R 的邻近元素. 反之, R 的邻近元素和 R^{-1} 相乘, 得无穷小元素. 粗略地说, 把无穷多个无穷小元素相继乘到群元素 R 上, 在群空间表现为由元素 R 出发的一条连续曲线. 如果在群空间中代表元素 R 的点和代表恒元的点, 可以通过一条完全在群空间内的连续曲线相连接, 则 R 可表为无穷多个无穷小元素的乘积. 用数学的语言说, 元素 R 的性质可通过微分方程来描写. 无穷小元素在李群中起着十分重要的作用.

无穷小元素 $A(\alpha)$ 与 $B(\beta)$ 相乘, 仍是无穷小元素. 恒元参数为零, α_D 和 β_D 都是无穷小量, 将乘积元素 AB 的参数按 α 和 β 作泰勒 (Taylor) 展开, 略去二级无穷小量, 并注意 $e_A = 0$, $AE = A$ 和 $EB = B$, 得

$$\begin{aligned} f_D(\alpha;\beta) &= f_D(0;0) + \sum_{k=1}^{g} \left(\alpha_k \left.\frac{\partial f_D(\alpha;0)}{\partial \alpha_k}\right|_{\alpha=0} + \beta_k \left.\frac{\partial f_D(0;\beta)}{\partial \beta_k}\right|_{\beta=0} \right) \\ &= \alpha_D + \beta_D. \end{aligned} \tag{4.17}$$

可见, 无穷小元素相乘, 参数相加. 互逆的无穷小元素的参数互为相反数. 记 A^{-1} 的参数为 $\overline{\alpha}_D$, 则

$$\overline{\alpha}_D = -\alpha_D. \tag{4.18}$$

无穷小元素乘积满足交换律, 并不意味着群中所有元素乘积都满足交换律. 在理论力学中学过, 无穷小转动乘积次序可以交换, 但有限转动乘积次序不能交换, 即三维转动群不是阿贝尔群.

4.2.3 生成元和微量算符

无穷小元素在李群中处于特殊重要的地位. 现在来研究无穷小元素在变换算符群 $P_{\rm G}$ 和线性表示 $D({\rm G})$ 中的性质.

P_R 是元素 R 对应的标量函数变换算符

$$P_R\psi(x) = \psi(R^{-1}x),$$

其中, x 代表系统所有自由度的坐标. 取 R 为无穷小元素 $A(\alpha)$, 将上式按参数 α_D 展开, 取到一级无穷小量

$$\begin{aligned} P_A\psi(x) &= \psi(x) + \sum_{aD} \overline{\alpha}_D \left.\frac{\partial (A^{-1}x)_a}{\partial \overline{\alpha}_D}\right|_{\overline{\alpha}=0} \left.\frac{\partial \psi(A^{-1}x)}{\partial (A^{-1}x)_a}\right|_{\overline{\alpha}=0} \\ &= \psi(x) - {\rm i} \sum_{D=1}^{g} \alpha_D \left(-{\rm i} \sum_a \left.\frac{\partial (Ax)_a}{\partial \alpha_D}\right|_{\alpha=0} \frac{\partial}{\partial x_a} \right) \psi(x). \end{aligned}$$

引入 g 个微量微分算符 $I_D^{(0)}$,

$$\begin{aligned} I_D^{(0)} &= -\mathrm{i} \sum_a \left.\frac{\partial (Ax)_a}{\partial \alpha_D}\right|_{\alpha=0} \frac{\partial}{\partial x_a}, \\ P_A\psi(x) &= \psi(x) - \mathrm{i} \sum_{D=1}^{g} \alpha_D I_D^{(0)} \psi(x). \end{aligned} \tag{4.19}$$

李群中无穷多个无穷小元素对标量函数的作用可以用 g 个微量微分算符 $I_D^{(0)}$ 完全描写. 只要参数是独立的, $I_D^{(0)}$ 是线性无关的. 若变换算符 P_R 是幺正算符, 则微量微分算符是厄米算符. 这正是在式 (4.19) 中引入 $-\mathrm{i}$ 的目的.

在三维空间, 如果 x 代表系统质心的坐标, 而系统其他内部坐标没有标出, 或者系统本身就是一个质点, x 是质点的坐标, 则由式 (4.10) 得

$$(Ax)_a = \sum_b \left\{ \delta_{ab} - \mathrm{i} \sum_d \alpha_d (T_d)_{ab} \right\} x_b = x_a - \sum_{bd} \alpha_d \epsilon_{dab} x_b.$$

代入式 (4.19), 算得三维转动群的微量微分算符正是量子力学中的轨道角动量算符, 其中取了自然单位, $\hbar = c = 1$,

$$I_d^{(0)} = -\mathrm{i} \sum_{ab} \epsilon_{dba} x_b \frac{\partial}{\partial x_a} = L_d. \tag{4.20}$$

设 m 个函数基 $\psi_\mu(x)$ 架设对于 P_{G} 不变的函数空间, 对应群 G 的表示 $D(\mathrm{G})$,

$$P_R \psi_\mu(x) = \sum_\nu \psi_\nu(x) D_{\nu\mu}(R).$$

把无穷小元素的表示矩阵 $D(A)$ 按无穷小参数展开, 略去高级无穷小量, 得

$$D(A) = \mathbf{1} - \mathrm{i} \sum_{B=1}^{g} \alpha_B I_B, \quad I_B = \mathrm{i} \left.\frac{\partial D(A)}{\partial \alpha_B}\right|_{\alpha=0}. \tag{4.21}$$

g 个矩阵 I_B 称为李群表示 $D(\mathrm{G})$ 的生成元, 它是微量微分算符在表示空间的矩阵形式. g 个生成元完全描写了无穷多个无穷小元素在表示 $D(\mathrm{G})$ 中的性质. 如果 $D(\mathrm{G})$ 是李群 G 的真实表示, 则 g 个生成元线性无关. 由于规定参数取实数, 幺正表示的生成元是厄米矩阵. 通常把微量微分算符和生成元都统称为微量算符, 或统称为生成元.

4.2.4 李群的整体性质

研究李群的整体 (global) 性质, 就是研究李群群空间的拓扑性质. 为避免抽象的数学, 这里采用物理上习惯的语言来解释李群的整体性质.

首先, 讨论**群空间的连通性**. 如果群中任意两元素, 它们在群空间的对应点, 都可通过一条完全包含在群空间内的连续曲线连接起来, 则此群空间称为连通的, 这

样的李群称为简单 (simply) 李群. SO(3) 群就是简单李群. 反之, 如果群空间分成不相连接的若干片, 则此李群称为混合 (mixed) 李群. 因为实正交矩阵的行列式可取 ±1, 它们互相不能连续变化, 所以三维实正交矩阵群 O(3) 是混合李群. 前面说过, 粗略地说, 对简单李群, 群元素都可表为无穷多个无穷小元素的乘积, 而对混合李群, 除了无穷小元素外, 还必须在群空间的每一个连续片给出一个特殊元素 (包括恒元), 群元素表为这些特殊元素和无穷多个无穷小元素的乘积. 在 O(3) 群的情况, 常取空间反演 σ 作为非固有转动元素的代表, 由恒元、空间反演和无穷小元素的乘积, 就可表出 O(3) 群的任意元素. 对线性表示来说, 将来可以看到, 由生成元就可以计算出简单李群的任意元素 R 的表示矩阵 $D(R)$, 但对混合李群 O(3), 则还需要知道空间反演元素的表示矩阵 $D(\sigma)$.

下面证明混合李群的群空间中, 包含恒元的那个连续片对应元素的集合构成混合李群的不变子李群, 其他连续片对应元素的集合构成这不变子群的陪集. 设 R 和 S 都属于恒元 E 所在的那个连续片, 即它们在群空间中的对应点, 都可以用一条完全包含在群空间内的连续曲线与恒元的对应点相连, 则它们的乘积也可以由恒元在群空间内连续地变过来, 逆元 R^{-1} 也可以由恒元在群空间内连续地变过来, 即它们都属于此子集. 根据假设恒元已属于此子集, 因此此子集构成子群. 进一步, 设 T 是群中任意元素, 则 TRT^{-1} 可以由恒元 $TET^{-1}=E$ 在群空间内连续地变过来, 它在群空间中的对应点可以用一条完全包含在群空间内的连续曲线与恒元的对应点相连, 因而此子群是不变子群. 在群空间其他连续片各取一个代表元素, 属于每一个连续片的元素都可由相应代表元素出发在群空间内连续变化得到, 因而属于同一个陪集. 证完. 混合李群的性质完全由此简单李群 (不变子李群) 和每一连续片 (陪集) 中一个代表元素的性质决定. 今后将重点讨论简单李群的性质.

其次, 讨论**简单李群群空间的连通度**. 在简单李群的群空间中, 元素 R 的点可与恒元的对应点通过许多连线相连接. 有些连线可以在群空间内互相连续变化, 有些则不能. 这样, 这些连线就分成若干组, 属同一组的连线可以在群空间内互相连续变化, 而不同组的连线则不能. 这些连线的组数称为群空间的连通度. 李群的性质与群空间的连通度有密切关系.

先来举一个简单的例子. 实数的集合, 用数的加法定义元素的“乘积”, 这集合构成群, 简称为加法群. 此群元素本身就是实数 (参数), 它在实数轴上连续变化, 实数轴就是群空间, 原点对应恒元 (数零). 在群空间中代表元素的点与代表恒元的点间所有连线都可在群空间内连续变化, 因而加法群的群空间是单连通的. 它是一阶阿贝尔简单李群, 不可约表示都是一维的. 加法群有无穷多个一维不等价不可约表示, 用复数 τ 标记

$$D^{\tau}(\alpha)=\exp\left(-\mathrm{i}\tau\alpha\right), \quad \tau\text{是复数}, \alpha\text{是实数}. \tag{4.22}$$

式 (4.22) 指数上引入 $-\mathrm{i}$ 只是为了以后方便.

再看绕 x_3 轴转动任意角 ω 的变换 $R(\overrightarrow{e_3},\omega)$ 集合, 两变换乘积对应参数 ω 相加, 转动 2π 角的变换等于恒等变换

$$R(\overrightarrow{e_3},\omega_1)R(\overrightarrow{e_3},\omega_2)=R(\overrightarrow{e_3},\omega_1+\omega_2),\quad R(\overrightarrow{e_3},\omega+2\pi)=R(\overrightarrow{e_3},\omega). \tag{4.23}$$

此集合构成李群, 称为二维幺模实正交矩阵群, 记为 SO(2) 群. 它是一阶阿贝尔李群, 群参数 ω 在实数轴上 $\pm\pi$ 之间变化, $\pm\pi$ 对应同一个元素. 群空间边界上的这一性质, 决定了 SO(2) 群群空间的连通度, 对群的性质产生很大的影响. 很明显, 群空间中对应群元素 $R(\overrightarrow{e_3},\omega)$ 的点和对应恒元的点 (原点) 可以直接相连, 也可以通过包含边界上 $\pm\pi$ 间若干次跳跃的连线相连. 设从 π 到 $-\pi$ 的跳跃称为正跳跃, 从 $-\pi$ 到 π 的跳跃称为负跳跃. 对包含两次不同类跳跃的连线, 这两次跳跃可以在群空间内通过连续变化而消去. 所包含的正跳跃次数减去负跳跃次数称为该连线的跳跃次数. 当连线在群空间内连续变化时, 它的跳跃次数不会改变. 这样, 由原点到 ω 的连线分成无穷多组, 每组用跳跃次数来标记, 不同组的连线不能在群空间内互相连续变化, SO(2) 群的群空间是无穷多度连通的.

把 SO(2) 群的元素和加法群的元素建立如下 $1{:}\infty$ 的对应关系:

$$R(\overrightarrow{e_3},\omega)\longleftarrow \omega+2n\pi,\quad n\ \text{是任意整数}. \tag{4.24}$$

这种对应关系对元素乘积保持不变, 因而 SO(2) 群和加法群同态. SO(2) 群的不等价不可约表示也可表为式 (4.22) 的形式, 但因式 (4.23), τ 只能取整数 m:

$$D^m(\overrightarrow{e_3},\omega)=\exp\left(-\mathrm{i}m\omega\right),\quad m\text{是整数}. \tag{4.25}$$

当 m 不是整数时, 表示矩阵和群元素之间变成多一对应的关系, 按照线性表示的定义, 这已不是 SO(2) 群的表示, 有时称为多值表示.

数学中已经证明, 当简单李群 G 的群空间是 n 度连通时, 它一定同态于另一个群空间是单连通的简单李群, 同态对应关系是 $1:n$. 这单连通的简单李群称为李群 G 的覆盖群. 覆盖群的真实表示就是群 G 的 n 值表示. 加法群是 SO(2) 群的覆盖群.

现在回到三维转动群来. 三维转动群的群空间是半径为 π 的球体, 在球面上直径两端的点代表同一个元素, 从而群空间内的连线就可以包含直径两端的跳跃. 跳跃前后的两点始终保持在同一直径的两端, 位置上是相关联的. 它们不能独立地变化位置, 只能成对地在球面上移动, 因而此跳跃无法通过在群空间的连续移动而消去. 如果连线包含两次跳跃, 则可把跳跃点反向移到一起, 包含在两次跳跃间的连线, 是沿一个封闭的环形路径转一圈 (图 4.1). 连续的环形路径是可以在群空间内连续地收缩到一点而消去的, 而在直径两端的来回跳跃等于不跳, 因此两次跳跃可以通过在群空间内的连续变化而消去.

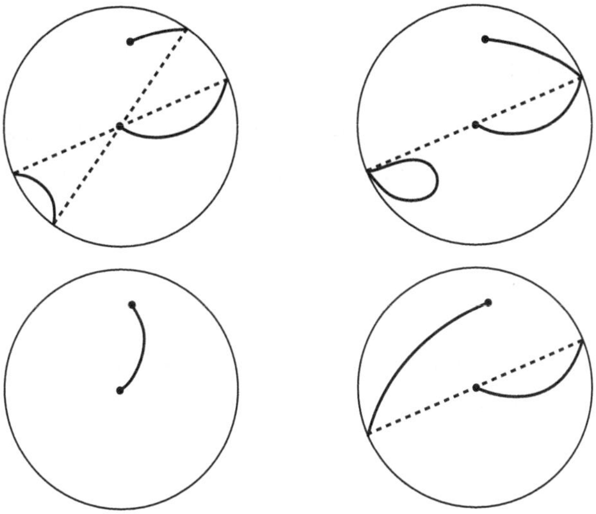

图 4.1 SO(3) 群包含跳跃的连线

对 SO(3) 群, 从原点到群空间任一点的连线可以分成两组, 一组包含直径两端的偶数次跳跃, 另一组包含奇数次跳跃, 属同一组的连线可以在群空间内做连续变化而重合, 但分属两组的连线则不能. 就是说, SO(3) 群的群空间是双连通的. 我们将证明, SO(3) 群的覆盖群是二维幺模幺正矩阵的集合构成的群 SU(2). SU(2) 群的真实表示是 SO(3) 群的双值表示, 它是自旋能够存在的数学基础.

最后, 讨论**群空间的紧致性**. 在欧氏空间, 包含边界的闭区域是紧致的, 不包含边界的开区域 (包括无穷区域) 是非紧致的. 群空间是紧致的李群称为紧致李群. 三维转动群是紧致李群. 物理中常见的非紧致李群, 有洛伦兹群和平移群. 对洛伦兹群, 可选惯性系间的相对速度作为一个参数. 按狭义相对论, 相对速度只能趋近光速, 不能等于光速, 因而洛伦兹群的群空间是开区域, 洛伦兹群是非紧致李群. 在第 2 章已多次提到, 要把有限群表示理论的主要结论推广到李群来, 关键是要解决群函数对群元素求平均的问题. 李群的群元素是用一组连续实参数来描写的, 一个自然的想法就是把对群元素的求和改成对群参数的积分. 可以证明, 对紧致李群, 可以适当定义对群参数的积分, 使积分收敛, 而且对左乘和右乘群元素保持不变, 从而可以把有限群表示理论的主要结论推广到紧致李群中来. 但对非紧致李群这样的积分不存在, 有限群的有些结论就不能推广.

4.3 三维转动群的覆盖群

本节将证明三维转动群的覆盖群是二维幺模幺正矩阵群, 并讨论它们群上的积分.

4.3.1　二维幺模幺正矩阵群

二维幺模幺正矩阵的集合, 按照普通的矩阵乘积, 满足群的四个条件, 因而构成群, 记为 SU(2) 群. 对于群中任意元素 u, 它的矩阵元素满足

$$u = \begin{pmatrix} a & b \\ c & d \end{pmatrix} \in \mathrm{SU}(2),$$
$$aa^* + cc^* = bb^* + dd^* = ad - bc = 1, \quad ab^* + cd^* = 0.$$

容易解得 $a = d^*$, $c = -b^*$ 和 $|c|^2 + |d|^2 = 1$. 因此任意元素 u 只包含三个独立实参数. 为方便起见, 用实矢量 $\vec{\omega}$ 的球坐标 ω, θ 和 φ 表出这三个独立实参数:

$$\begin{aligned} &a = d^* = \cos(\omega/2) - \mathrm{i}\sin(\omega/2)\cos\theta, \\ &c = -b^* = \sin(\omega/2)\sin\theta\sin\varphi - \mathrm{i}\sin(\omega/2)\sin\theta\cos\varphi, \\ &u(\hat{\boldsymbol{n}}, \omega) = \mathbf{1}\cos(\omega/2) - \mathrm{i}\,(\vec{\sigma}\cdot\hat{\boldsymbol{n}})\sin(\omega/2)\,. \end{aligned} \tag{4.26}$$

其中, σ_a 是三个泡利矩阵, 已在式 (4.9) 做了介绍. 这里引进的矢量 $\vec{\sigma} = \sum_a \vec{e_a}\sigma_a$, 它的分量是矩阵. 只要不颠倒乘积次序, 它满足所有矢量代数的公式, 如矢量的点乘和叉乘, 还有

$$\begin{aligned} &\vec{\sigma}\cdot\hat{\boldsymbol{n}} = \sum_{a=1}^{3} \sigma_a n_a = \begin{pmatrix} n_3 & n_1 - \mathrm{i}n_2 \\ n_1 + \mathrm{i}n_2 & -n_3 \end{pmatrix}, \\ &\left(\vec{\sigma}\times\vec{U}\right)\cdot\vec{V} = \vec{\sigma}\cdot\left(\vec{U}\times\vec{V}\right) = \sum_{abc} \epsilon_{abc}\sigma_a U_b V_c, \\ &(\vec{\sigma}\cdot\vec{a})\left(\vec{\sigma}\cdot\vec{b}\right) = \mathbf{1}\left(\vec{a}\cdot\vec{b}\right) + \mathrm{i}\vec{\sigma}\cdot\left(\vec{a}\times\vec{b}\right). \end{aligned} \tag{4.27}$$

最后一个公式可用两边取迹, 或乘 σ_a 后再取迹的办法证明, 证明中用到式 (4.9). 由式 (4.26) 和式 (4.27) 又可证明

$$\begin{aligned} &u(\hat{\boldsymbol{n}}, \omega_1)u(\hat{\boldsymbol{n}}, \omega_2) = u(\hat{\boldsymbol{n}}, \omega_1 + \omega_2), \\ &u(\hat{\boldsymbol{n}}, 4\pi) = \mathbf{1}, \quad u(\hat{\boldsymbol{n}}, 2\pi) = -\mathbf{1}, \\ &u(\hat{\boldsymbol{n}}, \omega) = u(-\hat{\boldsymbol{n}}, 4\pi - \omega) = -u(-\hat{\boldsymbol{n}}, 2\pi - \omega). \end{aligned} \tag{4.28}$$

可见 $\vec{\omega}$ 的变化范围是半径为 2π 的球体, 在球体内的点和 SU(2) 群的元素 u 间有一一对应的关系, 在外球面上的点都对应同一个元素 $-\mathbf{1}$. 这就是取参数 $\vec{\omega}$ 时 SU(2) 群的群空间. 首先, SU(2) 群的群空间是连通的, 群中任一元素 u 都可以由恒元出发在群空间内连续变化得到, 因而 SU(2) 群是简单李群. 其次, 由于外球面上的点代表同一个元素, 群空间的连线在到达外球面时可在此球面上任意跳跃, 而不是只限于在直径两端的跳跃. 跳跃前后两点都可独立地在球面上自由移动, 从而

可把此两点连续地移到一起, 消去此跳跃. 因此 SU(2) 群的群空间是单连通的. 也可用另一方法来理解. 正因为外球面上的点是同一个元素, 球面上的跳跃也可以用球面上的一根连续曲线相连接, 使跳跃可以在群空间内的连续变化而消去. 第三, SU(2) 群的群空间是欧氏空间的一个闭区域, 因而 SU(2) 群是一个紧致李群. 最后, 利用式 (4.27) 不难证明 (习题第 3 题), 相同 ω 的元素互相共轭, 构成一类.

4.3.2 同态关系

泡利矩阵的实线性组合仍是无迹厄米矩阵. 反之, 任何二维无迹厄米矩阵 X 只包含三个独立实参数, 都可展开为泡利矩阵的实线性组合. 现取组合系数为三维空间给定点 P 的三个直角坐标,

$$
\begin{aligned}
&X=\sum_{a=1}^{3}\sigma_a x_a=\overrightarrow{\sigma}\cdot\overrightarrow{r}=\begin{pmatrix} x_3 & x_1-\mathrm{i}x_2 \\ x_1+\mathrm{i}x_2 & -x_3\end{pmatrix},\\
&x_a=\frac{1}{2}\,\mathrm{Tr}\left(X\sigma_a\right),\quad \det X=-\sum_{a=1}^{3}x_a^2.
\end{aligned}
\tag{4.29}
$$

因此无迹厄米矩阵 X 和 P 点的位置矢量 $\overrightarrow{r}$ 间有一一对应关系.

任取二维幺模幺正矩阵 $u(\hat{\boldsymbol{n}},\omega)\in$SU(2), 则有

$$
u(\hat{\boldsymbol{n}},\omega)Xu(\hat{\boldsymbol{n}},\omega)^{-1}=X',
$$

X' 仍是一个无迹厄米矩阵, 且有相同的行列式, 因而 X' 对应空间另一点 P' 的坐标矢量 $\overrightarrow{r'}$,

$$
u(\hat{\boldsymbol{n}},\omega)\left(\overrightarrow{\sigma}\cdot\overrightarrow{r}\right)u(\hat{\boldsymbol{n}},\omega)^{-1}=\overrightarrow{\sigma}\cdot\overrightarrow{r'},\quad x_a'=\sum_b R_{ab}x_b.
\tag{4.30}
$$

现在来具体计算 R 矩阵的形式. 把 $\overrightarrow{r}$ 分解为平行和垂直 $\hat{\boldsymbol{n}}$ 方向的分量

$$
\overrightarrow{r}=\hat{\boldsymbol{n}}a+\hat{\boldsymbol{m}}b,\quad \hat{\boldsymbol{n}}\cdot\hat{\boldsymbol{m}}=0,\quad \left(\overrightarrow{\sigma}\cdot\overrightarrow{r}\right)=\overrightarrow{\sigma}\cdot\hat{\boldsymbol{n}}a+\overrightarrow{\sigma}\cdot\hat{\boldsymbol{m}}b.
$$

利用式 (4.26) 和式 (4.27), 直接计算可得

$$
\begin{aligned}
&u(\hat{\boldsymbol{n}},\omega)\left(\overrightarrow{\sigma}\cdot\hat{\boldsymbol{n}}\right)=\left(\overrightarrow{\sigma}\cdot\hat{\boldsymbol{n}}\right)u(\hat{\boldsymbol{n}},\omega),\\
&\left(\overrightarrow{\sigma}\cdot\hat{\boldsymbol{n}}\right)\left(\overrightarrow{\sigma}\cdot\hat{\boldsymbol{m}}\right)=-\left(\overrightarrow{\sigma}\cdot\hat{\boldsymbol{m}}\right)\left(\overrightarrow{\sigma}\cdot\hat{\boldsymbol{n}}\right)=\mathrm{i}\overrightarrow{\sigma}\cdot\left(\hat{\boldsymbol{n}}\times\hat{\boldsymbol{m}}\right),\\
&\left(\overrightarrow{\sigma}\cdot\hat{\boldsymbol{n}}\right)\left(\overrightarrow{\sigma}\cdot\hat{\boldsymbol{m}}\right)\left(\overrightarrow{\sigma}\cdot\hat{\boldsymbol{n}}\right)=\mathrm{i}\left\{\overrightarrow{\sigma}\cdot\left(\hat{\boldsymbol{n}}\times\hat{\boldsymbol{m}}\right)\right\}\left(\overrightarrow{\sigma}\cdot\hat{\boldsymbol{n}}\right)\\
&\qquad\qquad=-\overrightarrow{\sigma}\cdot\left\{\left(\hat{\boldsymbol{n}}\times\hat{\boldsymbol{m}}\right)\times\hat{\boldsymbol{n}}\right\}=-\overrightarrow{\sigma}\cdot\hat{\boldsymbol{m}}.
\end{aligned}
$$

$$
\begin{aligned}
&\left\{\mathbf{1}\cos\left(\frac{\omega}{2}\right)-\mathrm{i}\left(\overrightarrow{\sigma}\cdot\hat{\boldsymbol{n}}\right)\sin\left(\frac{\omega}{2}\right)\right\}\left(\overrightarrow{\sigma}\cdot\hat{\boldsymbol{m}}\right)\left\{\mathbf{1}\cos\left(\frac{\omega}{2}\right)+\mathrm{i}\left(\overrightarrow{\sigma}\cdot\hat{\boldsymbol{n}}\right)\sin\left(\frac{\omega}{2}\right)\right\}\\
&=\left(\overrightarrow{\sigma}\cdot\hat{\boldsymbol{m}}\right)\left\{\cos\left(\frac{\omega}{2}\right)\right\}^2-\frac{\mathrm{i}}{2}\sin\omega\left\{\left(\overrightarrow{\sigma}\cdot\hat{\boldsymbol{n}}\right)\left(\overrightarrow{\sigma}\cdot\hat{\boldsymbol{m}}\right)-\left(\overrightarrow{\sigma}\cdot\hat{\boldsymbol{m}}\right)\left(\overrightarrow{\sigma}\cdot\hat{\boldsymbol{n}}\right)\right\}\\
&\quad+\left(\overrightarrow{\sigma}\cdot\hat{\boldsymbol{n}}\right)\left(\overrightarrow{\sigma}\cdot\hat{\boldsymbol{m}}\right)\left(\overrightarrow{\sigma}\cdot\hat{\boldsymbol{n}}\right)\left\{\sin\left(\frac{\omega}{2}\right)\right\}^2\\
&=\overrightarrow{\sigma}\cdot\left\{\hat{\boldsymbol{m}}\cos\omega+\left(\hat{\boldsymbol{n}}\times\hat{\boldsymbol{m}}\right)\sin\omega\right\}.
\end{aligned}
$$

代入式 (4.30) 左边, 得 $\vec{\sigma}\cdot\vec{r'}$,

$$\vec{r'}=\hat{\boldsymbol{n}}a+\hat{\boldsymbol{m}}b\cos\omega+(\hat{\boldsymbol{n}}\times\hat{\boldsymbol{m}})\,b\sin\omega=R(\hat{\boldsymbol{n}},\omega)\vec{r}.$$

从图 4.2 容易看出, 位置矢量 $\vec{r}$ 经转动 $R(\hat{\boldsymbol{n}},\omega)$ 后, 正好变成矢量 $\vec{r'}$. 因此 SU(2) 群的任一元素 $u(\hat{\boldsymbol{n}},\omega)$ 都对应 SO(3) 群一个确定元素 $R(\hat{\boldsymbol{n}},\omega)$,

$$u(\hat{\boldsymbol{n}},\omega)\sigma_b u(\hat{\boldsymbol{n}},\omega)^{-1}=\sum_{a=1}^{3}\sigma_a R(\hat{\boldsymbol{n}},\omega)_{ab}. \tag{4.31}$$

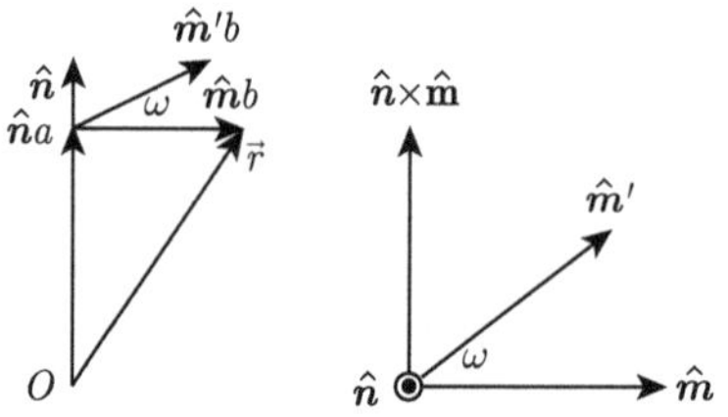

图 4.2 矢量绕 $\hat{\boldsymbol{n}}$ 方向转动 ω 角的变换

反之, 对于 SO(3) 群任一元素 R, 它把坐标矢量 $\vec{r}$ 变成 $\vec{r'}$, 并把 X 变成 X'. 既然 X 和 X' 都是无迹厄米矩阵, 且有相同的行列式, 它们必可以通过幺模幺正相似变换 $u\in$SU(2) 联系起来 (式 (4.30)). 设

$$u_1Xu_1^{-1}=u_2Xu_2^{-1}=X',$$

得 $u_2^{-1}u_1$ 可与任何 X 矩阵对易, 故它必是常数矩阵, $u_1=\lambda u_2$. 由于幺模条件, $\lambda=\pm1$. 它给出 SO(3) 群一个元素 R 和 SU(2) 群一对元素 $\pm u$ 间的一二对应关系 (4.31). 容易证明这对应关系对群元素乘积保持不变:

$$\begin{aligned}&u_1\sigma_a u_1^{-1}=\sum_b\sigma_b\left(R_1\right)_{ba},\quad u_2\sigma_b u_2^{-1}=\sum_d\sigma_d\left(R_2\right)_{db},\\&u_2u_1\sigma_a u_1^{-1}u_2^{-1}=\sum_b u_2\sigma_b u_2^{-1}\left(R_1\right)_{ba}=\sum_d\sigma_d\sum_b\left\{\left(R_2\right)_{db}\left(R_1\right)_{ba}\right\}.\end{aligned}$$

因此, SO(3) 群和 SU(2) 群同态,

$$\mathrm{SO}(3)\sim\mathrm{SU}(2). \tag{4.32}$$

现在, SO(3) 群和 SU(2) 群都用参数 $\vec{\omega}$ 描写, SO(3) 群的群空间是半径为 π 的球体, SU(2) 群的群空间是半径为 2π 的球体. 事实上, 在半径为 π 的球体内, SO(3) 群和 SU(2) 群的元素一一对应. 对 SU(2) 群来说, 还有半径从 π 到 2π 的环所对应的元素, 它们通过 $u(\hat{\boldsymbol{n}},\omega)=-u(-\hat{\boldsymbol{n}},2\pi-\omega)$, 等于半径为 π 的球体中相应元素的负值, 这一对 $\pm u$ 矩阵对应 SO(3) 群同一个元素 (图 4.3). SO(3) 群的群空间是双

连通的, SU(2) 群的群空间是单连通的, SU(2) 群正是 SO(3) 群的覆盖群. SO(3) 群的真实表示, 称为单值表示, 是 SU(2) 群的非真实表示. SU(2) 群的真实表示, 严格说不是 SO(3) 群的表示, 称为 SO(3) 群的双值表示, 它们在物理上与自旋的存在密切相关. 我们只要找出 SU(2) 群的全部不等价不可约表示, 也就找出了 SO(3) 群的全部不等价不可约单值表示和双值表示.

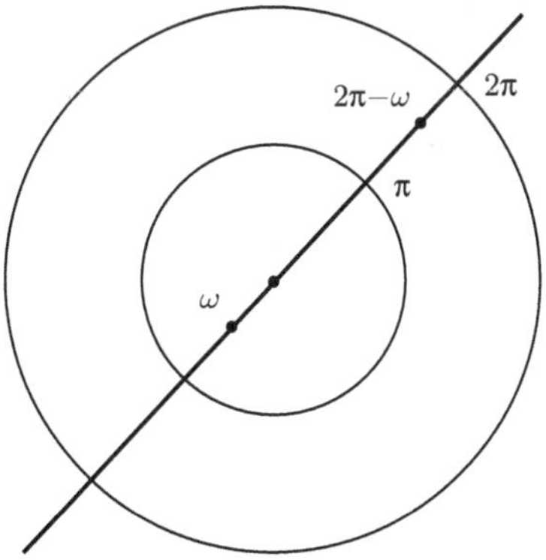

图 4.3　在群空间中 SU(2) 群和 SO(3) 群元素的对应关系

既然 SO(3) 群和 SU(2) 群的元素已经通过式 (4.31) 建立起一二对应的同态关系, 文献中常把 SU(2) 群的元素 $u(\hat{\boldsymbol{n}},\omega)$, 也称为绕 $\hat{\boldsymbol{n}}$ 方向转动 ω 角的变换, 而且常说:“旋量转动 4π 角才恢复原状”.

4.3.3　群上的积分

为了把有限群表示理论的主要结论推广到李群中来, 关键的问题是要解决好群函数对群元素求平均的问题. 李群的群函数实际上是李群参数的函数, 定义域是李群的群空间. 有限群中群函数对群元素取平均值, 推广到李群, 变成了群函数对群元素的积分, 也就是对群参数的带权积分

$$\frac{1}{g}\sum_{R\in G} F(R) \longrightarrow \int \mathrm{d}RF(R) = \int (\mathrm{d}r)\ W(R)F(R). \tag{4.33}$$

一般说来, 式 (4.33) 中应该引入权函数 $W(R)$, 因为即使开始不引入, 做参数的积分变换后, 雅可比行列式就变成新的权函数. 在群空间测度不为零的区域内, 要求群函数是群参数的单值、连续、可微和可积函数. 作为平均值, 若 $F(R)\geqslant 0$, 但不恒等于 0, 要求

$$\int \mathrm{d}R\ F(R) = \int \mathrm{d}r\ W(R)F(R) > 0. \tag{4.34}$$

可以把权函数 $W(R)$ 理解为在群空间中元素 R 的点的邻域, $(\mathrm{d}r)$ 体积内, 元素的相对密度, 要求 $W(R)$ 单值、可积、不小于零和不发散, 在群空间任何一个测度不

为零的区域内不恒等于零. 通常要求权函数在整个群空间积分是归一化的:

$$\frac{1}{g}\sum_{R\in G} 1 = 1 \longrightarrow \int \mathrm{d}R = \int (\mathrm{d}r)\ W(R) = 1. \tag{4.35}$$

群函数在群空间中对群参数的这种积分称为群上的积分. 群上的积分运算显然是线性运算

$$\int \mathrm{d}R\ [aF_1(R) + bF_2(R)] = a\int \mathrm{d}R\ F_1(R) + b\int \mathrm{d}R\ F_2(R). \tag{4.36}$$

希望选择权函数 $W(R)$, 使群上的积分对左乘和右乘群元素都保持不变

$$\int \mathrm{d}R\ F(R) = \int \mathrm{d}R\ F(SR) = \int \mathrm{d}R\ F(RS). \tag{4.37}$$

设 $T = SR$, 上面条件就变成

$$\begin{aligned}\int (\mathrm{d}t)W(T)F(T) &= \int \mathrm{d}T\ F(T) = \int \mathrm{d}R\ F(R)\\ &= \int \mathrm{d}R\ F(SR) = \int \mathrm{d}R\ F(T) = \int (\mathrm{d}r)W(R)F(T).\end{aligned}$$

就是说, $(\mathrm{d}r)W(R)$不依赖于群元素 R. 以恒元邻近的权函数作为标准, 取为常数 W_0, 小体积元为 $(\mathrm{d}\alpha)$,

$$(\mathrm{d}r)\ W(R) = (\mathrm{d}t)\ W(T) = (\mathrm{d}\alpha)\ W_0. \tag{4.38}$$

把式 (4.38) 看成积分变量替换, 权函数就是变换的雅可比行列式. 权函数有限, 就是要求群中各元素的邻域内, 元素的相对密度有限. 设 R 固定, 把 R 邻近的元素记为 R', 参数为 r'_j, 恒元邻近元素记为 A, 参数 α_j, $R' = AR$ 或 $A = R'R^{-1}$, 分别写出雅可比行列式

$$W_0 = W(R)\left|\det\left\{\frac{\partial f_D(\alpha;r)}{\partial \alpha_B}\right\}\right|_{\alpha=0}, \tag{4.39}$$

$$W(R) = W_0\left|\det\left\{\frac{\partial f_D(r';\overline{r})}{\partial r'_B}\right\}\right|_{r'=r}. \tag{4.40}$$

通过这两式中的任一个, 可把 $W(R)$ 用 W_0 表出, 再用归一化条件式 (4.35) 定出 W_0. 4.3.4 节将根据式 (4.39), 以 $\overrightarrow{\omega}$ 为参数计算 SU(2) 群群上积分的积分元, 结果为

$$\int \mathrm{d}uF(u) = \frac{1}{4\pi^2}\int_{-\pi}^{\pi}\mathrm{d}\varphi\int_0^{\pi}\sin\theta\mathrm{d}\theta\int_0^{2\pi}\sin^2(\omega/2)F(\overrightarrow{\omega})\mathrm{d}\omega. \tag{4.41}$$

SO(3) 群的参数 ω 变化范围缩小一半, 因而

$$\int \mathrm{d}RF(R) = \frac{1}{2\pi^2}\int_{-\pi}^{\pi}\mathrm{d}\varphi\int_0^{\pi}\sin\theta\mathrm{d}\theta\int_0^{\pi}\sin^2(\omega/2)F(\overrightarrow{\omega})\mathrm{d}\omega. \tag{4.42}$$

对类函数积分时, 可把 θ 和 φ 先积分掉, 即取 $\int \sin\theta \mathrm{d}\theta \mathrm{d}\varphi = 4\pi$.

对紧致李群, 如 SU(2) 群 (或 SO(3) 群), 有限群中群函数对群元素求平均的公式推广为群上的积分式 (4.41), 有限群表示理论中的许多结论就可以推广到紧致李群中来. 这些结论主要归纳如下.

(1) 线性表示等价于幺正表示, 两等价的幺正表示可通过幺正的相似变换相联系.

(2) 实表示等价于实正交表示, 两等价的实正交表示可通过实正交的相似变换相联系.

(3) 可约表示一定是完全可约的. 不可约表示的充要条件是找不到非常数矩阵与所有表示矩阵对易.

(4) 不等价不可约幺正表示的矩阵元和特征标满足正交关系

$$\begin{aligned}
&\int \mathrm{d}R\ D^i_{\mu\rho}(R)^* D^j_{\nu\lambda}(R) = \frac{1}{m_j}\delta_{ij}\delta_{\mu\nu}\delta_{\rho\lambda},\\
&\int \mathrm{d}R\ \chi^i(R)^*\chi^j(R) = \delta_{ij}.
\end{aligned} \tag{4.43}$$

对 SU(2) 群, 不等价不可约表示特征标的正交关系表为

$$\frac{1}{\pi}\int_0^{2\pi} \mathrm{d}\omega\ \sin^2(\omega/2)\ \chi^i(\omega)^*\chi^j(\omega) = \delta_{ij}. \tag{4.44}$$

任何表示都可按不可约表示展开

$$\begin{aligned}
&X^{-1}D(R)X = \bigoplus_j a_j D^j(R), \quad \chi(R) = \sum_j a_j\chi^j(R),\\
&a_j = \int \mathrm{d}R\ \chi^j(R)^*\chi(R).
\end{aligned} \tag{4.45}$$

对特征标的积分可以化为类上的积分, 例如, 对 SU(2) 群

$$a_j = \frac{1}{\pi}\int_0^{2\pi} \mathrm{d}\omega\ \sin^2(\omega/2)\chi^j(\omega)^*\chi(\omega). \tag{4.46}$$

(5) 表示等价的充要条件是每个元素在两表示中的特征标对应相等, 不可约表示的充要条件是特征标满足

$$\int \mathrm{d}R\ |\chi(R)|^2 = 1. \tag{4.47}$$

(6) 设 P_{G} 是与群 G 同构的标量函数变换算符群, 则把任意函数投影到属不可约表示 D^j μ 行函数的投影算符 (幂等元) e^j_μ 是

$$
\begin{aligned}
&e^j_\mu = m_j \int \mathrm{d}R\ D^j_{\mu\mu}(R)^* P_R, \\
&e^j = \sum_\mu e^j_\mu = m_j \int \mathrm{d}R\ \chi^j(R)^* P_R, \\
&e^j_\mu e^i_\nu = \delta_{ij}\delta_{\mu\nu} e^j_\mu, \qquad e^j e^i = \delta_{ij} e^j, \\
&\sum_j e^j = \sum_{j\mu} e^j_\mu = P_E = \mathbf{1}. \quad (\text{恒等变换})
\end{aligned} \tag{4.48}
$$

(7) 自共轭的不可约幺正表示与其复共轭表示的幺正相似变换矩阵只能是对称或反对称的. 这相似变换矩阵对实表示是对称的, 对自共轭而非实表示是反对称的.

4.3.4　SU(2) 群群上的积分

SU(2) 群是紧致李群, 我们来具体计算它的群上积分的权函数 $W(R)$:

$$
\mathrm{d}u = W(\hat{\boldsymbol{n}},\omega)\mathrm{d}\omega_1\mathrm{d}\omega_2\mathrm{d}\omega_3 = W(\hat{\boldsymbol{n}},\omega)\omega^2 \sin\theta \mathrm{d}\omega\mathrm{d}\theta\mathrm{d}\varphi. \tag{4.49}
$$

计算前先做些简化. 由于空间不同方向是平等的, 权函数 $W(\hat{\boldsymbol{n}},\omega)$ 应该与转轴方向 $\hat{\boldsymbol{n}}$ 无关. 可以用不同方法来论证这一结论. 相同 ω 的元素 $u(\hat{\boldsymbol{n}},\omega)$ 是互相共轭的, 它们及其邻近元素可通过同一个幺正相似变换联系起来, 因此群空间中, 互相共轭的两元素所在点的邻域中, 元素的相对密度应该相等. 另一方法是, 互相共轭的两元素, 参数 $\vec{\omega}$ 间只相差一个转动变换, 按式 (4.39) 做参数积分变换, 它们的雅可比行列式就是转动变换矩阵的行列式, 等于 1.

现在权函数 W 只是 ω 的函数, 在式 (4.39) 中, 以 $u(\vec{e_3},\omega)$ 代替 R, 以 $u(A)$ 代替 A. 因为求导后要取 $\alpha_j = 0$, 乘积只需取到 α_j 的一级小量.

$$
\begin{aligned}
u(\vec{e_3},\omega) &= \mathbf{1}\cos(\omega/2) - \mathrm{i}\sigma_3\sin(\omega/2), \\
u(A) &= \mathbf{1} - \mathrm{i}\left(\sigma_1\alpha_1 + \sigma_2\alpha_2 + \sigma_3\alpha_3\right)/2, \\
u(A)u(\vec{e_3},\omega) &= \mathbf{1}\cos\left(\omega'/2\right) - \mathrm{i}\left(\vec{\sigma}\cdot\hat{\boldsymbol{n}}'\right)\sin\left(\omega'/2\right) \\
&= \mathbf{1}\left\{\cos(\omega/2) - \alpha_3\sin(\omega/2)/2\right\} \\
&\quad - \mathrm{i}\sigma_1\left\{\alpha_1\cos(\omega/2) + \alpha_2\sin(\omega/2)\right\}/2 \\
&\quad - \mathrm{i}\sigma_2\left\{\alpha_2\cos(\omega/2) - \alpha_1\sin(\omega/2)\right\}/2 \\
&\quad - \mathrm{i}\sigma_3\left\{\alpha_3\cos(\omega/2) + 2\sin(\omega/2)\right\}/2.
\end{aligned}
$$

乘积元素的参数为

$$\begin{aligned}
&\cos(\omega'/2) = \cos(\omega/2) - \alpha_3 \sin(\omega/2)/2 = \cos\{(\omega + \alpha_3)/2\},\\
&\sin(\omega'/2) = \sin\{(\omega + \alpha_3)/2\} = \sin(\omega/2) + \alpha_3 \cos(\omega/2)/2,\\
&\omega' n_1' = \omega\{\sin(\omega/2)\}^{-1} \left\{\alpha_1 \cos(\omega/2) + \alpha_2 \sin(\omega/2)\right\}/2,\\
&\omega' n_2' = \omega\{\sin(\omega/2)\}^{-1} \left\{\alpha_2 \cos(\omega/2) - \alpha_1 \sin(\omega/2)\right\}/2,\\
&\omega' n_3' = \omega'\{\sin(\omega'/2)\}^{-1} \left\{\alpha_3 \cos(\omega/2) + 2\sin(\omega/2)\right\}/2 = \omega' = \omega + \alpha_3.
\end{aligned}$$

计算中要注意, 当后面的括号内没有零级量时, 前面的 ω' 可用 ω 代替, 但当后面括号内有零级量时, 前面的 ω' 也必须取到一级量. 代入式 (4.39) 得

$$\begin{aligned}
\frac{W_0}{W(\omega)} = &\left|\det\left\{\frac{\partial(\omega' n_a')}{\partial \alpha_b}\right\}\right|_{\alpha=0} = \begin{vmatrix} (\omega/2)\cot(\omega/2) & \omega/2 & 0 \\ -\omega/2 & (\omega/2)\cot(\omega/2) & 0 \\ 0 & 0 & 1 \end{vmatrix}\\
&= \omega^2 \left\{4\sin^2(\omega/2)\right\}^{-1},
\end{aligned}$$

$$W(\omega) = W_0 4\omega^{-2} \sin^2(\omega/2).$$

归一化条件为

$$1 = 4W_0 \int_0^{2\pi} \sin^2(\omega/2)\mathrm{d}\omega \int_0^{\pi} \sin\theta \mathrm{d}\theta \int_{-\pi}^{\pi} \mathrm{d}\varphi = 16\pi^2 W_0.$$

最后得到

$$W(\omega) = \frac{\sin^2(\omega/2)}{4\pi^2\omega^2}. \tag{4.50}$$

采用参数 ω, θ 和 φ 时, 群上的积分为式 (4.42).

4.4 SU(2) 群的不等价不可约表示

本节研究 SU(2) 群、SO(3) 群和 O(3) 群的不等价不可约表示及其基本性质.

4.4.1 欧拉角

用参数 $\vec{\omega}$ 描写 SO(3) 群的任意元素 $R(\hat{\boldsymbol{n}}, \omega)$, 几何意义清楚, 它代表绕 $\hat{\boldsymbol{n}}$ 方向转动 ω 角的变换. 更重要的是, 在群空间恒元的邻域内, 参数与群元素有一一对应的关系, 因而这组参数适于做理论研究. 但这组参数在实际计算中不太方便. 例如, 由 R 的矩阵形式确定这组参数比较麻烦; 知道了固定在系统上的动坐标系 K' 关于定坐标系 K 的相对位置, 要确定相对转动的参数也相当困难. 在计算 SO(3) 群不等价不可约表示时, 最好能把群中任意元素表成三个绕坐标轴向转动的乘积, 这样只需要计算绕坐标轴向转动元素的表示矩阵, 就确定了任意元素的表示矩阵. 欧拉 (Euler) 角正好具有这些优点, 但欧拉角在恒元的邻域内, 参数和群元素有多一

对应关系, 不便于理论研究. 两组参数各有优缺点, 需根据情况选取. 由 SO(3) 群元素定出欧拉角的方法有普遍意义, 可以推广. 例如, 推广到洛伦兹群和 SU(3) 群等.

对任意给定的幺模实正交矩阵 R, 可把 R 的第三列矩阵元素看成一个单位矢量 $\hat{\boldsymbol{m}}$ 的分量, R 作用在 $\overrightarrow{e_3}$ 上就得到此单位矢量 $\hat{\boldsymbol{m}}$

$$\begin{gathered}\left(R\overrightarrow{e_3}\right)_a = R_{a3} \equiv \hat{\boldsymbol{m}}_a = m_a,\\ m_1 = \sin\theta\cos\varphi, \quad m_2 = \sin\theta\sin\varphi, \quad m_3 = \cos\theta.\end{gathered} \tag{4.51}$$

θ 和 φ 是 $\hat{\boldsymbol{m}}$ 的极角和方位角. 虽然很多文献把这里的 $\hat{\boldsymbol{m}}$ 也记做 $\hat{\boldsymbol{n}}$, 但这方向与 R 的转动轴方向 $\hat{\boldsymbol{n}}$ 完全是两回事, 不要混淆.

在式 (4.11) 我们引入了一个有用的转动元素 $S(\varphi,\theta) = R(\overrightarrow{e_3},\varphi)R(\overrightarrow{e_2},\theta)$, 它也把 $\overrightarrow{e_3}$ 转到空间给定的方向 $\hat{\boldsymbol{m}}(\theta,\varphi)$, 即 $S^{-1}R$ 保持 x_3 轴不变, 记为 $R(\overrightarrow{e_3},\gamma)$. 取 $\theta=\beta$ 和 $\varphi=\alpha$, 得

$$R = S(\alpha,\beta)R(\overrightarrow{e_3},\gamma) = R(\overrightarrow{e_3},\alpha)R(\overrightarrow{e_2},\beta)R(\overrightarrow{e_3},\gamma) \equiv R(\alpha,\beta,\gamma). \tag{4.52}$$

具体乘出来, 得

$$R(\alpha,\beta,\gamma) = \begin{pmatrix} c_\alpha c_\beta c_\gamma - s_\alpha s_\gamma & -c_\alpha c_\beta s_\gamma - s_\alpha c_\gamma & c_\alpha s_\beta \\ s_\alpha c_\beta c_\gamma + c_\alpha s_\gamma & -s_\alpha c_\beta s_\gamma + c_\alpha c_\gamma & s_\alpha s_\beta \\ -s_\beta c_\gamma & s_\beta s_\gamma & c_\beta \end{pmatrix}, \tag{4.53}$$

其中, $c_\alpha = \cos\alpha$, $s_\alpha = \sin\alpha$, 以此类推. 元素 R 的这组参数 (α,β,γ) 称为欧拉角, 它们的变化范围是

$$-\pi \leqslant \alpha \leqslant \pi, \quad 0 \leqslant \beta \leqslant \pi, \quad -\pi \leqslant \gamma \leqslant \pi. \tag{4.54}$$

我们已解释过, α 和 β 角可根据 R 矩阵的第三列元素定出, 而由式 (4.53), 把第三行元素看成单位矢量, 它的极角是 β, 方位角是 $\pi-\gamma$.

$$R(\alpha,\beta,\gamma)\overrightarrow{e_3} = \hat{\boldsymbol{m}}(\beta,\alpha), \quad R(\alpha,\beta,\gamma)^{-1}\overrightarrow{e_3} = \hat{\boldsymbol{m}}(\beta,\pi-\gamma). \tag{4.55}$$

这同时给出了三个欧拉角的明显几何意义. 设 R 把坐标系由 K 位置转到 K' 位置, 则 K' 系的第三轴在 K 系的极角是 β, 方位角是 α, 而 K 系的第三轴在 K' 系的极角是 β, 方位角是 $\pi-\gamma$. 这是计算转动变换 R 的欧拉角的两种常用方法: **根据 R 矩阵的第三列和第三行矩阵元素计算欧拉角, 也可以根据 K' 系和 K 系的相对位置来计算欧拉角.**

注意, 在 $\beta=0$ 时, $R(\alpha,0,\gamma)$ 是绕 $\overrightarrow{e_3}$ 轴转动 $\alpha+\gamma$ 角的变换, α 角和 γ 角中只有一个是独立的. 在恒元邻近发生欧拉角参数和群元素的多一对应关系, 是欧拉角参数的缺点. 在 $\beta=\pi$ 邻近也有类似的多一对应关系.

式 (4.52) 把三维空间任意转动 R 分解为绕定坐标系 K 的坐标轴向的三次转动的乘积. 如果把转动轴改为绕动坐标系 K' 的坐标轴方向, 乘积次序正好倒过来:

$$\begin{aligned}R(\alpha,\beta,\gamma)=&R(\overrightarrow{e_3},\alpha)R(\overrightarrow{e_2},\beta)R(\overrightarrow{e_3},\gamma)\\=&\left\{\left[R(\overrightarrow{e_3},\alpha)R(\overrightarrow{e_2},\beta)\right]R(\overrightarrow{e_3},\gamma)\left[R(\overrightarrow{e_3},\alpha)R(\overrightarrow{e_2},\beta)\right]^{-1}\right\}\\&\times\left\{R(\overrightarrow{e_3},\alpha)R(\overrightarrow{e_2},\beta)R(\overrightarrow{e_3},\alpha)^{-1}\right\}R(\overrightarrow{e_3},\alpha).\end{aligned}\tag{4.56}$$

$R(\alpha,\beta,\gamma)$ 表为: 先绕 x_3 轴转动 α 角, 再绕新的 x_2' 轴转动 β 角, 最后再绕更新的 x_3'' 轴转动 γ 角, 如图 4.4 所示. 希望读者能理解这两种乘积的联系和区别. 图 4.4 摘自文献 (Edmonds, 1957).

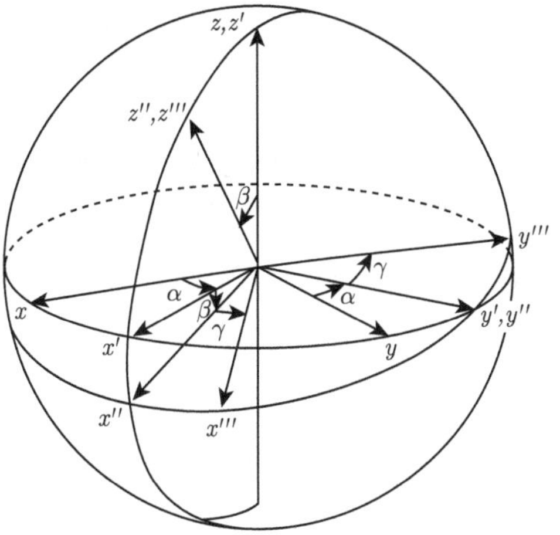

图 4.4 SO(3) 群元素表为三次转动的乘积

设 R 转动把 K 系转到 K' 系. 作单位球面, K' 系的第一和第三两轴分别与球面相交于 Q 和 P 两点, 这两点也描写了群元素 R: P 点位置决定了欧拉角 α 和 β, Q 点位置决定了欧拉角 γ. 描写 R 邻近元素的对应点 P' 和 Q', 分别在 P 点邻近面积元 $\sin\beta\mathrm{d}\beta\mathrm{d}\alpha$ 内和在 Q 点邻近的大圆弧 $\mathrm{d}\gamma$ 上. 当左乘或右乘群元素时, 描写 R 元素的 P 点和 Q 点在球面上移动, 描写 R 邻近元素的点还在邻近的面积元和大圆弧上, 跟着 P 和 Q 点一起移动. 这些面积元的面积和大圆弧的弧长在移动中是不变的, 因而群元素的相对密度也是不变的. 采用欧拉角作为参数时, 群上积分的积分元与面积元的面积和大圆弧的弧长成比例:

$$\int F(R)\mathrm{d}R=\frac{1}{8\pi^2}\int_{-\pi}^{\pi}\mathrm{d}\alpha\int_0^{\pi}\sin\beta\mathrm{d}\beta\int_{-\pi}^{\pi}F(\alpha,\beta,\gamma)\mathrm{d}\gamma.\tag{4.57}$$

前面系数是由归一化条件定出来的:

$$\int \mathrm{d}R = \frac{1}{8\pi^2}\int_{-\pi}^{\pi}\mathrm{d}\alpha\int_0^{\pi}\sin\beta\mathrm{d}\beta\int_{-\pi}^{\pi}\mathrm{d}\gamma = 1. \tag{4.58}$$

SU(2) 群也可以类似地定义欧拉角, 群上积分的积分元也类似, 只是 γ 角的变化范围扩大了一倍:

$$u(\alpha,\beta,\gamma) = u(\overrightarrow{e_3},\alpha)u(\overrightarrow{e_2},\beta)u(\overrightarrow{e_3},\gamma), \tag{4.59}$$

$$\begin{aligned}&\int F(u)\mathrm{d}u = \frac{1}{16\pi^2}\int_{-\pi}^{\pi}\mathrm{d}\alpha\int_0^{\pi}\sin\beta\mathrm{d}\beta\int_{-2\pi}^{2\pi}F(\alpha,\beta,\gamma)\mathrm{d}\gamma,\\&\int \mathrm{d}u = \frac{1}{16\pi^2}\int_{-\pi}^{\pi}\mathrm{d}\alpha\int_0^{\pi}\sin\beta\mathrm{d}\beta\int_{-2\pi}^{2\pi}\mathrm{d}\gamma = 1.\end{aligned} \tag{4.60}$$

采用欧拉角作为参数时, SO(3) 群积分的权函数公式 (4.58) 也可直接由式 (4.39) 计算, 但由于在恒元邻近参数的多值性, 计算中必须保留到二级小量.

4.4.2 SU(2) 群的线性表示

找一个线性变换群 G 表示的基本方法就是寻找变换群的不变函数空间. 适当选取函数基 ψ_μ^j, 用标量函数变换算符 P_R 作用上去, 得到函数基的线性组合:

$$P_R\psi_\mu^j(x) = \psi_\mu^j(R^{-1}x) = \sum_\nu \psi_\nu^j(x)\, D_{\nu\mu}^j(R).$$

组合系数排列成方阵 $D^j(R)$, 构成群 G 的一个表示. 如果不变函数空间不存在非平庸的不变子空间, 则此表示是不可约的.

把 SU(2) 群的元素 u 看成是二维复空间的幺正变换:

$$\begin{pmatrix}\xi'\\ \eta'\end{pmatrix} = u\begin{pmatrix}\xi\\ \eta\end{pmatrix},\quad \begin{pmatrix}\xi''\\ \eta''\end{pmatrix} = u^{-1}\begin{pmatrix}\xi\\ \eta\end{pmatrix}. \tag{4.61}$$

由 ξ 和 η 的 n 次齐次函数构成的 $n+1$ 维函数空间, 是 SU(2) 群的不变函数空间, 函数基为 $\xi^m\eta^{n-m}$, $m=0,1,\cdots,n$. 为了计算结果的物理意义清楚, 也为了表示的幺正性, 重新规定函数基的系数和函数基的指标:

$$\begin{aligned}&\psi_\mu^j(\xi,\eta) = \frac{(-1)^{j-\mu}}{\sqrt{(j+\mu)!(j-\mu)!}}\xi^{j-\mu}\eta^{j+\mu},\\&j = n/2 = 0,\ 1/2,\ 1,\ 3/2,\ \cdots,\\&\mu = j-m = j,\ j-1,\ \cdots,\ -(j-1),\ -j.\end{aligned} \tag{4.62}$$

现在把标量函数变换算符 P_u 作用到函数基 $\psi_\mu^j(\xi,\eta)$ 上, 由

$$P_u\psi_\mu^j(\xi,\eta) = \psi_\mu^j(\xi'',\eta'') = \sum_\nu \psi_\nu^j(\xi,\eta)D_{\nu\mu}^j(u), \tag{4.63}$$

计算表示矩阵 $D^j_{\nu\mu}(u)$. 因为 $u^{-1}=\mathbf{1}\cos(\omega/2)+\mathrm{i}\sin(\omega/2)\,(\vec{\sigma}\cdot\hat{\boldsymbol{n}})$,

$$u^{-1}=\begin{pmatrix}\cos(\omega/2)+\mathrm{i}n_3\sin(\omega/2) & \sin(\omega/2)\,(n_2+\mathrm{i}n_1)\\ \sin(\omega/2)\,(-n_2+\mathrm{i}n_1) & \cos(\omega/2)-\mathrm{i}n_3\sin(\omega/2)\end{pmatrix},$$

所以当 $\hat{\boldsymbol{n}}=\vec{e_3}$ 时, 有 $\xi''=\xi\exp(\mathrm{i}\omega/2)$ 和 $\eta''=\eta\exp(-\mathrm{i}\omega/2)$, 得

$$P_u\psi^j_\mu(\xi,\eta)=\frac{(-1)^{j-\mu}}{\sqrt{(j+\mu)!(j-\mu)!}}\left[\xi\mathrm{e}^{\mathrm{i}\omega/2}\right]^{j-\mu}\left[\eta\mathrm{e}^{-\mathrm{i}\omega/2}\right]^{j+\mu}=\psi^j_\mu(\xi,\eta)\mathrm{e}^{-\mathrm{i}\mu\omega},$$

$$D^j_{\nu\mu}(\vec{e_3},\omega)=\delta_{\nu\mu}\mathrm{e}^{-\mathrm{i}\mu\omega}. \tag{4.64}$$

当 $\hat{\boldsymbol{n}}=\vec{e_2}$ 时, 有 $\xi''=\xi\cos(\omega/2)+\eta\sin(\omega/2)$ 和 $\eta''=-\xi\sin(\omega/2)+\eta\cos(\omega/2)$, 得

$$\begin{aligned}P_u\psi^j_\mu(\xi,\eta)=&\frac{(-1)^{j-\mu}}{\sqrt{(j+\mu)!(j-\mu)!}}\left[\xi\cos(\omega/2)+\eta\sin(\omega/2)\right]^{j-\mu}\\ &\times\left[-\xi\sin(\omega/2)+\eta\cos(\omega/2)\right]^{j+\mu}\\ =&(-1)^{j-\mu}\sum_{n=0}^{j-\mu}\frac{\sqrt{(j-\mu)!}\left[\xi\cos(\omega/2)\right]^{j-\mu-n}\left[\eta\sin(\omega/2)\right]^n}{(j-\mu-n)!n!}\\ &\times\sum_{m=0}^{j+\mu}\frac{\sqrt{(j+\mu)!}\left[-\xi\sin(\omega/2)\right]^{j+\mu-m}\left[\eta\cos(\omega/2)\right]^m}{(j+\mu-m)!m!}.\end{aligned}$$

求和指标 n 和 m 是整数, 要求它们的取值不会使分母变成无穷大. 为了把等式右边表成 ψ^j_ν 的线性组合, 要把求和指标 n 和 m 替换成 n 和 ν, 使 ξ 的指数 $2j-n-m$ 变成 $j-\nu$, η 的指数 $n+m$ 变成 $j+\nu$, 即 $\nu=n+m-j$,

$$\begin{aligned}P_u\psi^j_\mu(\xi,\eta)=&\sum_{\nu=-j}^{j}\frac{(-1)^{j-\nu}\xi^{j-\nu}\eta^{j+\nu}}{[(j+\nu)!(j-\nu)!]^{1/2}}\\ &\times\sum_n\frac{(-1)^n\left[(j+\nu)!(j-\nu)!(j+\mu)!(j-\mu)!\right]^{1/2}}{(j+\nu-n)!(j-\mu-n)!n!(n-\nu+\mu)!}\\ &\times\left[\cos(\omega/2)\right]^{2j+\nu-\mu-2n}\left[\sin(\omega/2)\right]^{2n-\nu+\mu}.\end{aligned}$$

因此

$$\begin{aligned}d^j_{\nu\mu}(\omega)\equiv&\, D^j_{\nu\mu}(\vec{e_2},\omega)\\ =&\sum_n\frac{(-1)^n\left[(j+\nu)!(j-\nu)!(j+\mu)!(j-\mu)!\right]^{1/2}}{(j+\nu-n)!(j-\mu-n)!n!(n-\nu+\mu)!}\\ &\times\ \left[\cos(\omega/2)\right]^{2j+\nu-\mu-2n}\left[\sin(\omega/2)\right]^{2n-\nu+\mu},\\ &n\text{ 取}\max\begin{pmatrix}0\\ \nu-\mu\end{pmatrix},\ \cdots,\ \min\begin{pmatrix}j+\nu\\ j-\mu\end{pmatrix},\end{aligned} \tag{4.65}$$

$$
\begin{aligned}
D^j_{\nu\mu}(\alpha,\beta,\gamma) &= \left[D^j(\overrightarrow{e_3},\alpha)D^j(\overrightarrow{e_2},\beta)D^j(\overrightarrow{e_3},\gamma)\right]_{\nu\mu} \\
&= \mathrm{e}^{-\mathrm{i}\nu\alpha}d^j_{\nu\mu}(\beta)\mathrm{e}^{-\mathrm{i}\mu\gamma}.
\end{aligned}
\tag{4.66}
$$

这样, 我们已得到在此不变函数空间中 SU(2) 群的表示 D^j, 其中绕 x_3 轴转动元素对应的表示矩阵是对角化的, 绕 x_2 轴转动元素对应的表示矩阵是实矩阵. 按习惯, 这矩阵的行 (列) 指标按 $j, j-1, \cdots, -(j-1), -j$ 的次序排列. 现在来进一步研究 d^j 矩阵的对称性质. 式 (4.65) 右面, 在指标 ν 和 $-\mu$ 对换时明显保持不变, 在 ω 改号时产生因子 $(-1)^{\mu-\nu}$, 在指标 ν 和 μ 对换时, 再做求和指标替换 $n = n' - \nu + \mu$, 也产生因子 $(-1)^{\mu-\nu}$. 当 $\omega = \pi$ 时, $\cos(\omega/2) = 0$, $n = j + \nu = j - \mu$. 当 $\omega = 2\pi$ 时, $\sin(\omega/2) = 0$, $n = \nu - \mu = 0$. d^j 矩阵的这些重要性质列于式 (4.67):

$$
\begin{aligned}
& d^j_{\nu\mu}(\omega) = d^j_{-\mu-\nu}(\omega) = (-1)^{\mu-\nu}d^j_{\nu\mu}(-\omega) = (-1)^{\mu-\nu}d^j_{\mu\nu}(\omega) \\
& \qquad = d^j_{\mu\nu}(-\omega) = (-1)^{\mu-\nu}d^j_{-\nu-\mu}(\omega), \\
& d^j_{\nu\mu}(\pi) = (-1)^{j-\mu}\delta_{\nu(-\mu)}, \quad d^j_{\nu\mu}(2\pi) = (-1)^{2j}\delta_{\nu\mu}, \\
& d^j_{\nu\mu}(\pi-\omega) = (-1)^{j-\mu}d^j_{-\nu\mu}(\omega) = (-1)^{j+\nu}d^j_{\nu-\mu}(\omega).
\end{aligned}
\tag{4.67}
$$

由式 (4.65) 直接计算得

$$
\begin{aligned}
d^j_{\mu j}(\beta) &= d^j_{-j-\mu}(\beta) = (-1)^{j-\mu}d^j_{j\mu}(\beta) = (-1)^{j-\mu}d^j_{-\mu-j}(\beta) \\
&= \left[\frac{(2j)!}{(j+\mu)!(j-\mu)!}\right]^{1/2}[\cos(\omega/2)]^{j+\mu}[\sin(\omega/2)]^{j-\mu}, \\
d^\ell_{00}(\beta) &= \sum_{n=0}^{\ell}(-1)^n\left[\frac{\ell!\,[\cos(\omega/2)]^{\ell-n}[\sin(\omega/2)]^n}{n!(\ell-n)!}\right]^2.
\end{aligned}
\tag{4.68}
$$

现在来分析 SU(2) 群表示 D^j 的性质.

(1) D^j 是 $2j+1$ 维表示, $j = 0,\ 1/2,\ 1,\ 3/2,\ \cdots$. $D^0(u) = 1$ 是恒等表示, $D^{1/2}(u) = u$ 是 SU(2) 群的自身表示.

(2) j 为整数时, D^j 是 SO(3) 群的单值表示, SU(2) 群的非真实表示; j 为半奇数时, D^j 是 SO(3) 群的双值表示, SU(2) 群的真实表示.

(3) d^j 是实正交矩阵, D^j 是幺正表示.

(4) 由于绕 x_3 轴转动元素的表示矩阵是对角的, 由此容易算得转角为 ω 的类在表示 D^j 中的特征标

$$
\chi^j(\omega) = \sum_{\mu=-j}^{j}\mathrm{e}^{-\mathrm{i}\mu\omega} = \sum_{\mu=-j}^{j}\mathrm{e}^{\mathrm{i}\mu\omega} = \frac{\sin\{(j+1/2)\omega\}}{\sin(\omega/2)}. \tag{4.69}
$$

它满足不等价不可约表示特征标的正交关系式 (4.44). 因此, 不同 j 的表示 D^j 都是 SU(2) 群的不等价不可约表示. 下面证明, 它包括了 SU(2) 群的所有有限维不等价不可约表示.

证明 用反证法. 设另有特征标为 $\chi(\omega)$ 的不可约表示, 它与所有 D^j 表示不等价, 则

$$\begin{aligned}0=&\frac{1}{\pi}\int_0^{2\pi}\mathrm{d}\omega\ \sin^2(\omega/2)\chi^j(\omega)^*\chi(\omega)\\=&\frac{1}{\pi}\int_0^{2\pi}\mathrm{d}\omega\ \sin\left[(j+1/2)\omega\right]\left[\chi(\omega)\sin(\omega/2)\right].\end{aligned}$$

由傅里叶 (Fourier) 级数理论知, 在区间 $[0,\ 2\pi]$ 内, $\sin\left[(j+1/2)\omega\right]$ 构成完备函数系, 其中 j 取非负半整数. 因此与它们都正交的非零函数 $\{\chi(\omega)\sin(\omega/2)\}$ 是不存在的. 证完.

参数用欧拉角表达时, SU(2) 群不等价不可约表示矩阵元素的正交关系为

$$\begin{aligned}&\frac{1}{16\pi^2}\int_{-\pi}^{\pi}\mathrm{d}\alpha\int_0^{\pi}\mathrm{d}\beta\ \sin\beta\int_{-2\pi}^{2\pi}\mathrm{d}\gamma\ D^i_{\mu\rho}(\alpha,\beta,\gamma)^*D^j_{\nu\lambda}(\alpha,\beta,\gamma)\\=&\frac{\delta_{\mu\nu}\delta_{\rho\lambda}}{2}\int_0^{\pi}\mathrm{d}\beta\ \sin\beta\ d^i_{\mu\nu}(\beta)\ d^j_{\mu\nu}(\beta)=\frac{1}{2j+1}\ \delta_{ij}\delta_{\mu\nu}\delta_{\rho\lambda}.\end{aligned}\tag{4.70}$$

(5) 把表示矩阵按参数展开, 取到参数的一级项, 得到生成元的表式. 按式 (4.13), 绕 x_1 轴的转动可用绕 x_2 和 x_3 轴的转动表出:

$$\begin{aligned}&D^j_{\nu\mu}(\overrightarrow{e_3},\omega)=\delta_{\nu\mu}\left[1-\mathrm{i}\mu\omega\right],\\&d^j_{\nu\mu}(\omega)=\delta_{\nu\mu}+\frac{\omega}{2}\left[\delta_{\nu(\mu-1)}\Gamma^j_{\mu}-\delta_{\nu(\mu+1)}\Gamma^j_{\nu}\right],\\&D^j_{\nu\mu}(\overrightarrow{e_1},\omega)=\left[D^j(\overrightarrow{e_3},-\pi/2)d^j(\omega)D^j(\overrightarrow{e_3},\pi/2)\right]_{\nu\mu}\\&\qquad\qquad=\delta_{\nu\mu}+\frac{\omega}{2}\left[-\mathrm{i}\delta_{\nu(\mu-1)}\Gamma^j_{\mu}-\mathrm{i}\delta_{\nu(\mu+1)}\Gamma^j_{\nu}\right],\\&\Gamma^j_{\nu}=\Gamma^j_{-\nu+1}=\left[(j+\nu)(j-\nu+1)\right]^{1/2},\\&\left(I^j_+\right)_{\nu\mu}=\left(I^j_1+\mathrm{i}I^j_2\right)_{\nu\mu}=\delta_{\nu(\mu+1)}\Gamma^j_{\nu}=\delta_{(\nu-1)\mu}\Gamma^j_{-\mu},\\&\left(I^j_-\right)_{\nu\mu}=\left(I^j_1-\mathrm{i}I^j_2\right)_{\nu\mu}=\delta_{\nu(\mu-1)}\Gamma^j_{-\nu}=\delta_{(\nu+1)\mu}\Gamma^j_{\mu},\\&\left(I^j_3\right)_{\nu\mu}=\mu\delta_{\nu\mu}.\end{aligned}\tag{4.71}$$

$I_\pm$ 在物理中称为升降算符. 比较生成元可知, D^1 表示等价于 SO(3) 群的自身表示:

$$\begin{aligned}&M^{-1}T_aM=I^1_a,\quad a=1,\ 2,\ 3,\\&M^{-1}R(\alpha,\beta,\gamma)M=D^1(\alpha,\beta,\gamma),\end{aligned}\qquad M=\frac{1}{\sqrt{2}}\begin{pmatrix}-1&0&1\\-\mathrm{i}&0&-\mathrm{i}\\0&\sqrt{2}&0\end{pmatrix},\tag{4.72}$$

其中, T_a 由式 (4.10) 给出. D^j 的表示空间包含 $2j+1$ 个状态基 ψ^j_μ, 升 (降) 算符 I^j_+ (I^j_-) 的矩阵元为

$$\begin{aligned} &I^j_-\psi^j_{j-n} = \Gamma^j_{j-n}\psi^j_{j-n-1}, \quad I^j_+\psi^j_{j-n-1} = \Gamma^j_{j-n}\psi^j_{j-n}, \\ &\Gamma^j_{j-n} = \sqrt{(2j-n)(n+1)}. \end{aligned} \tag{4.73}$$

(6) 由于 D^j 的特征标是实数, D^j 是自共轭表示. 在复共轭表示中, 绕 x_3 轴转动的角度 α 和 γ 改了符号, 而绕 x_2 轴转动的角度 β 不变, 可见联系 D^j 和 D^{j*} 的相似变换正好是绕 x_2 轴转动 π 角的变换:

$$\begin{aligned} &d^j(\pi)^{-1}D^j(\overrightarrow{e_3},\alpha)d^j(\pi) = D^j(\overrightarrow{e_3},-\alpha) = D^j(\overrightarrow{e_3},\alpha)^*, \\ &d^j(\pi)^{-1}d^j(\beta)d^j(\pi) = d^j(\beta) = d^j(\beta)^*, \\ &d^j(\pi)^{-1}D^j(\alpha,\beta,\gamma))d^j(\pi) = D^j(\alpha,\beta,\gamma)^*. \end{aligned} \tag{4.74}$$

由式 (4.67) 知, 当 $j=\ell$ 是整数时, $d^\ell(\pi)$ 是对称矩阵, 因而 D^ℓ 是实表示, 而当 j 是半奇数时, $d^j(\pi)$ 是反对称矩阵, D^j 是自共轭而非实表示. 换言之, SO(3) 群的单值表示是实表示, 双值表示是自共轭而非实表示.

4.4.3 O(3) 群的不等价不可约表示

O(3) 群是混合李群, 群空间按群元素的行列式是 1 还是 -1, 分成两片. 行列式是 1 的那片, 相应元素是固有转动, 记为 R, 它们构成 SO(3) 群, 是 O(3) 群的不变子群. 行列式是 -1 的那片, 相应元素是非固有转动, 记为 $R'=\sigma R$, σ 是空间反演, 它们构成 SO(3) 群的陪集. 有了 SO(3) 群的表示, 只要再知道 σ 元素的表示矩阵, 就知道 O(3) 群的表示. 这里我们仅限于讨论 O(3) 群的单值表示, ℓ 取非负整数.

因为 σ 可与任何转动元素对易, 所以它在不可约表示中的表示矩阵必是常数矩阵. 又由于 $\sigma^2=E$, 这常数只能取 ±1. 事实上, 设 SO(3) 群的不可约表示 D^ℓ 表示空间的基为 ψ^ℓ_m, 取 $\phi^{\ell\pm}_m \sim \psi^\ell_m \pm \sigma\psi^\ell_m$, 得 $\sigma\phi^{\ell\pm}_m = \pm\phi^{\ell\pm}_m$. 以 $\phi^{\ell\pm}_m$ 为基得到 O(3) 群的两个不等价不可约表示 $D^{\ell+}$ 和 $D^{\ell-}$, 表示矩阵为

$$D^{\ell\pm}(R) = D^\ell(R), \quad D^{\ell\pm}(\sigma) = \pm\mathbf{1}, \quad D^{\ell\pm}(\sigma R) = \pm D^\ell(R). \tag{4.75}$$

这是找混合李群不等价不可约表示的一般方法.

4.4.4 球函数和球谐多项式

下面讨论 SO(3) 群不可约表示的简单物理应用. 球对称系统的对称变换群是 SO(3) 群, 系统哈密顿量在转动变换中保持不变

$$P_R H(x) P_R^{-1} = H(x).$$

设能级 E 是 n 重简并, 有 n 个线性无关的本征函数 $\psi_\mu(x)$:

$$H(x)\psi_\mu(x) = E\psi_\mu(x).$$

经转动变换, $P_R\psi_\mu(x)$ 仍是同一能级的本征函数

$$H(x)\left[P_R\psi_\mu(x)\right] = P_R H(x)\psi_\mu(x) = EP_R\psi_\mu(x),$$

因而 $P_R\psi_\mu(x)$ 必可按此函数基 $\psi_\mu(x)$ 展开, 组合系数构成表示 $D[\mathrm{SO}(3)]$:

$$P_R\psi_\mu(x) = \psi_\mu(R^{-1}x) = \sum_\nu \psi_\nu(x)D_{\nu\mu}(R). \tag{4.76}$$

此表示一般是可约表示, 把它按 SO(3) 群的不可约表示约化, 它的生成元 I_a 也同时约化, 它的特征标 $\chi(\omega)$ 则做级数展开:

$$\begin{aligned} &X^{-1}D(R)X = \bigoplus_\ell a_\ell D^\ell(R), \\ &X^{-1}I_aX = \bigoplus_\ell a_\ell I_a^\ell, \quad \chi(R) = \sum_\ell a_\ell \chi^\ell(R). \end{aligned} \tag{4.77}$$

因为转动 2π 角后, 系统恢复原状, 所以展开式中只能出现 SO(3) 群单值表示 D^ℓ, ℓ 是非负整数. a_ℓ 可用特征标积分来计算:

$$\begin{aligned} a_\ell &= \frac{2}{\pi}\int_0^\pi \mathrm{d}\omega\ \sin^2(\omega/2)\chi^\ell(\omega)\chi(\omega) \\ &= \frac{2}{\pi}\int_0^\pi \mathrm{d}\omega\ \sin(\omega/2)\sin\{(\ell+1/2)\omega\}\chi(\omega). \end{aligned} \tag{4.78}$$

把 a_ℓ 代入生成元的相似变换式 (4.77), 先取 $a=3$, 再取 $a=\pm$, 可基本确定相似变换矩阵 X, 余下的未定参数应适当选定. X 矩阵的行指标为 μ, 列指标为 ℓmr. 当 $a_\ell > 1$ 时需引入 r 来区分重表示. 用 X 矩阵组合波函数, 可得属确定不可约表示 D^ℓ m 行的定态波函数:

$$\begin{aligned} &\psi^\ell_{mr}(x) = \sum_\mu \psi_\mu(x)X_{\mu,\ell mr}, \\ &P_R\psi^\ell_{mr}(x) = \psi^\ell_{mr}(R^{-1}x) = \sum_{m'} \psi^\ell_{m'r}(x)D^\ell_{m'm}(R), \end{aligned} \tag{4.79}$$

这就是说, 如果系统各向同性, 对称变换群是 SO(3) 群, 则定态波函数可组合成属 SO(3) 群不可约表示确定行的函数 $\psi^\ell_{mr}(x)$. 现在讨论这函数的物理意义. 这里的坐标 x 可做两种理解. 一种理解是把 x 理解为若干粒子坐标的集合, 为确定起见, 如 x 代表两个粒子的坐标 $x^{(1)}$ 和 $x^{(2)}$, 则 P_R 让两个粒子同时做转动变换 R, $P_R = P_R^{(1)}P_R^{(2)}$, 它的微量微分算符是两粒子轨道角动量算符之和, 即系统的总轨道角动量算符 L_a. 另一种理解认为系统像一个质点, P_R 的微量微分算符就是系统的

总轨道角动量算符. 式 (4.79) 说明, P_R 在函数基 $\psi^\ell_{mr}(x)$ 中的矩阵形式是 D^ℓ, 它的生成元是 I^ℓ_a. 由式 (4.71) 得

$$\begin{aligned} &L_3\psi^\ell_{mr}(x) = m\psi^\ell_{mr}(x), \\ &L_\pm\psi^\ell_{mr}(x) = \Gamma^\ell_{\mp m}\psi^\ell_{(m\pm1)r}(x), \\ &L^2\psi^\ell_{mr}(x) = \ell(\ell+1)\psi^\ell_{mr}(x), \end{aligned} \tag{4.80}$$

其中

$$L^2 \equiv \sum_{a=1}^{3} (L_a)^2 = L_3^2 + (L_+L_- + L_-L_+)/2. \tag{4.81}$$

在量子力学中, ℓ 称为角动量量子数, m 称为磁量子数. 属三维转动群不可约表示 D^ℓ 表示空间的函数是轨道角动量平方 L^2 的本征函数, 本征值为 $\ell(\ell+1)$. 属不可约表示 D^ℓ m 行的函数, 是轨道角动量平方 L^2 和轨道角动量沿 x_3 轴投影 L_3 的共同本征函数, 本征值分别为 $\ell(\ell+1)$ 和 m. L^2 和 L_3 的共同本征函数 $\psi^\ell_{mr}(x)$ 在转动变换中的变换规律是由表示 D^ℓ 来描写的. 在这组函数基 $\psi^\ell_{mr}(x)$ 中, L_+ 是升算符, 它把函数基 $\psi^\ell_{mr}(x)$ 的磁量子数 m 增加 1, L_- 是降算符, 它把函数基的磁量子数减少 1.

对各向同性系统的能量本征函数, 在不同的方法中有不同的理解, 但最后结果是相同的. 在量子力学中, 它是一套完备力学量 H, L^2 和 L_3 的共同本征函数. 在数理方法中, 它是用分离变量法计算得到的本征函数. 在群论中, 它是属三维转动群不可约表示确定行的函数.

现在用群论方法研究一个在中心力场中运动的单粒子系统, 对称变换群是 SO(3) 群, 定态波函数可组合成属 SO(3) 群不可约表示确定行的函数 $\psi^\ell_m(x)$, 其中 x 代表单粒子在三维空间的坐标. 若取球坐标, $x = (r,\ \theta,\ \varphi)$, 在 x_3 轴上的点为 $x_0 = (r,\ 0,\ 0)$, 转动 $T = R(\varphi,\ \theta,\ \gamma)$ 把点 x_0 转到 x 位置, $x = Tx_0$. 在转动变换中 $\psi^\ell_m(x)$ 按式 (4.79) 变换:

$$\begin{aligned} \psi^\ell_m(x) = \psi^\ell_m(Tx_0) = P_{T^{-1}}\psi^\ell_m(x_0) &= \sum_{m'} \psi^\ell_{m'}(x_0)D^\ell_{mm'}(T)^* \\ &= \sum_{m'} \psi^\ell_{m'}(x_0)\mathrm{e}^{\mathrm{i}m\varphi}d^\ell_{mm'}(\theta)\mathrm{e}^{\mathrm{i}m'\gamma}. \end{aligned} \tag{4.82}$$

既然等式左面与 γ 角无关, 等式右面也必须不依赖于 γ 角. 现在右面的求和式中, 除 $m' = 0$ 的项外, 都以指数方式依赖于 γ 角, 而且这些指数函数是互相线性无关的, 因而这些项的系数只能为零.

$$\psi^\ell_{m'}(x_0) = 0, \quad 当 \ m' \neq 0.$$

对 $m' = 0$ 的项, 提出归一化系数, 令

$$\psi^{\ell}_{m}(x_0) = \delta_{m0}\left(\frac{2\ell+1}{4\pi}\right)^{1/2}\phi_{\ell}(r),$$

其中, $\phi_\ell(r)$ 仅是矢径长 r 的函数, 函数形式依赖于 ℓ. 代入式 (4.82), 得

$$\psi^{\ell}_{m}(x) = \phi_{\ell}(r)\left[\left(\frac{2\ell+1}{4\pi}\right)^{1/2} D^{\ell}_{m0}(\varphi,\theta,0)^*\right] = \phi_{\ell}(r)\mathrm{Y}^{\ell}_{m}(\theta,\varphi). \tag{4.83}$$

即属 SO(3) 群不可约表示 D^ℓ m 行的单粒子波函数 $\psi^\ell_m(x)$ 必可分解为径向函数 $\phi_\ell(r)$ 和角度函数 $\mathrm{Y}^\ell_m(\theta,\varphi)$ 的乘积. 因为径向函数在转动变换中保持不变, 在变换中相当于一个常系数, 所以这角度函数也是属不可约表示 D^ℓ m 行的函数, 是 L^2 和 L_3 的共同本征函数, 量子力学中称它为球函数:

$$\mathrm{Y}^{\ell}_{m}(\theta,\varphi) = \left(\frac{2\ell+1}{4\pi}\right)^{1/2} \mathrm{e}^{\mathrm{i}m\varphi} d^{\ell}_{m0}(\theta). \tag{4.84}$$

由式 (4.70) 知, 球函数对角度积分是正交归一的:

$$\begin{aligned}&\int_{-\pi}^{\pi}\mathrm{d}\varphi\int_{0}^{\pi}\mathrm{d}\theta\ \sin\theta\mathrm{Y}^{\ell}_{m}(\theta,\varphi)^*\mathrm{Y}^{\ell'}_{m'}(\theta,\varphi)\\ =&\frac{[(2\ell+1)(2\ell'+1)]^{1/2}}{4\pi}\int_{-\pi}^{\pi}\mathrm{d}\varphi\int_{0}^{\pi}\mathrm{d}\theta\ \sin\theta D^{\ell}_{m0}(\varphi,\theta,0)D^{\ell'}_{m'0}(\varphi,\theta,0)^*\\ =&\delta_{\ell\ell'}\delta_{mm'}.\end{aligned} \tag{4.85}$$

由 d^ℓ 函数的对称性质式 (4.67) 得

$$\mathrm{Y}^{\ell}_{m}(\theta,\varphi)^* = \left(\frac{2\ell+1}{4\pi}\right)^{1/2} \mathrm{e}^{-\mathrm{i}m\varphi} d^{\ell}_{m0}(\theta) = (-1)^m\mathrm{Y}^{\ell}_{-m}(\theta,\varphi). \tag{4.86}$$

定义勒让德 (Legendre) 函数

$$\mathrm{P}_{\ell}(\cos\theta) = \left(\frac{4\pi}{2\ell+1}\right)^{1/2}\mathrm{Y}^{\ell}_{0}(\theta,0) = d^{\ell}_{00}(\theta). \tag{4.87}$$

它满足正交性质

$$\int_0^{\pi}\mathrm{d}\theta\ \sin\theta\mathrm{P}_{\ell}(\cos\theta)\mathrm{P}_{\ell'}(\cos\theta) = \frac{2\delta_{\ell\ell'}}{2\ell+1}. \tag{4.88}$$

在空间反演中, $x\longrightarrow -x$, $\theta\longrightarrow \pi-\theta$ 和 $\varphi\longrightarrow\pi+\varphi$,

$$\begin{aligned}\mathrm{Y}^{\ell}_{m}(\pi-\theta,\pi+\varphi) &= \left(\frac{2\ell+1}{4\pi}\right)^{1/2}\mathrm{e}^{-\mathrm{i}m(\pi+\varphi)}d^{\ell}_{m0}(\pi-\theta)\\ &= (-1)^{\ell}\mathrm{Y}^{\ell}_{m}(\theta,\varphi).\end{aligned} \tag{4.89}$$

球函数有确定的宇称 $(-1)^\ell$. 这是系统具有空间反演不变性的结果.

球函数有两个重要数学性质值得注意. 一是球函数可用已知的雅可比 (Jacobi) 多项式表出. 令 $\cos\theta = x$, $r = \ell - n$,

$$d^{\ell}_{m0}(\theta) = \sum_{n=m}^{\ell} \frac{(-1)^n \ell! \sqrt{(\ell+m)!(\ell-m)!}}{(\ell+m-n)!(\ell-n)!n!(n-m)!} \cos^{2\ell+m-2n}(\theta/2) \sin^{2n-m}(\theta/2)$$
$$= \frac{(-\sin\theta)^m \sqrt{(\ell+m)!(\ell-m)!}}{2^{\ell}\ell!} \sum_{r=0}^{\ell-m} \frac{\ell!\ell!(x-1)^{\ell-r-m}(1+x)^r}{(r+m)!r!(\ell-r)!(\ell-r-m)!}.$$

由文献 (Gradshteyn and Ryzhik, 2007) 公式 8.960 得雅克比多项式

$$P_n^{(\alpha,\beta)}(x) = 2^{-n} \sum_{r=0}^{n} \begin{pmatrix} n+\alpha \\ r \end{pmatrix} \begin{pmatrix} n+\beta \\ n-r \end{pmatrix} (x-1)^{n-r}(1+x)^r.$$

取 $\alpha = \beta = m$ 和 $n = \ell - m$, 得

$$d^{\ell}_{m0}(\theta) = \sqrt{\frac{4\pi}{2\ell+1}} \mathrm{e}^{-\mathrm{i}m\varphi} \mathrm{Y}^{\ell}_{m}(\theta,\varphi)$$
$$= \frac{(-\sin\theta)^m \sqrt{(\ell+m)!(\ell-m)!}}{2^m \ell!} \mathrm{P}^{(m,m)}_{\ell-m}(\cos\theta). \tag{4.90}$$

二是球函数 $\mathrm{Y}^{\ell}_{m}(\theta,\varphi)$ 乘上 r^{ℓ} 称为球谐多项式 $\mathcal{Y}^{\ell}_{m}(\boldsymbol{r})$. 由式 (4.68) 得

$$\mathcal{Y}^{\ell}_{\ell}(\boldsymbol{r}) = \sqrt{\frac{2\ell+1}{4\pi}} r^{\ell} \mathrm{e}^{\mathrm{i}\ell\varphi} d^{\ell}_{\ell 0}(\theta)$$
$$= \sqrt{\frac{2\ell+1}{4\pi}} r^{\ell} \mathrm{e}^{\mathrm{i}\ell\varphi} \cdot (-1)^{\ell} \frac{\sqrt{(2\ell)!}}{2^{\ell}\ell!} [\sin(\theta)]^{\ell}$$
$$= \frac{(-1)^{\ell}}{2^{\ell}\ell!} \sqrt{\frac{(2\ell+1)!}{4\pi}} (x+\mathrm{i}y)^{\ell}, \tag{4.91}$$
$$\Delta\mathcal{Y}^{\ell}_{\ell}(\boldsymbol{r}) = \sum_{a=1}^{3} \left[\frac{\partial^2}{\partial x_a}\right] \mathcal{Y}^{\ell}_{\ell}(\boldsymbol{r}) = 0.$$

$\mathcal{Y}^{\ell}_{\ell}(\boldsymbol{r})$ 是直角坐标 x_1, x_2 和 x_3 的 ℓ 次齐次多项式, 且满足拉普拉斯方程, 而其他球谐多项式 $\mathcal{Y}^{\ell}_{m}(\boldsymbol{r})$ 都由 $\mathcal{Y}^{\ell}_{\ell}(\boldsymbol{r})$ 通过转动变换得到, 因此都是直角坐标 x_1, x_2 和 x_3 的 ℓ 次齐次多项式, 都满足拉普拉斯方程. 用降算符 T_- 作用, 可计算 $\mathcal{Y}^{\ell}_{m}(\boldsymbol{r})$ 的第一项, 再用拉普拉斯方程计算后面的项, 最后用数学归纳法验证 (习题第 12 题):

$$\mathcal{Y}^{\ell}_{m}(\boldsymbol{r}) = r^{\ell}\mathrm{Y}^{\ell}_{m}(\theta,\varphi) = \frac{(-1)^m}{2^m} \sqrt{\frac{(2\ell+1)(\ell+m)!(\ell-m)!}{4\pi}} (x+\mathrm{i}y)^m$$
$$\times \left[\sum_{s=0}^{[(\ell-m)/2]} \frac{(-1)^s z^{\ell-m-2s}(x^2+y^2)^s}{4^s s!(m+s)!(\ell-m-2s)!}\right]. \tag{4.92}$$

4.5 李氏定理

我们已经系统地研究了 SU(2) 群和 SO(3) 群的不等价不可约表示及其生成元, 现在再回过头来学习作为李群理论的三个基本定理, 它确立了生成元在李群理论中的重要地位.

4.5.1 李氏第一定理

李氏第一定理要解决无穷小元素如何决定简单李群的性质. 设表示 $D(\mathrm{G})$ 是存在的, I_A 是它的生成元, 如何由 I_A 把表示矩阵 $D(R)$ 具体计算出来呢?

定理 4.1 简单李群的线性表示完全由它的生成元决定.

证明 设 $RS=T$, $t_A=f_A(r;s)$. 右乘 S^{-1}, $R=TS^{-1}$. 在表示 $D(\mathrm{G})$ 中, $D(R)=D(T)D(S^{-1})$. 固定 S, 两边对参数 r_B 求导:

$$\frac{\partial D(R)}{\partial r_B}=\frac{\partial D(T)}{\partial r_B}D(S^{-1})=\sum_A\frac{\partial D(T)}{\partial t_A}\frac{\partial f_A(r;s)}{\partial r_B}D(S^{-1}),$$

然后取 $S^{-1}=R, T=E$, 由生成元的定义式 (4.21) 得

$$\frac{\partial D(R)}{\partial r_B}=-\mathrm{i}\left[\sum_A I_A S_{AB}(r)\right]D(R), \tag{4.93}$$

$$S_{AB}(r)\equiv\left.\frac{\partial f_A(r;s)}{\partial r_B}\right|_{s=\overline{r}}. \tag{4.94}$$

对于给定的李群和选定的群参数, $S(r)$ 是一个确定的矩阵函数, 与具体的线性表示无关. 比较式 (4.40), 这矩阵 $S(r)$ 的行列式就是群元素积分变换的雅可比行列式, 因而 $S(r)$ 是非奇矩阵, 存在逆矩阵 $\overline{S}$:

$$\sum_D\overline{S}_{AD}(r)S_{DB}(r)=\delta_{AB}. \tag{4.95}$$

若式 (4.94) 微商后 R 取恒元, 则得

$$S_{AB}(E)=\delta_{AB}, \tag{4.96}$$

式 (4.93) 回到式 (4.21).

设表示 $D(\mathrm{G})$ 是 m 维的, 式 (4.93) 是关于 m^2 个函数 $D_{\mu\nu}(R)$ 的 m^2 个一阶联立偏微分方程, 有 m^2 个边界条件:

$$\left.D(R)\right|_{R=E}=\mathbf{1}. \tag{4.97}$$

因为解是存在的, 与积分路径无关, 所以可选取特殊的路径, 使路径的每一段都只有一个参数在变化, 于是方程是一阶常微分方程, 容易求解. 例如, 先只让 r_1 变化, 其

余 r_B 都等于零, 由方程 (4.93) 和边界条件式 (4.97) 可解得 $D(r_1,\ 0,\ \cdots,\ 0)$. 再以此为边界条件, 取 r_1 固定, r_2 变化, 其余 $r_B=0$, 由方程 (4.93) 解得 $D(r_1,\ r_2,\ 0,\ \cdots,\ 0)$. 以此类推, 可算得 $D(R)$. 证完.

这一定理从数学上严格描述了无穷小元素是如何决定李群的局域性质的, 也就是前面所说的"无穷多个无穷小元素乘积"的数学描述. 在上面求解过程的每一步, 都是求解矩阵的一阶常微分方程, 解可表为生成元线性组合的矩阵指数函数, 因而最后 $D(R)$ 可表为生成元各种线性组合的矩阵指数函数之乘积.

用李氏第一定理研究单参数李群特别方便. 例如, SO(2) 群是一阶阿贝尔紧致李群, 取转动角 ω 作为参数,

$$f(\omega_1,\omega_2)=\omega_1+\omega_2,\quad S(\omega_1)=\left.\frac{\partial f(\omega_1,\omega_2)}{\partial\omega_1}\right|_{\omega_2=-\omega_1}=1.$$

设表示 $D(\hat{\boldsymbol{n}},\omega)$ 的生成元是 I, 方程 (4.93) 为

$$\frac{\partial D(\hat{\boldsymbol{n}},\omega)}{\partial\omega}=-\mathrm{i}ID(\hat{\boldsymbol{n}},\omega),\quad D(\hat{\boldsymbol{n}},0)=\mathbf{1},$$

解得

$$D(\hat{\boldsymbol{n}},\omega)=\exp(-\mathrm{i}I\omega). \tag{4.98}$$

把 I 对角化, $D(\hat{\boldsymbol{n}},\omega)$ 也是对角矩阵, 它是一维表示的直和, 是可约表示. 由单值性条件 $D(\omega+2\pi)=D(\omega)$, 定出 I 的本征值是整数. 阿贝尔群的不可约表示都是一维表示, SO(2) 群的不可约表示用整数 m 标记

$$D^m(\hat{\boldsymbol{n}},\omega)=\exp(-\mathrm{i}m\omega),$$

这就是式 (4.25).

数学上证明了指数映照定理: 对紧致的简单李群, 每个群元素 R 都分属于只含一个实参数的子李群. 习题第 13 题证明, 对一阶子李群, 可以适当选择参数, 使元素乘积时参数相加. 因此, $D(R)$ 就可表为这个子李群生成元的矩阵指数函数. 例如, SO(3) 群的任意元素都是绕空间某方向 $\hat{\boldsymbol{n}}$ 的转动变换, 属绕 $\hat{\boldsymbol{n}}$ 方向转动群 SO(2), 就是属 SO(3) 群的一个一阶子李群. 元素 $R(\hat{\boldsymbol{n}},\omega)$ 在自身表示中的矩阵指数函数形式, 由式 (4.13) 给出, 因而给出元素所属一阶子李群在自身表示中的生成元是 $\hat{\boldsymbol{n}}\cdot\overrightarrow{T}$, 它的微量微分算符是轨道角动量在 $\hat{\boldsymbol{n}}$ 方向的分量 $\hat{\boldsymbol{n}}\cdot\overrightarrow{L}$. 微量微分算符在表示 $D(\hat{\boldsymbol{n}},\omega)$ 中的生成元是 $I=\hat{\boldsymbol{n}}\cdot\overrightarrow{I}=\sum\limits_a I_a n_a$, 代入式 (4.98) 就得到 SO(3) 群中绕 $\hat{\boldsymbol{n}}$ 方向转动元素的表示矩阵

$$D(\hat{\boldsymbol{n}},\omega)=\exp\left(-\mathrm{i}\sum_{a=1}^{3}I_a n_a\omega\right)=\exp\left(-\mathrm{i}\sum_{a=1}^{3}I_a\omega_a\right). \tag{4.99}$$

对维数不高的表示, 采取一定的技巧, 可以用此式直接计算表示矩阵 (习题第 2 题). 但对一般的表示, 真正要从上式算出表示矩阵, 不是一件容易的事. 反过来说, 如果表示矩阵 $D^j(\hat{\boldsymbol{n}},\omega)$ 已经知道, **式 (4.99) 就是给出了矩阵指数函数展开式的一个计算公式**. 这在一般李群不可约表示矩阵的具体计算中十分有用.

此外, 读者应该理解, 对实际的李群, 组合函数 $f_A(r;s)$ 的具体形式很复杂, 即使对最简单的非阿贝尔紧致李群 SO(3), 没有人去写出这组合函数的具体形式来, 也没有人去计算 $S_{AB}(r)$ 函数. 不是说绝对写不出来, 而是说没有必要去写, 因为李氏第一定理的重点在于理论研究, 而不是做实际计算. 那么, 李氏第一定理究竟要解决什么问题呢? 李氏第一定理告诉我们, **简单李群的生成元决定了李群任意元素的表示矩阵**, 原来必须由表示矩阵来判定的表示性质, 现在只用生成元就能判定. 这些性质列举如下.

推论 1 若简单李群两个表示的所有生成元间都存在同一相似变换关系

$$\overline{I_A} = X^{-1} I_A X,$$

则此两表示等价.

推论 2 简单李群的表示不可约的充要条件是表示空间不存在对所有生成元不变的子空间.

推论 3 设 $I_A^{(1)}$ 和 $I_A^{(2)}$ 是简单李群两个不等价不可约表示的生成元, 表示的维数分别为 m_1 和 m_2, 若存在 $m_1 \times m_2$ 矩阵 X, 对所有生成元都满足

$$I_A^{(1)} X = X I_A^{(2)},$$

则 $X = 0$.

推论 4 与简单李群不可约表示的所有生成元都对易的矩阵必为常数矩阵.

这些性质的证明都是根据方程 (4.93), 在给定边界条件式 (4.97) 下, 解是唯一的. 对混合李群, 还要选群空间每一连通片的一个代表元素, 要求它的表示矩阵和生成元一起满足上述条件, 这些推论才能成立.

4.5.2 李氏第二定理

李氏第二定理要解决的问题是, 什么样的一组矩阵才可以作为简单李群的生成元, 由它们可以唯一地解得表示矩阵 $D(R)$, $D(R)$ 应该满足与群元素 R 相同的乘积规则, 而且表示的生成元就是原来的这组矩阵. **由于无穷小元素只描写李群的局域性质, 对于群空间是多连通的李群 G, 它与其覆盖群有相同的无穷小元素.** 用满足一定条件的一组矩阵作为生成元, 解得的线性表示可能是覆盖群的真实表示, 是群 G 的多值表示.

定理 4.2 李群线性表示的生成元满足共同的对易关系

$$I_A I_B - I_B I_A = \mathrm{i}\sum_D C_{AB}{}^D I_D, \tag{4.100}$$

$$C_{AB}{}^D = \left[\frac{\partial S_{DB}(r)}{r_A} - \frac{\partial S_{DA}(r)}{r_B}\right]\Bigg|_{r=0}. \tag{4.101}$$

反之, 满足此对易关系的 g 个矩阵, 可以作为李群表示的一组生成元, 确定简单李群的一个单值或多值表示. 对于给定的李群和选定的实参数, $C_{AB}{}^D$ 是一组确定的实数, 称为李群的结构常数, 它们与具体的线性表示无关.

对定理 4.2, 这里不做证明, 只做一些提示. 根据微分方程理论, 在给定的边界条件 (4.97) 下, 沿任意两条可通过在群空间内连续变形达到重合的路径, 由方程 (4.93) 得到相同解 $D(R)$ 的充要条件是

$$\frac{\partial^2 D(R)}{\partial r_A \partial r_B} = \frac{\partial^2 D(R)}{\partial r_B \partial r_A}. \tag{4.102}$$

而式 (4.100) 和式 (4.101) 是式 (4.102) 的直接结果. 因为生成元是微量微分算符在表示空间中的矩阵形式, 所以微量微分算符也满足相同的对易关系:

$$\left[I_A^{(0)},\ I_B^{(0)}\right] = \mathrm{i}\sum_D C_{AB}{}^D I_D^{(0)}. \tag{4.103}$$

对于给定的李群和选定的参数, 李群的结构常数通常不是根据式 (4.101) 来计算的, 而是选择李群的一个已知的真实表示, 例如, 自身表示, 找出生成元的具体形式, 计算它们的对易关系, 从而确定结构常数. SO(3) 群的微量微分算符是轨道角动量算符, 它们满足角动量算符典型的对易关系:

$$\begin{aligned} &[L_a,\ L_b] = \mathrm{i}\sum_d \epsilon_{abd} L_d, \qquad &&C_{ab}{}^d = \epsilon_{abd}, \\ &[L_3,\ L_\pm] = \pm L_\pm, &&[L_+,\ L_-] = 2L_3. \end{aligned} \tag{4.104}$$

SO(3) 群和 SU(2) 群的结构常数 $C_{ab}{}^d$ 是完全反对称张量 ϵ_{abd}, 它们的任何表示生成元, 例如由式 (4.71) 和式 (4.10) 所给出的生成元, 都必须满足此对易关系. 在量子力学中把这对易关系就称为角动量算符的对易关系, 并在 I_3 和 $I^2 = \sum_a I_a^2$ 对角化的表象里, 计算出生成元的矩阵形式 (4.71), 称为角动量算符的矩阵形式.

4.5.3 李氏第三定理

李氏第三定理解决作为李群的结构常数应该满足的充要条件.

定理 4.3 李群的结构常数满足条件:

$$\begin{gathered} C_{AB}{}^D = -C_{BA}{}^D, \\ \sum_P \left\{C_{AB}{}^P C_{PD}{}^Q + C_{BD}{}^P C_{PA}{}^Q + C_{DA}{}^P C_{PB}{}^Q\right\} = 0. \end{gathered} \tag{4.105}$$

反之, 对满足此条件的一组实常数, 一定存在相应的李群, 以这组常数作为结构常数.

这里只对定理 4.3 做一些说明. 式 (4.105) 中第一式是显然的, 第二式可把式 (4.100) 代入雅可比恒等式计算得到.

$$\begin{aligned}0=&(I_AI_B-I_BI_A)\,I_D-I_D\,(I_AI_B-I_BI_A)+(I_BI_D-I_DI_B)\,I_A\\&-I_A\,(I_BI_D-I_DI_B)+(I_DI_A-I_AI_D)\,I_B-I_B\,(I_DI_A-I_AI_D)\\=&[[I_A,\ I_B],\ I_D]+[[I_B,\ I_D],\ I_A]+[[I_D,\ I_A],\ I_B]\\=&-\sum_P\left\{C_{AB}{}^PC_{PD}{}^Q+C_{BD}{}^PC_{PA}{}^Q+C_{DA}{}^PC_{PB}{}^Q\right\}I_Q.\end{aligned}$$

根据定理 4.3, 可以由结构常数对李群进行分类. 将在下一节做简短讨论. 结构常数相同的李群有相同的局域性质, 称为局域同构. **局域同构的李群整体上不一定同构.** 有两个典型的反例. SU(2) 群和 SO(3) 群有相同的结构常数, 它们局域同构, 但整体上是同态关系. 二维幺正矩阵群 U(2) 包含子群 SU(2), 群元素中常数矩阵的集合也构成子群 U(1), 这两个子群有两个公共元素 $\pm\mathbf{1}$, 因而不是直乘关系. U(2) 群不同构于 SU(2)⊗U(1) 群, 它们只是局域同构.

4.5.4 李群的伴随表示

设 $RSR^{-1}=T$, T 的参数是 S 和 R 的参数的函数,

$$t_A=\psi_A(s_1,s_2,\cdots;r_1,r_2,\cdots)\equiv\psi_A(s;r).$$

$\psi_A(s;r)$ 也是 $2g$ 个变量的实函数. 对真实表示 $D(G)$, $D(R)D(S)D(R)^{-1}=D(T)$. 等式两边对参数 s_A 求导数, 然后取 $s_A=0$, 得

$$\begin{aligned}&D(R)\,\frac{\partial D(S)}{\partial s_A}D(R)^{-1}\bigg|_{s=0}=\sum_B\,\frac{\partial D(T)}{\partial t_B}\bigg|_{t=0}\,\frac{\partial\psi_B(s;r)}{\partial s_A}\bigg|_{s=0},\\&D(R)I_AD(R)^{-1}=\sum_B\,I_BD^{\rm ad}_{BA}(R),\qquad D^{\rm ad}_{BA}(R)=\frac{\partial\psi_B(s;r)}{\partial s_A}\bigg|_{s=0}.\end{aligned}\tag{4.106}$$

式 (4.106) 给出群元素 R 和矩阵 $D^{\rm ad}(R)$ 的一个一一对应或多一对应的关系, 这对应关系对群元素乘积保持不变, 因而 $D^{\rm ad}(R)$ 是李群的一个表示, 称为伴随 (adjoint) 表示. 伴随表示的维数等于李群的阶数, 它是所有李群都有的一个重要表示. 式 (4.106) 类似群元素的共轭变换 $RSR^{-1}=T$, 因而可以说: **伴随表示描写了生成元在共轭变换中的变换性质**.

计算李群伴随表示的生成元. 把式 (4.106) 中的 R 取为无穷小元素, 并用生成元的定义 (4.21) 代入,

$$D(R) = \mathbf{1} - \mathrm{i} \sum_A r_A I_A, \quad D(R)^{-1} = \mathbf{1} + \mathrm{i} \sum_A r_A I_A,$$
$$D^{\mathrm{ad}}_{BA}(R) = \delta_{BA} - \mathrm{i} \sum_D r_D \left(I^{\mathrm{ad}}_D\right)_{BA},$$
$$\mathrm{i} \sum_B C_{DA}{}^B I_B = [I_D,\ I_A] = \sum_B I_B \left(I^{\mathrm{ad}}_D\right)_{BA}.$$

比较可知, 伴随表示的生成元与李群的结构常数直接相关

$$\left(I^{\mathrm{ad}}_D\right)_{BA} = \mathrm{i}\, C_{DA}{}^B. \tag{4.107}$$

利用李氏第三定理, 容易证明 (习题第 15 题) 这组矩阵确实满足对易关系式 (4.100).

通常伴随表示既不是由式 (4.106) 通过微商来计算, 也不是由式 (4.107) 的生成元, 通过解微分方程 (4.93) 来计算, 而是把已知的表示生成元和式 (4.107) 比较, 确定哪个表示是李群的伴随表示. 式 (4.104) 已经给出了 SO(3) 群和 SU(2) 群的结构常数, 代入式 (4.107), 并和式 (4.10) 比较, 可知 SO(3) 群和 SU(2) 群的伴随表示就是 SO(3) 群的自身表示. 代入式 (4.106), 对不可约表示 $D^j(R)$ 或标量函数变换算符 P_R, 有

$$D^j(R) I^j_a D^j(R)^{-1} = \sum_b I^j_b R_{ba}, \quad P_R L_a P_R^{-1} = \sum_b L_b R_{ba}. \tag{4.108}$$

特别是当 $a = 3$, R_{b3} 正是作为矩阵第三列的单位矢量 $\hat{\boldsymbol{m}}$ 的 b 分量, 因而式 (4.108) 给出了轨道角动量算符在任意 $\hat{\boldsymbol{m}}$ 方向分量的表达式

$$\overrightarrow{L} \cdot \hat{\boldsymbol{m}} = P_R L_3 P_R^{-1}, \quad R\hat{\boldsymbol{e}}_3 = \hat{\boldsymbol{m}}. \tag{4.109}$$

因为绕 x_3 轴转动 γ 角的变换 $P_{R(\vec{e_3},\gamma)}$ 可与 L_3 对易, 所以式 (4.109) 左面与转动 $R(\alpha,\beta,\gamma)$ 中的 γ 角无关, 常取 $\gamma = 0$. 如果 $\psi^\ell_m(x)$ 是属于 SO(3) 群不可约表示 D^ℓ m 行的函数, 它是 L_3 的本征函数, 则 $P_R\psi^\ell_m(x)$ 就是 $\overrightarrow{L} \cdot \hat{\boldsymbol{m}}$ 的本征函数. 这就是 $P_R\psi^\ell_m(x)$ 的物理意义:

$$\begin{aligned} &L^2 \left[P_R\psi^\ell_m(x)\right] = \ell(\ell+1) \left[P_R\psi^\ell_m(x)\right], \qquad R = R(\varphi,\theta,\gamma), \\ &\left(\overrightarrow{L} \cdot \hat{\boldsymbol{m}}\right) \left[P_R\psi^\ell_m(x)\right] = m \left[P_R\psi^\ell_m(x)\right], \qquad R\hat{\boldsymbol{e}}_3 = \hat{\boldsymbol{m}}(\theta,\varphi). \end{aligned} \tag{4.110}$$

4.5.5 李代数

在表示矩阵按生成元的展开式 (4.21) 中引入了系数 $-\mathrm{i}$, 使幺正表示的生成元是厄米矩阵, 其代价是在生成元的对易关系式 (4.100) 中出现系数 i. 在数学文献中, 通常取 $-\mathrm{i}I_A$ 作为生成元, 则式 (4.100) 中的系数是实数:

$$[(-\mathrm{i}I_A),\ (-\mathrm{i}I_B)] = \sum_D C_{AB}{}^D\,(-\mathrm{i}I_D)\,. \tag{4.111}$$

在李群的真实表示中, $(-\mathrm{i}I_A)$ 是线性无关的. 以 $(-\mathrm{i}I_A)$ 为基, 它们的所有实线性组合构成实线性空间. 定义此实线性空间矢量的乘积为对易关系式 (4.111), 称为李乘积. 此实线性空间对李乘积是封闭的, 构成实代数, 称为实李代数. 紧致李群的实李代数称为紧致实李代数. 生成元的所有复线性组合构成的线性空间关于李乘积当然也是封闭的, 构成的代数称为复李代数, 简称李代数. 复李代数称为相应的实李代数的复化, 实李代数称为复李代数的实形. 不同的实李代数的复化可能相同. 一个典型的例子是 SO(4) 和洛伦兹群, 它们的区别就是第四轴的实数性条件不同, 前者是实数, 后者是纯虚数. 因为李群的参数规定取实数, 所以这两个群的实李代数不同, 但复李代数是相同的. 正因为它们的实李代数不同, 前者是紧致李群, 存在有限维幺正表示, 后者是非紧致李群, 除恒等表示外只有无限维幺正表示.

设李群 G 有子李群 H, 它们的李代数分别记为 $\mathcal{L}_{\mathrm{G}}$ 和 $\mathcal{L}_{\mathrm{H}} \subset \mathcal{L}_{\mathrm{G}}$. 若对任意的 $X \in \mathcal{L}_{\mathrm{G}}$, $Y \in \mathcal{L}_{\mathrm{H}}$, 必有 $[X,\ Y] \in \mathcal{L}_{\mathrm{H}}$, 则称 $\mathcal{L}_{\mathrm{H}}$ 是 $\mathcal{L}_{\mathrm{G}}$ 的理想. 零和全体是李代数的两个平庸的理想. 如果理想中的任意矢量乘积可以对易, 即矢量的李乘积为零, 则称阿贝尔理想. 李代数存在非平庸理想是李群存在非平庸不变子李群的充要条件.

不存在非平庸不变子李群的李群称为单纯李群, **不存在非平庸理想的李代数称为单纯李代数**. 不存在阿贝尔不变子李群的李群称为半单李群, **除了零空间外不存在阿贝尔理想的李代数称为半单李代数**. 一阶李群没有非平庸子李群, 因而必为单纯李群, 但它是阿贝尔李群, 不是半单李群. 一维李代数是阿贝尔的单纯李代数, 但不是半单李代数. 高于一阶的单纯李群都是半单李群, **高于一维的单纯李代数都是半单李代数**.

从伴随表示的定义式 (4.106) 就可知道, 李群是单纯李群, 即李代数是单纯李代数的充要条件是, 李群的伴随表示是不可约表示. SU(2) 群和 SO(3) 群的伴随表示是不可约表示, 因而它们都是单纯李群, 也是半单的, 但 SO(2) 群和 U(1) 群是一阶阿贝尔单纯李群, 但不是半单的.

4.6 半单李代数的正则形式

4.6.1 基林型和嘉当判据

对于给定的李群, 当参数选定以后, 结构常数也就完全确定了. 但如果重新选择参数 $\overline{\alpha}_A$, 为了保持表示矩阵不变, $\sum\limits_A \alpha_A I_A = \sum\limits_A \overline{\alpha}_A \overline{I}_A$, 生成元和结构常数就要跟着变化:

$$\overline{\alpha}_A = \sum_B \alpha_B \left(X^{-1}\right)_{BA}, \quad \overline{I}_A = \sum_Q X_{AD} I_D,$$
$$\overline{C}_{AB}{}^D = \sum_{PQS} X_{AP} X_{BQ} C_{PQ}{}^S \left(X^{-1}\right)_{SD}. \tag{4.112}$$

李氏第三定理告诉我们, 根据结构常数的性质可以对李代数进行分类. 但是对于给定的李群和李代数, 由于参数的不同选择, 生成元和结构常数都按式 (4.112) 发生相应的组合, 可见不是结构常数的全部性质都反映李代数的本质. 必须首先把结构常数中反映李代数本质的量提炼出来, 才能用来对李代数进行分类. 基林型就是结构常数中反映李代数本质的量.

由结构常数 $C_{AB}{}^D$ 定义基林型 g_{AB}:

$$g_{AB} = \sum_{PQ} C_{AP}{}^Q C_{BQ}{}^P = -\mathrm{Tr}\left(I_A^{\mathrm{ad}} I_B^{\mathrm{ad}}\right), \tag{4.113}$$

g_{AB} 关于下标对称, 在参数变换 (4.112) 中, 它按对称张量变换:

$$g'_{AB} = \sum_{A'B'} X_{AA'} X_{BB'} g_{A'B'}, \quad g' = XgX^{\mathrm{T}}, \tag{4.114}$$

若把它看成度规张量, 可以定义含三个下标的协变结构常数 C_{ABD}, 由李氏第三定理容易证明三个下标是完全反对称的 (习题第 19 题):

$$C_{ABD} = \sum_P C_{AB}{}^P g_{PD} = -C_{BAD} = -C_{ADB}. \tag{4.115}$$

定理 4.4(嘉当判据)　半单李代数的充要条件是

$$\det\ g \neq 0, \tag{4.116}$$

紧致半单实李代数的充要条件是基林型是负定的.

我们只对此定理做适当解释. 对实李代数, 基林型是实对称矩阵. 由式 (4.114) 知, 通过李群实参数的重新选择, 实对称矩阵 g_{AB} 可通过实正交相似变换对角化, 再通过对角的实标度变换, 可把对角元化为 ± 1 或 0. 但**参数的选择不能改变基林型零本征值的数目, 实参数的选择不能改变基林型非零本征值的符号**. 嘉当判据指出: 半单李代数的基林型没有零本征值, 紧致半单实李代数的基林型的本征值全是负的. 因此, 对半单李代数, 基林型 g_{AB} 存在对称的逆矩阵, 记为 g^{AB}. g_{AB} 和 g^{AB} 相当于度规张量, 可以用来升降指标. 对紧致的半单实李代数, 可以通过实参数的选择, 把基林型化为 $g_{AB} = -\tau\delta_{AB}$, $g^{AB} = -\tau^{-1}\delta_{AB}$, $\tau > 0$. **在此选择下, 结构常数对三个指标完全反对称**:

$$C_{AB}{}^D = -C_{BA}{}^D = \sum_P C_{ABP} g^{PD} = -\tau^{-1} C_{ABD} = -C_{AD}{}^B. \tag{4.117}$$

但对一般的半单实李代数, 可能要通过复化后基林型才能化成这种形式.

物理上见到的紧致半单实李代数, 都已经选好实参数, **使基林型是负常数矩阵, 结构常数对三个指标是完全反对称的**. 代回式 (4.107) 知: 在此条件下, 伴随表示是实正交表示. 正如习题第 20 题中让读者证明的, 对紧致李群, 在此条件下的生成元平方和可与每一生成元对易, 称为二阶卡西米尔算子, 它在不可约表示中取常数矩阵,

$$\sum_A I_A^\lambda I_A^\lambda = C_2(\lambda)\mathbf{1}, \tag{4.118}$$

其中, I_A^λ 是不可约表示 D^λ 的生成元, $C_2(\lambda)$ 称为在此表示中的二阶卡西米尔不变量. SO(3) 群的二阶卡西米尔算子就是轨道角动量平方算符, 卡西米尔不变量 $C_2(\lambda)$ 为 $\ell(\ell+1)$ (式 (4.80)).

4.6.2 半单李代数的分类

本小节介绍半单李代数理论的一些重要结论. 根据嘉当判据, 半单李代数的基林型是非奇的. 因此可通过实参数的适当选择, 使半单实李代数的基林型成为对角矩阵, 对角元为 ±1. 在这些有相同复李代数的半单实李代数中, 有一个实李代数的基林型是 $g_{jk}=-\delta_{jk}$, 它是紧致的实李代数. 其他的实李代数则不是紧致的, 因为它们参数的复数性条件和紧致实李代数不同. 研究清楚紧致半单实李代数的不可约表示, 只需把若干实参数改成纯虚数, 就可以得到其他非紧致半单实李代数的不可约表示. 洛伦兹群的线性表示就是用这方法来研究的.

紧致的半单实李代数可以定义群上的积分, 因此有限群的性质可以推广到紧致半单实李代数中来. 既然紧致半单实李代数的伴随表示是实正交表示, 它就可以通过实正交相似变换, 分解为不可约的实正交表示的直和, 即紧致半单实李代数可以分解为高于一维的紧致单纯实李代数的直和. 改变若干参数的实数性条件, 同样可以证明任何半单李代数可以分解为若干高于一维的单纯李代数的直和. **下面我们只研究高于一维的紧致单纯实李代数的性质, 而且就简称为李代数**.

李代数中能互相对易的最多生成元的数目 ℓ, 称为李代数 $\mathcal{L}$ 的秩 (rank), 也是对应李群的秩. 这些互相对易的生成元记为 H_j, 它们的线性组合构成李代数 $\mathcal{L}$ 的一个子李代数 (不是理想!), 称为嘉当子代数 $\mathcal{H}$:

$$[H_j,\ H_k]=0,\quad H_j\in\mathcal{H},\quad 1\leqslant j\leqslant\ell.$$

李代数 $\mathcal{L}$ 中余下的 $(g-\ell)$ 个生成元 E_α 都是 ℓ 个 H_j 的共同本征矢量,

$$[H_j,\ E_\alpha]=\alpha_j E_\alpha.$$

本征值 $\boldsymbol{\alpha}$ 是 ℓ 维实欧氏空间的非零矢量, 称为根矢量, 简称根. 根矢量两两成对, 互差负号. 除了正负成对的根外, 根矢量互不平行. 根矢量满足关系

$$\Gamma\left(\boldsymbol{\alpha}/\boldsymbol{\beta}\right) \equiv \frac{2\boldsymbol{\alpha}\cdot\boldsymbol{\beta}}{\boldsymbol{\beta}\cdot\boldsymbol{\beta}} = q - p, \tag{4.119}$$

其中 p 和 q 是非负整数, 由根链 $\boldsymbol{\alpha}+n\boldsymbol{\beta}$ 的端值决定: $-q \leqslant n \leqslant p$.

当 H_j 的次序排定后, 第一个非零分量大于零的根称为正根, 否则称为负根, 对应正根 $\boldsymbol{\alpha}$ 的生成元 $E_{\boldsymbol{\alpha}}$ 称为升算符, $E_{-\boldsymbol{\alpha}}$ 称为降算符. 因为 H_j 互相对易, 也称对应零根的生成元. 这样一组生成元 H_j 和 $E_{\boldsymbol{\alpha}}$ 称为嘉当 – 韦尔基, 它们满足正则对易关系

$$\begin{aligned} &[H_j,\ H_k] = 0, \quad [H_j,\ E_\alpha] = \alpha_j E_\alpha, \\ &[E_{\boldsymbol{\alpha}},\ E_{\boldsymbol{\beta}}] = \begin{cases} N_{\boldsymbol{\alpha},\boldsymbol{\beta}} E_{\boldsymbol{\alpha}+\boldsymbol{\beta}}, & \boldsymbol{\alpha}+\boldsymbol{\beta} \ \text{是根}, \\ \sum\limits_j \alpha_j H_j, & \boldsymbol{\beta} = -\boldsymbol{\alpha}, \\ 0, & \text{其他}, \end{cases} \\ &N_{\boldsymbol{\alpha},\boldsymbol{\beta}} = -N_{\boldsymbol{\beta},\boldsymbol{\alpha}} = \sqrt{p(q+1)\boldsymbol{\beta}^2/2}. \end{aligned} \tag{4.120}$$

不能表达成其他正根的非负整数线性组合的正根称为素根 (simple). 因此素根之差不是根, 素根线性无关, ℓ 秩李代数只有 ℓ 个素根, 每个正根都可表达成素根的非负整数线性组合. 式 (4.119) 对根有很强的限制, 它要求素根的夹角只能是 $5\pi/6$, $3\pi/4$, $2\pi/3$, 和 $\pi/2$, 对应素根长度平方之比为 1:3, 1:2, 1:1 和没有限制. 经过简单的代数运算可以证明, 每一个单纯李代数的素根最多只有两种长度, 较长的素根用白圈表示, 较短的素根用黑圈表示. 长度平方之比为 $1{:}n$ 的两个圈用 n 线 (单线, 双线和三线) 相连. 互相正交的素根, 长度比没有限制, 对应的两个圈不用线相连. 通常让生成元乘一个公共常数, 使长根长度平方为 2, 而基林型是负的常数矩阵. 与嘉当子代数有关的基林型为

$$g_{jk} = \sum_{PQ} C_{jP}{}^{Q} C_{BQ}{}^{P} = \sum_{\boldsymbol{\alpha}} C_{j\boldsymbol{\alpha}}{}^{\boldsymbol{\alpha}} C_{k\boldsymbol{\alpha}}{}^{\boldsymbol{\alpha}} = -\sum_{\boldsymbol{\alpha}\in\Delta} \alpha_j \alpha_k = -c\delta_{jk}, \tag{4.121}$$

其中, Δ 是单纯李代数全部根矢量的集合. 这样, 所有高于一维的紧致单纯实李代数可以用所谓邓金 (Dynkin) 图来分类, 如图 4.5 所示.

四种构成系列的李代数称为典型 (classical) 李代数, 其他五个李代数称为例外 (exceptional) 李代数. 下面我们将解释, 典型李代数所对应的李群分别是: A_ℓ 李代数对应 $\mathrm{SU}(\ell+1)$ 群, B_ℓ 李代数对应 $\mathrm{SO}(2\ell+1)$ 群, D_ℓ 李代数对应 $\mathrm{SO}(2\ell)$ 群, C_ℓ 李代数对应 $\mathrm{USp}(2\ell)$ 群.

(1) A_ℓ 李代数. 所有 $N \times N$ 幺模幺正矩阵 u 的集合

$$u^\dagger u = \mathbf{1}, \quad \det u = 1, \tag{4.122}$$

按照矩阵乘积规则, 满足群的四个条件, 因而构成群, 称为 $\mathrm{SU}(N)$ 群. U 代表幺正, S 代表幺模, 即矩阵行列式为 1. 一个 N 维复矩阵包含 $2N^2$ 个实参数. 幺正矩阵的

列矩阵互相正交归一, 归一化条件给出 N 个实条件, 正交条件给出 $N(N-1)/2$ 个复条件, 相当 $N(N-1)$ 个实条件, 行列式为 1 又给出一个实条件. 因此描写 SU(N) 群元素的独立实参数数目为 $g=2N^2-N-N(N-1)-1=N^2-1$. SU(N) 群是紧致简单李群.

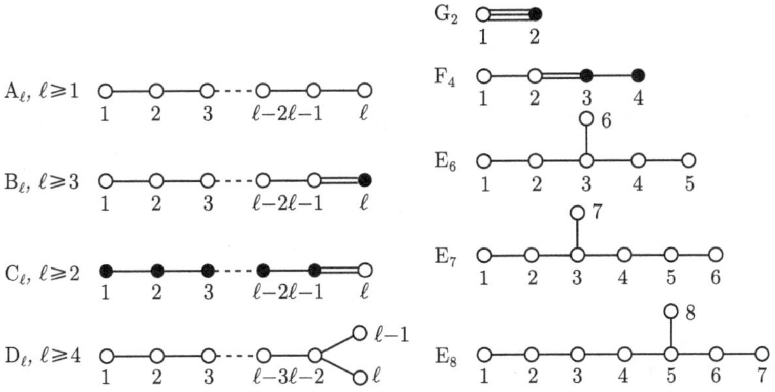

图 4.5 单纯李代数的邓金图

讨论 SU(N) 群的无穷小元素 $u\in$SU(N),

$$\begin{aligned}
&u=\mathbf{1}-\mathrm{i}\sum_{a=1}^{N-1}\sum_{b=a+1}^{N}\left[\omega_{ab}^{(1)}T_{ab}^{(1)}+\omega_{ab}^{(2)}T_{ab}^{(2)}\right]-\mathrm{i}\sum_{a=2}^{N}\omega_{a}^{(3)}T_{a}^{(3)},\\
&\left(T_{ab}^{(1)}\right)_{cd}=\left(T_{ba}^{(1)}\right)_{cd}=\left(T_{ab}^{(1)}\right)_{dc}=\frac{1}{2}\left(\delta_{ac}\delta_{bd}+\delta_{bc}\delta_{ad}\right),\\
&\left(T_{ab}^{(2)}\right)_{cd}=-\left(T_{ba}^{(2)}\right)_{cd}=-\left(T_{ab}^{(2)}\right)_{dc}=\frac{-\mathrm{i}}{2}\left(\delta_{ac}\delta_{bd}-\delta_{bc}\delta_{ad}\right),\\
&\left(T_{a}^{(3)}\right)_{cd}=\begin{cases}\delta_{cd}\left\{2a(a-1)\right\}^{-1/2}, & c<a,\\ -\delta_{cd}\left\{(a-1)/(2a)\right\}^{1/2}, & c=a,\\ 0, & c>a.\end{cases}
\end{aligned}\tag{4.123}$$

三类生成元正是三个 $\sigma_a/2$ 矩阵的推广, 满足归一化条件 $\mathrm{Tr}(T_AT_B)=\delta_{AB}/2$. 互相对易的生成元 $T_a^{(3)}$ 构成嘉当子代数, 共有 $N-1=\ell$ 个,

$$H_j=\sqrt{2}T_{N-j+1}^{(3)},\quad 1\leqslant j\leqslant N-1=\ell.\tag{4.124}$$

余下的生成元都是 H_j 的共同本征矢量

$$\begin{aligned}
&E_{\pm\boldsymbol{\alpha}_{ab}}=T_{ab}^{(1)}\pm\mathrm{i}T_{ab}^{(2)},\quad [H_j,\ E_{\pm\boldsymbol{\alpha}_{ab}}]=\pm\left(\boldsymbol{\alpha}_{ab}\right)_j E_{\boldsymbol{\alpha}_{ab}},\quad a<b,\\
&\left(\boldsymbol{\alpha}_{ab}\right)_j=\sqrt{2}\left(T_{N-j+1}^{(3)}\right)_{aa}-\sqrt{2}\left(T_{N-j+1}^{(3)}\right)_{bb}=\left(H_j\right)_{aa}-\left(H_j\right)_{bb}.
\end{aligned}\tag{4.125}$$

素根是 $\boldsymbol{r}_\mu=\boldsymbol{\alpha}_{\mu(\mu+1)}$, $1\leqslant\mu\leqslant\ell$, 它们满足内积关系

$$\boldsymbol{r}_\mu \cdot \boldsymbol{r}_\nu = 2\delta_{\mu\nu} - \delta_{\mu(\nu-1)} - \delta_{\mu(\nu+1)}. \tag{4.126}$$

素根长度平方为 2, 相邻素根夹角为 $2\pi/3$, 因而 $\mathrm{SU}(\ell+1)$ 群的李代数是 A_ℓ 李代数.

(2) B_ℓ 和 D_ℓ 李代数. 所有 $N\times N$ 实正交矩阵 R 的集合

$$R^T R = \mathbf{1}, \quad R^* = R, \tag{4.127}$$

按照矩阵乘积规则, 满足群的四个条件, 因而构成群, 称为 N 维实正交矩阵群, 记为 $\mathrm{O}(N)$ 群. 由式 (4.127) 得 $\det R = \pm 1$. $\mathrm{O}(N)$ 群是混合李群. $\mathrm{O}(N)$ 群中行列式为 1 的元素集合构成不变子群, 记为 $\mathrm{SO}(N)$ 群. S 代表幺模, O 代表实正交. 一个 N 维实矩阵, 包含 N^2 个实参数. 实正交矩阵的列矩阵互相正交归一, 给出 $N(N+1)/2$ 个实条件. 因此 $\mathrm{SO}(N)$ 群元素的独立实参数数目为 $g = N^2 - N(N+1)/2 = N(N-1)/2$. $\mathrm{SO}(N)$ 群是紧致简单李群. $\mathrm{SO}(N)$ 群是 $\mathrm{SU}(N)$ 群的子李群, 取参数 $\omega_{ab}^{(1)} = \omega_a^{(3)} = 0$. 但为了符合 $\mathrm{SO}(3)$ 群的推广, 常取

$$\begin{aligned}
&\omega_{ab} = \omega_{ab}^{(2)}/2, \quad T_{ab} = 2T_{ab}^{(2)}, \\
&\mathrm{Tr}\left(T_{ab}T_{cd}\right) = 2\left(\delta_{ac}\delta_{bd} - \delta_{ad}\delta_{bc}\right), \\
&\left[T_{ab},\ T_{cd}\right] = -\mathrm{i}\left\{\delta_{bc}T_{ad} + \delta_{ad}T_{bc} - \delta_{bd}T_{ac} - \delta_{ac}T_{bd}\right\}.
\end{aligned} \tag{4.128}$$

对 $\mathrm{SO}(2\ell)$ 群和 $\mathrm{SO}(2\ell+1)$ 群, 有 ℓ 个互相对易的生成元, 把它们取作嘉当子代数的基 H_j

$$H_j = T_{(2j-1)(2j)}, \quad 1 \leqslant j \leqslant \ell. \tag{4.129}$$

余下的生成元要组合成 H_j 的共同本征矢量, 即 $[H_j, E_{\boldsymbol{\alpha}}] = \alpha_j E_{\boldsymbol{\alpha}}$. 对 $\mathrm{SO}(2\ell)$ 群有

$$\begin{aligned}
E_{ab}^{(1)} &= \frac{1}{2}\left[T_{(2a)(2b-1)} - \mathrm{i}T_{(2a-1)(2b-1)} - \mathrm{i}T_{(2a)(2b)} - T_{(2a-1)(2b)}\right], \\
E_{ab}^{(2)} &= \frac{1}{2}\left[T_{(2a)(2b-1)} + \mathrm{i}T_{(2a-1)(2b-1)} + \mathrm{i}T_{(2a)(2b)} - T_{(2a-1)(2b)}\right], \\
E_{ab}^{(3)} &= \frac{1}{2}\left[T_{(2a)(2b-1)} - \mathrm{i}T_{(2a-1)(2b-1)} + \mathrm{i}T_{(2a)(2b)} + T_{(2a-1)(2b)}\right], \\
E_{ab}^{(4)} &= \frac{1}{2}\left[T_{(2a)(2b-1)} + \mathrm{i}T_{(2a-1)(2b-1)} - \mathrm{i}T_{(2a)(2b)} + T_{(2a-1)(2b)}\right],
\end{aligned} \tag{4.130}$$

其中, $a < b$, 分别对应根矢量: $\{\boldsymbol{e}_a - \boldsymbol{e}_b\}_j$, $\{-\boldsymbol{e}_a + \boldsymbol{e}_b\}_j$, $\{\boldsymbol{e}_a + \boldsymbol{e}_b\}_j$ 和 $\{-\boldsymbol{e}_a - \boldsymbol{e}_b\}_j$, 而 $\{\boldsymbol{e}_a\}_j = \delta_{aj}$. 对 $\mathrm{SO}(2\ell+1)$ 群还要补充两组生成元:

$$\begin{aligned}
E_a^{(5)} &= \sqrt{\frac{1}{2}}\left[T_{(2a)(2\ell+1)} - \mathrm{i}T_{(2a-1)(2\ell+1)}\right], \\
E_a^{(6)} &= \sqrt{\frac{1}{2}}\left[T_{(2a)(2\ell+1)} + \mathrm{i}T_{(2a-1)(2\ell+1)}\right],
\end{aligned} \tag{4.131}$$

对应的根矢量为 $\{\boldsymbol{e}_a\}_j$ 和 $-\{\boldsymbol{e}_a\}_j$. 由正根中选出 ℓ 个素根. 对 SO(2ℓ) 群有

$$\boldsymbol{r}_\mu = \boldsymbol{e}_\mu - \boldsymbol{e}_{\mu+1}, \quad \boldsymbol{r}_\ell = \boldsymbol{e}_{\ell-1} + \boldsymbol{e}_\ell, \quad 1 \leqslant \mu \leqslant \ell - 1. \tag{4.132}$$

素根长度平方之半为 $d_\mu = 1$. 相邻素根夹角为 $2\pi/3$, 但 $\boldsymbol{r}_\ell$ 只与 $\boldsymbol{r}_{\ell-2}$ 的夹角是 $2\pi/3$, 与其他素根都垂直. 可见 SO(2ℓ) 群的李代数是 D_ℓ.

对 SO($2\ell+1$) 群, 素根为

$$\boldsymbol{r}_\mu = \boldsymbol{e}_\mu - \boldsymbol{e}_{\mu+1}, \quad \boldsymbol{r}_\ell = \boldsymbol{e}_\ell, \quad 1 \leqslant \mu \leqslant \ell - 1. \tag{4.133}$$

素根长度平方之半, 除了 $d_\ell = 1/2$ 外, 其余 $d_\mu = 1$. 相邻素根夹角为 $2\pi/3$, 但 $\boldsymbol{r}_\ell$ 与 $\boldsymbol{r}_{\ell-1}$ 的夹角是 $3\pi/4$. 可见 SO($2\ell+1$) 群的李代数是 B_ℓ.

(3) C_ℓ 李代数. 在 2ℓ 维空间, 矢量指标 a 按下列次序取 j 或 $\overline{j}$, $1 \leqslant j \leqslant \ell$,

$$a = 1,\ \overline{1},\ 2,\ \overline{2},\ \cdots,\ \ell,\ \overline{\ell}. \tag{4.134}$$

引入 2ℓ 维反对称矩阵 J,

$$\begin{gathered} J_{ab} = \begin{cases} 1, & a = j, \quad b = \overline{j}, \\ -1, & a = \overline{j}, \quad b = j, \\ 0, & \text{其他}, \end{cases} \\ J = \mathbf{1}_\ell \times (\mathrm{i}\sigma_2) = -J^{-1} = -J^T, \quad \det\ J = 1. \end{gathered} \tag{4.135}$$

作为实正交矩阵的推广, 把实正交矩阵定义中的单位矩阵 $\mathbf{1}$ 换成反对称矩阵 J,

$$R^T J R = J, \quad R^* = R, \tag{4.136}$$

称为实辛矩阵. 实辛矩阵的乘积仍是实辛矩阵. 矩阵乘积满足结合律. 恒元满足式 (4.136), 也是实辛矩阵. 实辛矩阵 R 的逆矩阵和转置也是实辛矩阵

$$\begin{aligned} & R^{-1} = -JR^TJ, \quad RJR^T = J, \\ & \left(R^{-1}\right)^T J R^{-1} = (-JRJ)JR^{-1} = J. \end{aligned} \tag{4.137}$$

所有 $(2\ell) \times (2\ell)$ 实辛矩阵 R 的集合, 按照矩阵乘积构成群, 称为实辛群 (real symplectic group), 记为 $\mathrm{Sp}(2\ell, R)$. 实辛矩阵的行列式为 1, 实辛群是简单李群. 实辛群中元素 R 是对角矩阵时, 由定义式 (4.136) 得

$$R = \mathrm{diag}\left\{e^{\omega_1},\ e^{-\omega_1},\ e^{\omega_2},\ e^{-\omega_2},\ \cdots,\ e^{\omega_\ell},\ e^{-\omega_\ell}\right\},$$

其中, 参数 ω_j 可取任意大的实数. 因此实辛群不是紧致李群. 把式 (4.135) 中实矩阵条件改为幺正矩阵条件.

$$u^T J u = J, \qquad u^\dagger u = \mathbf{1}, \tag{4.138}$$

称为酉辛矩阵. 所有 $(2\ell)\times(2\ell)$ 酉辛矩阵 u 的集合, 按照矩阵乘积构成群, 称为酉辛群 (unitary symplectic group), 记为 $\mathrm{USp}(2\ell)$. 酉辛矩阵的行列式为 1. 酉辛群中元素 u 是对角矩阵时, 由定义式 (4.138) 得

$$u=\mathrm{diag}\left\{e^{-\mathrm{i}\varphi_1},\ e^{\mathrm{i}\varphi_1},\ e^{-\mathrm{i}\varphi_2},\ e^{\mathrm{i}\varphi_2},\ \cdots,\ e^{-\mathrm{i}\varphi_\ell},\ e^{\mathrm{i}\varphi_\ell}\right\}.$$

参数 φ_j 有限, $-\pi\leqslant\varphi_j\leqslant\pi$. 因此酉辛群是紧致简单李群.

讨论酉辛群的无穷小元素 $u\in\mathrm{USp}(2\ell)$,

$$u=\mathbf{1}-\mathrm{i}\beta Y,\quad Y^T=JYJ,\quad Y^\dagger=Y. \tag{4.139}$$

2ℓ 维的厄米矩阵 Y 包含 $4\ell^2$ 个实参数. $Y^T=JYJ$ 写成分量形式为 $Y_{kj}=-Y_{\overline{j}\overline{k}}$, $Y_{\overline{k}j}=Y_{\overline{j}k}$. 给出的实约束条件个数是 $\ell^2+\ell(\ell-1)=\ell(2\ell-1)$. 这样, 酉辛群群元素的独立实参数数目为 $g=4\ell^2-\ell(2\ell-1)=\ell(2\ell+1)$. 酉辛群 $\mathrm{USp}(2\ell)$ 自身表示的生成元可利用 $\mathrm{SU}(\ell)$ 群自身表示的生成元 $T^{(1)}_{jk}$, $T^{(2)}_{jk}$ 和泡利矩阵 σ_d 来表出. 按照式 (4.139) 的要求, 有

$$\begin{aligned}&T^{(2)}_{jk}\times\mathbf{1}_2,\quad T^{(1)}_{jk}\times\sigma_d,\quad T^{(1)}_{jj}\times\sigma_d/\sqrt{2},\\&1\leqslant d\leqslant 3,\quad 1\leqslant j<k\leqslant\ell.\end{aligned} \tag{4.140}$$

这些生成元满足归一化条件 $\mathrm{Tr}(T_AT_B)=\delta_{AB}$, 它保证了结构常数关于三个指标完全反对称, 也保证了基林型是负常数矩阵, 即酉辛群的实李代数是紧致的. 实辛群 $\mathrm{Sp}(2\ell,R)$ 自身表示的生成元是纯虚矩阵, 因而只要把式 (4.140) 中的 σ_1 和 σ_3 矩阵乘 i, 变成纯虚的 $\tau_1=\mathrm{i}\sigma_1$ 和 $\tau_3=\mathrm{i}\sigma_3$ 矩阵, 就得到实辛群 $\mathrm{Sp}(2\ell,R)$ 自身表示的生成元. 由于部分生成元添了 i, 实辛群是非紧致李群.

酉辛群 $\mathrm{USp}(2\ell)$ 自身表示生成元式 (4.140) 中的对角矩阵构成酉辛群李代数中的嘉当子代数

$$H_j=T^{(1)}_{jj}\times\sigma_3/\sqrt{2},\quad 1\leqslant j\leqslant\ell. \tag{4.141}$$

余下的生成元要组合成 H_j 的共同本征矢量, 即 $[H_j,\ E_{\boldsymbol{\alpha}}]=\alpha_jE_{\boldsymbol{\alpha}}$,

$$\left.\begin{aligned}E^{(1)}_{jk}&=\left\{T^{(1)}_{jk}\times\sigma_3+\mathrm{i}T^{(2)}_{jk}\times\mathbf{1}_2\right\}/\sqrt{2},\\E^{(2)}_{jk}&=\left\{T^{(1)}_{jk}\times\sigma_3-\mathrm{i}T^{(2)}_{jk}\times\mathbf{1}_2\right\}/\sqrt{2},\\E^{(3)}_{jk}&=T^{(1)}_{jk}\times(\sigma_1+\mathrm{i}\sigma_2)/\sqrt{2},\\E^{(4)}_{jk}&=T^{(1)}_{jk}\times(\sigma_1-\mathrm{i}\sigma_2)/\sqrt{2},\\E^{(5)}_{j}&=T^{(1)}_{jj}\times(\sigma_1+\mathrm{i}\sigma_2)/2,\\E^{(6)}_{j}&=T^{(1)}_{jj}\times(\sigma_1-\mathrm{i}\sigma_2)/2,\end{aligned}\right\}\quad j<k, \tag{4.142}$$

对应的根矢量分别为 $\sqrt{1/2}\,(\boldsymbol{e}_j-\boldsymbol{e}_k)$, $-\sqrt{1/2}\,(\boldsymbol{e}_j-\boldsymbol{e}_k)$, $\sqrt{1/2}\,(\boldsymbol{e}_j+\boldsymbol{e}_k)$, $-\sqrt{1/2}(\boldsymbol{e}_j+\boldsymbol{e}_k)$, $\sqrt{2}\boldsymbol{e}_j$ 和 $-\sqrt{2}\boldsymbol{e}_j$. 从中选出素根:

$$\boldsymbol{r}_\mu=\sqrt{1/2}\,(\boldsymbol{e}_\mu-\boldsymbol{e}_{\mu+1}),\quad 1\leqslant\mu\leqslant\ell-1,\quad \boldsymbol{r}_\ell=\sqrt{2}\boldsymbol{e}_\ell. \tag{4.143}$$

前 $\ell-1$ 个素根长度平方之半是 $d_\mu=1/2$, 最后一个素根 $d_\ell=1$. 相邻素根夹角为 $2\pi/3$, 但 $\boldsymbol{r}_\ell$ 与 $\boldsymbol{r}_{\ell-1}$ 的夹角是 $3\pi/4$. 可见 USp(2ℓ) 群的李代数是 C_ℓ.

4.7 直乘表示的约化和旋量的概念

4.7.1 直乘表示的约化

属 SO(3) 群不可约表示 D^ℓ m 行的函数 $\psi^\ell_m(x)$ 是轨道角动量的本征函数. 设两个子系统都处于有确定角动量的状态, 则它们合成的复合系统, 波函数是子系统波函数的乘积, 按 SO(3) 群两不可约表示的直乘表示变化. 直乘表示一般是可约表示, 可按不可约表示约化, 波函数也经过组合, 按 SO(3) 群不可约表示变换, 构成总角动量的本征函数. 因此 SO(3) 群不可约表示的直乘分解问题, 直接和两个子系统角动量相加问题相联系. 由于 SO(3)~SU(2), 这里直接讨论 SU(2) 群的两不可约表示的直乘表示约化问题. 约化 SU(2) 群直乘表示 $D^j(u)\times D^k(u)$ 的相似变换矩阵 C^{jk} 称为克莱布什–戈登矩阵:

$$\left(C^{jk}\right)^{-1}\left\{D^j(u)\times D^k(u)\right\}C^{jk}=\bigoplus_J a_J D^J(u). \tag{4.144}$$

不可约表示 $D^J(u)$ 出现的重数 a_J 可按特征标公式 (4.45) 计算, 也可以把 SU(2) 群不可约表示的特征标公式 (4.69) 直接代入下式计算:

$$\chi^j(\omega)\chi^k(\omega)=\sum_J a_J\chi^J(\omega),$$

实际上这是单纯李群不可约表示直乘分解的更一般计算方法. 不失普遍性, 设 $j\geqslant k$, 得

$$\begin{aligned}\chi^j(\omega)&=\sum_{\mu=-j}^{j}\mathrm{e}^{-\mathrm{i}\mu\omega}=\sum_{\mu=-j}^{j}\mathrm{e}^{\mathrm{i}\mu\omega}=\frac{\mathrm{e}^{\mathrm{i}(j+1)\omega}-\mathrm{e}^{-\mathrm{i}j\omega}}{\mathrm{e}^{\mathrm{i}\omega}-1},\\ \chi^j(\omega)\chi^k(\omega)&=\sum_{\mu=-k}^{k}\frac{\mathrm{e}^{\mathrm{i}(j+\mu+1)\omega}-\mathrm{e}^{-\mathrm{i}(j+\mu)\omega}}{\mathrm{e}^{\mathrm{i}\omega}-1}\\ &=\sum_{J=j-k}^{j+k}\frac{\mathrm{e}^{\mathrm{i}(J+1)\omega}-\mathrm{e}^{-\mathrm{i}J\omega}}{\mathrm{e}^{\mathrm{i}\omega}-1}=\sum_{J=j-k}^{j+k}\chi^J(\omega).\end{aligned} \tag{4.145}$$

当 $j<k$ 时, $j-k$ 换成 $k-j$. 一般地有

$$a_J = \begin{cases} 1, & J = j+k,\ j+k-1,\ \cdots,\ |j-k|, \\ 0, & \text{其他}. \end{cases} \tag{4.146}$$

将式 (4.146) 代入式 (4.144), 得到的不可约表示直和就是 SU(2) 群 [或 SO(3) 群] 的克莱布什–戈登级数. 两个角动量为 j 和 k 的子系统耦合成复合系统时, 总角动量 J 可取式 (4.146) 给出的 $2k+1$ (当 $j \geqslant k$ 时) 或 $2j+1$ (当 $j \leqslant k$ 时) 个数值, 而且每个值都只出现一次. 在量子力学中这规则称为角动量的矢量相加规则. 因为在 j, k 和 J 三个数值中, 任何一个不大于另两个之和, 不小于另两个之差, 就像三角形的三条边长满足的关系, 因而这规则也称为三角形规则, 记为 $\triangle(j,k,J)$. 当然这里三个指标都只能取整数或半奇数.

相似变换矩阵 C^{jk} 与 j 和 k 有关, 它的行指标用 $\mu\nu$ 标记, 列指标用 JM 标记, 矩阵元素称为克莱布什–戈登系数, 简称 CG 系数. 标记这系数的符号在文献中很不统一, 但无论哪种记法都必须显示这六个指标. 本书采用矩阵元素的形式, 记为 $C^{jk}_{\mu\nu JM}$, 常见的还有类似狄拉克符号的形式, 记为 $\langle jk\mu\nu|jkJM\rangle$, 或 $\langle j\mu, k\nu|JM\rangle$.

把式 (4.144) 写成生成元的形式. 注意生成元是由表示矩阵的微商来计算的, 因而直乘表示的生成元为

$$I^j_a \times \mathbf{1}_{2k+1} + \mathbf{1}_{2j+1} \times I^k_a. \tag{4.147}$$

代入式 (4.144) 得

$$\sum_\rho \left(I^j_a\right)_{\mu\rho} C^{jk}_{\rho\nu JM} + \sum_\lambda \left(I^k_a\right)_{\nu\lambda} C^{jk}_{\mu\lambda JM} = \sum_N C^{jk}_{\mu\nu JN} \left(I^J_a\right)_{NM}. \tag{4.148}$$

取 $a=3$, 因生成元 I_3 是对角矩阵, 得

$$(\mu+\nu)C^{jk}_{\mu\nu JM} = MC^{jk}_{\mu\nu JM},$$

即

$$C^{jk}_{\mu\nu JM} = 0, \quad \text{当}\ \ M \neq \mu+\nu. \tag{4.149}$$

这反映了在两角动量作矢量求和时, 角动量沿 x_3 轴的分量按标量相加.

用 $I_\pm = I_1 \pm \mathrm{i}I_2$ 代替式 (4.148) 中的 I_a, 并以式 (4.73) 的矩阵形式代入得

$$\Gamma^j_{\pm\mu} C^{jk}_{(\mu\mp1)\nu JM} + \Gamma^k_{\pm\nu} C^{jk}_{\mu(\nu\mp1)JM} = C^{jk}_{\mu\nu J(M\pm1)} \Gamma^J_{\mp M}, \tag{4.150}$$

此式包含两个公式, 称为 CG 系数的递推关系, 由它们可计算 CG 系数.

SU(2) 群是紧致李群, 我们只需讨论它的幺正表示和幺正的相似变换, 即 C^{jk} 是幺正矩阵. 对 SU(2) 群, 虽然克莱布什–戈登级数中没有重表示, 但有相同 J 的 CG 系数还允许乘一个公共的相因子. 对 CG 级数中每一个表示 D^J, 选择相因子

使系数 $C^{jk}_{j(-k)J(j-k)}$ 是正实数. 因为递推关系式 (4.150) 的系数都是实数, 所以在上述相位规定下, 所有 CG 系数都是实数, C^{jk} 矩阵是实正交矩阵

$$\begin{aligned}&\sum_{\mu\nu} C^{jk}_{\mu\nu JM} C^{jk}_{\mu\nu J'M'} = \delta_{JJ'}\delta_{MM'},\\&\sum_{JM} C^{jk}_{\mu\nu JM} C^{jk}_{\mu'\nu' JM} = \delta_{\mu\mu'}\delta_{\nu\nu'}.\end{aligned} \tag{4.151}$$

由式 (4.149), 式中的求和指标其实只有一个是独立的, 因而可写为

$$\begin{aligned}&\sum_{\mu} C^{jk}_{\mu(M-\mu)JM} C^{jk}_{\mu(M-\mu)J'M} = \delta_{JJ'},\\&\sum_{J} C^{jk}_{\mu(M-\mu)JM} C^{jk}_{\mu'(M-\mu')JM} = \delta_{\mu\mu'}.\end{aligned} \tag{4.152}$$

SU(2) 群的克莱布什–戈登系数主要有两种计算方法. 一种是由递推关系式 (4.150) 计算, 另一种直接由相似变换关系式 (4.144) 通过群上的积分来计算. 在文献中, 计算结果常表为几种等价的形式. 这里只给出较对称的范德瓦登形式:

$$\begin{aligned}C^{jk}_{\mu(M-\mu)JM} =\ & (2J+1)^{1/2}\Delta(j,k,J)\left\{(j+\mu)!(j-\mu)!\right.\\&\times\ \left.(k+M-\mu)!(k-M+\mu)!(J+M)!(J-M)!\right\}^{1/2}\\&\times \sum_n (-1)^n\ \left\{(n)!(J-j-M+\mu+n)!(J-k+\mu+n)!\right.\\&\times\ \left.(j-\mu-n)!(k+M-\mu-n)!(j+k-J-n)!\right\}^{-1},\end{aligned} \tag{4.153}$$

$$n \text{ 取} \max\left\{\begin{array}{c}0\\ j+M-\mu-J\\ k-\mu-J\end{array}\right\},\ \cdots,\ \min\left\{\begin{array}{c}j-\mu\\ k+M-\mu\\ j+k-J\end{array}\right\},$$

其中, $|\mu|\leqslant j$, $|M-\mu|\leqslant k$, $|M|\leqslant J$, $|j-k|\leqslant J\leqslant j+k$ 和

$$\Delta(a,b,c) = \left\{\frac{(a+b-c)!(b+c-a)!(c+a-b)!}{(a+b+c+1)!}\right\}^{1/2}. \tag{4.154}$$

式中包含的因子 $\Delta(j,k,J)$, 清楚地显示了角动量量子数必须满足的三角形条件. 由式 (4.153) 容易推出克莱布什–戈登系数的下列对称性质:

$$\begin{aligned}C^{jk}_{\mu\nu JM} &= C^{kj}_{(-\nu)(-\mu)J(-M)} = (-1)^{j+k-J}\ C^{kj}_{\nu\mu JM}\\&= (-1)^{j+k-J}\ C^{jk}_{(-\mu)(-\nu)J(-M)}\\&= (-1)^{k-J-\mu}\ \left(\frac{2J+1}{2k+1}\right)^{1/2}\ C^{Jj}_{(-M)\mu k(-\nu)}\\&= (-1)^{j-J+\nu}\ \left(\frac{2J+1}{2j+1}\right)^{1/2}\ C^{kJ}_{\nu(-M)j(-\mu)},\end{aligned} \tag{4.155}$$

其中, $M=\mu+\nu$. 第一个等式是显然的, 第二个等式由求和指标替换 $n'=j+k-J-n$ 得到, 第四个等式由求和指标替换 $n'=k-J-\mu+n$ 得到, 第三和第五个等式可由其他等式推得.

维格纳 (Wigner) 引入更对称的 $3j$ 符号

$$\begin{gathered}\begin{pmatrix} j & k & \ell \\ \mu & \nu & \rho \end{pmatrix} = (-1)^{j-k-\rho}(2\ell+1)^{-1/2}C^{jk}_{\mu\nu\ell(-\rho)}, \\ |j-k| \leqslant \ell \leqslant j+k, \quad \mu+\nu+\rho=0. \end{gathered} \tag{4.156}$$

$3j$ 符号满足如下正交关系和对称性质:

$$\begin{aligned} &\sum_{\mu}\begin{pmatrix} j & k & \ell \\ \mu & -\mu-\rho & \rho \end{pmatrix}\begin{pmatrix} j & k & \ell' \\ \mu & -\mu-\rho & \rho \end{pmatrix} = (2\ell+1)^{-1}\,\delta_{\ell\ell'}, \\ &\sum_{\ell}(2\ell+1)\begin{pmatrix} j & k & \ell \\ \mu & -\mu-\rho & \rho \end{pmatrix}\begin{pmatrix} j & k & \ell \\ \mu' & -\mu'-\rho & \rho \end{pmatrix} = \delta_{\mu\mu'}, \end{aligned} \tag{4.157}$$

$$(-1)^{j+k+\ell}\begin{pmatrix} j & k & \ell \\ \mu & \nu & \rho \end{pmatrix}=\begin{pmatrix} k & j & \ell \\ \nu & \mu & \rho \end{pmatrix}=\begin{pmatrix} j & \ell & k \\ \mu & \rho & \nu \end{pmatrix}=\begin{pmatrix} j & k & \ell \\ -\mu & -\nu & -\rho \end{pmatrix}. \tag{4.158}$$

对于任意两列交换, 或第二行全部反号, $3j$ 符号只改变一个因子 $(-1)^{j+k+\ell}$.

最后, 我们再次强调, 克莱布什–戈登矩阵是约化直乘表示的相似变换矩阵, 克莱布什–戈登系数把按直乘表示变化的乘积波函数组合成总角动量的本征函数:

$$\begin{aligned} &P_R\psi^j_\mu(x^{(1)}) = \sum_\rho \ \psi^j_\rho(x^{(1)})D^j_{\rho\mu}(R), \\ &P_R\psi^k_\nu(x^{(2)}) = \sum_\lambda \ \psi^k_\lambda(x^{(2)})D^k_{\lambda\nu}(R), \\ &\Psi^J_M(x^{(1)},x^{(2)}) = \sum_\mu \ \psi^j_\mu(x^{(1)})\psi^k_{M-\mu}(x^{(2)})C^{jk}_{\mu(M-\mu)JM}, \\ &\psi^j_\mu(x^{(1)})\psi^k_\nu(x^{(2)}) = \sum_J \ \Psi^J_{\mu+\nu}(x^{(1)},x^{(2)})C^{jk}_{\mu\nu J(\mu+\nu)}, \\ &P_R\Psi^J_M(x^{(1)},x^{(2)}) = \sum_N \ \Psi^J_N(x^{(1)},x^{(2)})D^J_{NM}(R). \end{aligned} \tag{4.159}$$

像 SU(2) 群和 SO(3) 群那样, 能把克莱布什–戈登系数用解析形式表达出来的情况是不多的. 即使如此, 在实际应用时, 用解析表达式来计算克莱布什–戈登系数仍嫌太麻烦. 近来已有现成的软件通过计算机来计算. 例如, 采用 Mathematica 软件时,

$$C^{jk}_{\mu\nu,J(\mu+\nu)} = \text{ClebschGordan}[\{j,\mu\},\{k,\nu\},\{J,\mu+\nu\}],$$

$$\begin{pmatrix} j & k & J \\ \mu & \nu & -\mu-\nu \end{pmatrix} = \text{ThreeJSymbol}[\{j,\mu\},\{k,\nu\},\{J,-\mu-\nu\}].$$

4.7.2 矢量场和张量场

数学中的标量、矢量和张量的概念是相对特定的线性变换来定义的. 在物理中, 如无特别说明, 标量、矢量和张量通常都是根据它们在三维空间转动变换或洛伦兹 (Lorentz) 变换中的变换性质来定义的. 在第 2 章我们讨论过标量和标量场的概念, 本章一开始我们又讨论了矢量的概念, 现在把标量和矢量的概念推广, 根据物理量在三维空间转动变换中的变换性质来定义张量和旋量. 这些概念很容易推广到关于 SU(N) 群的张量和关于 SO(N) 群的张量与旋量.

先复习一下矢量和矢量场的概念. 设三维空间的任意点 P 的位置矢量为 $\overrightarrow{r} = \sum\limits_a \overrightarrow{e_a} x_a$, $\overrightarrow{e_a}$ 是空间固定坐标系 K 中的矢量基, x_a 是直角坐标. 在三维空间转动变换 R 中, P 点转到 P' 点, 位置矢量变为 $\overrightarrow{r'}$, 它在空间固定的矢量基 $\overrightarrow{e_a}$ 中的分量变成 x'_a,

$$\overrightarrow{r} = \sum_a \overrightarrow{e_a} x_a \xrightarrow{R} \overrightarrow{r'} = \sum_a \overrightarrow{e_a} x'_a, \qquad x_a \xrightarrow{R} x'_a = \sum_{b=1}^{3} R_{ab} x_b. \tag{4.160}$$

建立固定在系统上, 跟着系统一起转动的坐标系 K', K' 系中的矢量基 $\overrightarrow{e'_a}$ 与位置矢量一起转动. 若 $\overrightarrow{r'}$ 按 $\overrightarrow{e'_a}$ 分解, 则分量仍是原来的坐标 x_a. 由此可推出矢量基 $\overrightarrow{e'_a}$ 按式 (4.161) 变换:

$$\overrightarrow{r'} = \sum_a \overrightarrow{e_a} x'_a = \sum_b \overrightarrow{e'_b} x_b, \qquad \overrightarrow{e'_a} = \sum_{b=1}^{3} \overrightarrow{e_b} R_{ba}. \tag{4.161}$$

在三维空间转动变换 R 中保持不变的量称为标量, 在转动变换中与位置矢量做同样变换的量称为矢量.

$$\begin{aligned} &\psi \xrightarrow{R} \psi' = \psi, \\ &\overrightarrow{V} = \sum_a \overrightarrow{e_a} V_a \xrightarrow{R} \overrightarrow{V}' = \sum_a \overrightarrow{e_a} V'_a = \sum_b \overrightarrow{e'_b} V_b, \\ &V'_a = \sum_{b=1}^{3} R_{ab} V_b. \end{aligned} \tag{4.162}$$

矢量有三个分量, 作为一个整体共同描写系统的状态. 矢量分量的变换规则式 (4.162) 可用算符 Q_R 表出:

$$V'_a \equiv (Q_R V)_a = \sum_{b=1}^{3} R_{ab} V_b. \tag{4.163}$$

对矢量来说, Q_R 就是 R 矩阵. 对标量, Q_R 等于 1.

标量的空间分布称为标量场, 描写标量场的函数称为标量函数. 所谓标量在空间转动变换中保持不变是指, 转动后在 P' 点的标量值等于转动前在 P 点的标量值, 因而描写标量场的函数在转动中必须做相应的变化. 标量函数的变化用标量函数变换算符 P_R 来描写:

$$\psi'(x) \equiv P_R\psi(x) = \psi(R^{-1}x). \tag{4.164}$$

矢量的空间分布称为矢量场, 描写矢量场的函数称为矢量函数, 在固定的基 $\vec{e_a}$ 中, 矢量函数包括三个分量函数, 它们作为一个整体, 共同描写矢量场. 在空间转动变换中, 一方面转动前在 P 点的矢量转到 P' 点, 另一方面矢量的方向也由于转动而发生变化. 表现在矢量函数上, 新矢量函数在 P' 点的分量, 与原矢量函数在 P 点的分量按式 (4.163) 发生组合,

$$V'(Rx)_a = \sum_{b=1}^{3} R_{ab}V(x)_b.$$

与标量场情况类似, 光一个撇不足以说明它是由转动 R 引起的矢量函数的变化. 为此, 引入矢量函数变换算符 O_R:

$$\left[O_R V(Rx)\right]_a = \sum_{b=1}^{3} R_{ab}V(x)_b.$$

把坐标变量重新记为 x, 则

$$\left[O_R V(x)\right]_a = \sum_{b=1}^{3} R_{ab}V(R^{-1}x)_b, \quad O_R V(x) = RV(R^{-1}x). \tag{4.165}$$

请与以前对矢量变换的习惯表达方式做比较

$$\begin{aligned}\vec{V}(x) \xrightarrow{R} O_R\vec{V}(x) &= \sum_{a=1}^{3} \vec{e_a}\left[O_R V(x)\right]_a = \sum_{a=1}^{3} \vec{e_a}\sum_{b=1}^{3} R_{ab}V(R^{-1}x)_b \\ &= \sum_{b=1}^{3} \vec{e_b'}V(R^{-1}x)_b.\end{aligned} \tag{4.166}$$

可见, O_R **算符的作用分成两部分, 一部分是把变换后 P' 点的场和变换前在 P 点的场联系起来, 用算符 P_R 来标记, 另一部分是描写矢量方向的转动, 即矢量分量的组合, 用算符 Q_R 来标记.** 这两部分作用是独立的, 作用次序可以交换,

$$\begin{gathered}O_R = Q_R P_R = P_R Q_R, \\ P_R V(x)_a = V(R^{-1}x)_a, \quad \left[Q_R V(x)\right]_a = \sum_{b=1}^{3} R_{ab}V(x)_b.\end{gathered} \tag{4.167}$$

初学的读者在矢量基问题上经常会发生混淆. 现在有两个坐标系. 一个是定坐标系 K, 坐标轴向的单位矢量 $\overrightarrow{e_a}$ 是固定不变的. 单位矢量 $\overrightarrow{e_a}$ 只有一个分量不为零, $(\overrightarrow{e_a})_b = \delta_{ab}$. 另一个是随系统 (矢量场) 一起转动的坐标系 K', 它的坐标轴向单位矢量 $\overrightarrow{e'_a}$ 是随系统一起转动的, 转动前 $\overrightarrow{e'_a}$ 和 $\overrightarrow{e_a}$ 重合, 在转动 R 中它和一般矢量一样变换.

$$\begin{aligned}(\overrightarrow{e_a})_d \xrightarrow{R} \left(\overrightarrow{e'_a}\right)_d = (Q_R\overrightarrow{e_a})_d = \sum_{b=1}^{3} R_{db}(\overrightarrow{e_a})_b \\ = R_{da} = \sum_{b=1}^{3} (\overrightarrow{e_b})_d R_{ba}.\end{aligned} \tag{4.168}$$

这里, 被 Q_R 作用的 $\overrightarrow{e_a}$ 不应看成固定的矢量基, 而是变动的矢量基, 它在变换前与定矢量基重合. 如果把矢量场 $\overrightarrow{V}(x)$ 按此动矢量基展开, 则转动中矢量方向的变化由矢量基承担, 作为系数的分量不再按式 (4.163) 组合, 只像标量函数一样, 把变换后在 P' 点的值和变换前在 P 点的值联系起来.

$$O_R\overrightarrow{V}(x) = \sum_a \{Q_R\overrightarrow{e_a}\}\{P_R V(x)_a\} = \sum_a \left\{\sum_b \overrightarrow{e_b}R_{ba}\right\} V(R^{-1}x)_a.$$

矢量场按 K 系还是 K' 系的单位矢量展开, 分量的符号在文献中通常不加区分, 而转动前两坐标系的矢量基又是重合的, 使读者很容易混淆. 如上所述, 这两种分量在转动变换中的变换规则是不同的. 本书为了避免混淆, 把两种分量在符号上予以区分, 在 K 系的分量用黑体表出, 在 K' 系的分量用细体表出. 以后对张量也做类似处理.

$$\begin{aligned}&[O_R\boldsymbol{V}(x)]_a = \sum_b R_{ab}\boldsymbol{V}(R^{-1}x)_b, \\ &[O_R V(x)]_a = [P_R V(x)]_a = V(R^{-1}x)_a.\end{aligned} \tag{4.169}$$

把位置矢量 $\overrightarrow{r}$ 的分布看成一个矢量场, 这是一个很特殊的矢量场, 因为从原点到空间各点的矢径, 在转动前后都是一样的. 实际上, 式 (4.160) 指出, 位置矢量 $\overrightarrow{r}$ 描写 P 点的位置, 经转动变换 R 它转到 $\overrightarrow{r'}$, 恰好与转动前 P' 点的位置矢量一致. 用数学语言来说, 设 $\overrightarrow{V}(x) = \overrightarrow{r}$, 即 $\boldsymbol{V}(x)_a = x_a$, $\boldsymbol{V}(R^{-1}x)_b = \sum_d (R^{-1})_{bd} x_d$, 得

$$[O_R\boldsymbol{V}(x)]_a = \sum_b R_{ab}\boldsymbol{V}(R^{-1}x)_b = \sum_{bd} R_{ab}\left(R^{-1}\right)_{bd} x_d = x_a = \boldsymbol{V}(x)_a.$$

即

$$O_R\overrightarrow{r} = \overrightarrow{r}, \quad [Q_R\overrightarrow{r}]_a = \sum_b R_{ab}[\overrightarrow{r}]_b. \tag{4.170}$$

重复 2.2 节的讨论可知, O_R 和 Q_R 算符与 P_R 算符一样, 也是线性幺正算符. 作用在场上的物理量算符 $L(x)$, 在转动变换 R 中, 按式 (4.171) 变换:

$$L(x) \xrightarrow{R} O_R L(x) O_R^{-1}. \tag{4.171}$$

现在来讨论张量和张量场. 设系统状态需用 n 个指标, 3^n 个分量, 作为一个整体来共同描写, 在转动变换 R 中, 每一个指标都按矢量指标的变换规则 (4.170) 变换:

$$\begin{aligned} \boldsymbol{T}_{a_1a_2\cdots a_n} \xrightarrow{R} (O_R\boldsymbol{T})_{a_1a_2\cdots a_n} &= (Q_R\boldsymbol{T})_{a_1a_2\cdots a_n} \\ &= \sum_{b_1b_2\cdots b_n} R_{a_1b_1}\cdots R_{a_nb_n}\boldsymbol{T}_{b_1b_2\cdots b_n}, \\ Q_R = R\times R\times\cdots\times R. \end{aligned} \tag{4.172}$$

按此规则变换的量称为 n 阶张量. 张量的空间分布称为张量场. 张量场用空间坐标的 3^n 个函数作为一个整体来共同描写, 在转动变换 R 中按式 (4.173) 变换:

$$\begin{aligned} \boldsymbol{T}(x)_{a_1a_2\cdots a_n} &\xrightarrow{R} [O_R\boldsymbol{T}(x)]_{a_1a_2\cdots a_n} \\ &= \sum_{b_1b_2\cdots b_n} R_{a_1b_1}R_{a_2b_2}\cdots R_{a_nb_n}\boldsymbol{T}(R^{-1}x)_{b_1b_2\cdots b_n}, \\ O_R = Q_RP_R, \quad & [P_R\boldsymbol{T}(x)]_{a_1a_2\cdots a_n} = \boldsymbol{T}(R^{-1}x)_{a_1a_2\cdots a_n}, \\ [Q_R\boldsymbol{T}(x)]_{a_1a_2\cdots a_n} &= \sum_{b_1b_2\cdots b_n} R_{a_1b_1}R_{a_2b_2}\cdots R_{a_nb_n}\boldsymbol{T}(x)_{b_1b_2\cdots b_n}. \end{aligned} \tag{4.173}$$

标量是零阶张量, 矢量是一阶张量.

4.7.3 旋量场

设系统状态需用 $2s+1$ 个分量作为一个整体来共同描写, 在转动变换 R 中, 按下述规律变换:

$$\begin{aligned} \Psi^{(s)}_\sigma \xrightarrow{R} \left(O_R\Psi^{(s)}\right)_\sigma = \left(Q_R\Psi^{(s)}\right)_\sigma &= \sum_\lambda D^s_{\sigma\lambda}(R)\Psi^{(s)}_\lambda, \\ Q_R = D^s(R). \end{aligned} \tag{4.174}$$

按此规则变换的量称为 s 阶旋量. 旋量的空间分布称为旋量场. 旋量场用空间坐标的 $2s+1$ 个函数作为一个整体来共同描写, 在转动变换 R 中按式 (4.175) 变换:

$$\begin{aligned} \Psi^{(s)}(x)_\sigma \xrightarrow{R} \left[O_R\Psi^{(s)}(x)\right]_\sigma &= \sum_\lambda D^s_{\sigma\lambda}(R)\Psi^{(s)}(R^{-1}x)_\lambda, \\ O_R = Q_RP_R, \quad \left[P_R\Psi^{(s)}(x)\right]_\sigma &= \Psi^{(s)}(R^{-1}x)_\sigma, \\ \left[Q_R\Psi^{(s)}(x)\right]_\sigma &= \sum_\lambda D^s_{\sigma\lambda}(R)\Psi^{(s)}(x)_\lambda. \end{aligned} \tag{4.175}$$

O_R 称为旋量函数变换算符. 习惯上, 旋量用 $2s+1$ 行的列矩阵来描写, 只有在专门强调分量时才注上分量指标. 用得最多的旋量是 $s=1/2$ 阶旋量, 称为基本旋量, 简称旋量, 而且经常省略上标 1/2. 基本旋量有两个分量, 用 2 行的列矩阵描写.

旋量基 $e^{(s)}(\rho)$ 是一类特殊的旋量, 共有 $2s+1$ 个旋量基, 它们分别都只有一个分量不为零:

$$e^{(s)}(\rho)_\sigma = \delta_{\rho\sigma},$$

其中, 上指标 (s) 是旋量的阶, 括号内的 ρ 是旋量基的序指标, 括号外的下标是旋量的分量指标. 在转动 R 中,

$$\begin{aligned}
e^{(s)}(\rho)_\sigma \xrightarrow{R} \left[O_R e^{(s)}(\rho)\right]_\sigma &= \left[Q_R e^{(s)}(\rho)\right]_\sigma = \sum_{\lambda=-s}^{s} D^s_{\sigma\lambda}(R) e^{(s)}(\rho)_\lambda \\
&= D^s_{\sigma\rho}(R) = \sum_{\lambda=-s}^{s} e^{(s)}(\lambda)_\sigma D^s_{\lambda\rho}(R),
\end{aligned}$$

$$Q_R e^{(s)}(\rho) = \sum_{\lambda=-s}^{s} e^{(s)}(\lambda) D^s_{\lambda\rho}(R), \quad P_R e^{(s)}(\rho) = e^{(s)}(\rho). \tag{4.176}$$

旋量基与空间坐标 x 无关, 因而在 P_R 作用下保持不变.

当把旋量场按旋量基分解时, 在转动变换中, 旋量的变换由旋量基承担, 而旋量分量是坐标 x 的函数, 其变换和标量函数一样, 它把变换后在 P' 点的旋量和变换前在 P 点的旋量联系起来:

$$\begin{aligned}
\Psi^{(s)}(x) &= \sum_{\rho=-s}^{s} e^{(s)}(\rho)\psi_\rho(x), \\
O_R \Psi^{(s)}(x) &= \sum_{\rho=-s}^{s} \left\{Q_R e^{(s)}(\rho)\right\} \{P_R \psi(x)\}_\rho \\
&= \sum_{\lambda} e^{(s)}(\lambda) \left\{\sum_{\rho} D^s_{\lambda\rho}(R)\psi(R^{-1}x)_\rho\right\}.
\end{aligned} \tag{4.177}$$

标量场是零阶旋量场. 因为转动群自身表示和 D^1 表示等价

$$M^{-1}RM = D^1(R), \quad M = \frac{1}{\sqrt{2}}\begin{pmatrix} -1 & 0 & 1 \\ -\mathrm{i} & 0 & -\mathrm{i} \\ 0 & \sqrt{2} & 0 \end{pmatrix},$$

所以矢量场可以通过 M 矩阵组合成一阶旋量场

$$\begin{aligned}
\vec{V}(x) &= \sum_{a=1}^{3} \vec{e_a} V(x)_a = \sum_{\rho=-1}^{1} e^{(1)}(\rho) V^{(1)}(x)_\rho, \\
e^{(1)}(\rho) &= \sum_{a=1}^{3} \vec{e_a} M_{a\rho}, \quad V^{(1)}(x)_\rho = \sum_{a=1}^{3} \left(M^{-1}\right)_{\rho a} V(x)_a.
\end{aligned} \tag{4.178}$$

4.7.4 总角动量算符及其本征函数

旋量函数的变换算符由两部分构成 $O_R = Q_R P_R$. 对无穷小变换, 把 P_R, Q_R 和 O_R 的微量算符分别记为 L_a, S_a 和 J_a,

$$\begin{aligned} P_A &= \mathbf{1} - \mathrm{i}\sum_{a=1}^{3} \alpha_a L_a, \\ Q_A &= \mathbf{1} - \mathrm{i}\sum_{a=1}^{3} \alpha_a S_a, \\ O_A &= \mathbf{1} - \mathrm{i}\sum_{a=1}^{3} \alpha_a (L_a + S_a) = \mathbf{1} - \mathrm{i}\sum_{a=1}^{3} \alpha_a J_a, \end{aligned} \tag{4.179}$$

其中, L_a 是轨道角动量算符, S_a 是表示 D^s 的生成元, 它们的和记为 $J_a = L_a + S_a$, 它们都满足典型的角动量对易关系. 设系统状态需用旋量波函数来描写, 系统哈密顿量 $H(x)$ 各向同性, 则 SO(3) 群是系统的对称变换群,

$$O_R H(x) O_R^{-1} = H(x). \tag{4.180}$$

能量为 E 的本征函数集合构成转动变换的不变函数空间. 就是说, 在转动变换中, 波函数按旋量函数的变换规则 (4.175) 变换后, 一定可以写成此空间函数基的线性组合,

$$O_R \psi_\rho(x) = D^s(R)\psi_\rho(R^{-1}x) = \sum_{\rho'} \psi_{\rho'}(x) D_{\rho'\rho}(R). \tag{4.181}$$

组合系数排成矩阵, 它们的集合构成转动群的一个表示 D. 用群论方法把此表示约化为不可约表示直和, 同时本征函数也组合成属不可约表示确定行的函数 $\mathbf{\Psi}^j_{\mu r}(x)$,

$$\begin{aligned} &X^{-1}D(R)X = \sum_j a_j D^j(R), \quad \mathbf{\Psi}^j_{\mu r}(x) = \sum_{rho} \psi_\rho(x) X_{\rho, j\mu r}, \\ &O_R \mathbf{\Psi}^j_{\mu r}(x) = D^s(R)\mathbf{\Psi}^j_{\mu r}(R^{-1}x) = \sum_\nu \mathbf{\Psi}^j_{\nu r}(x) D^j_{\nu\mu}(R). \end{aligned} \tag{4.182}$$

把式 (4.182) 写成生成元的关系, 得

$$\begin{aligned} &J_3 \mathbf{\Psi}^j_{\mu r}(x) = \mu \mathbf{\Psi}^j_{\mu r}(x), \\ &J_\pm \mathbf{\Psi}^j_{\mu, r}(x) = \Gamma^j_{\mp\mu} \mathbf{\Psi}^j_{(\mu\pm 1)r}(x), \\ &J^2 \mathbf{\Psi}^j_{\mu r}(x) = j(j+1)\mathbf{\Psi}^j_{\mu r}(x), \\ &J^2 = J_1^2 + J_2^2 + J_3^2, \quad J_\pm = J_1 \pm \mathrm{i}J_2. \end{aligned} \tag{4.183}$$

属不可约表示确定行的旋量函数 $\mathbf{\Psi}^j_{\mu r}(x)$ 是 J_3 和 J^2 的共同本征函数, 而不再是轨道角动量 L_3 和 L^2 的本征函数. 球对称系统应该有角动量守恒, 但对用旋量波函

数描写的系统, 守恒的不是轨道角动量, 而是轨道角动量 L_a 和另一个量 S_a 之和. 这个 S_a 与旋量有关, 满足角动量典型的对易关系, 它应该是实验中已测到的自旋角动量的数学描述. 因此, S_a 称为自旋角动量算符, J_a 称为总角动量算符.

由式 (4.176) 可知, 旋量基 $e^{(s)}(\rho)$ 是总角动量算符和自旋角动量算符的共同本征函数,

$$\begin{aligned} &J_3 e^{(s)}(\rho) = S_3 e^{(s)}(\rho) = \rho e^{(s)}(\rho), \\ &J_\pm e^{(s)}(\rho) = S_\pm e^{(s)}(\rho) = \Gamma^s_{\mp\rho} e^{(s)}(\rho \pm 1), \\ &J^2 e^{(s)}(\rho) = S^2 e^{(s)}(\rho) = s(s+1) e^{(s)}(\rho), \\ &S^2 = S_1^2 + S_2^2 + S_3^2, \quad S_\pm = S_1 \pm \mathrm{i} S_2. \end{aligned} \tag{4.184}$$

4.7.5 球旋函数

球函数是轨道角动量的本征函数, 在 Q_R 作用下保持不变. 旋量基是自旋角动量的本征函数, 在 P_R 作用下保持不变. 它们相当于两个子系统的波函数, 整个系统的波函数表为它们的乘积. 用克莱布什–戈登系数把总波函数组合成总角动量的本征函数, 称为球旋函数,

$$\mathrm{Y}^{j\ell s}_\mu(\hat{\boldsymbol{n}}) = \sum_\rho C^{\ell s}_{(\mu-\rho)\rho j\mu} \mathrm{Y}^\ell_{\mu-\rho}(\hat{\boldsymbol{n}}) e^{(s)}(\rho). \tag{4.185}$$

球旋函数本身是 s 阶旋量, 式 (4.185) 是旋量等式, 是 $(2s+1)\times 1$ 矩阵等式. 因为在组合中只有磁量子数求和, 所以球旋函数还是 L^2 和 S^2 的本征函数,

$$\begin{aligned} &J^2 \mathrm{Y}^{j\ell s}_\mu(\hat{\boldsymbol{n}}) = j(j+1)\mathrm{Y}^{j\ell s}_\mu(\hat{\boldsymbol{n}}), \qquad J_3 \mathrm{Y}^{j\ell s}_\mu(\hat{\boldsymbol{n}}) = \mu \mathrm{Y}^{j\ell s}_\mu(\hat{\boldsymbol{n}}), \\ &J_\pm \mathrm{Y}^{j\ell s}_\mu(\hat{\boldsymbol{n}}) = \Gamma^j_{\mp\mu} \mathrm{Y}^{j\ell s}_{\mu\pm 1}(\hat{\boldsymbol{n}}), \\ &L^2 \mathrm{Y}^{j\ell s}_\mu(\hat{\boldsymbol{n}}) = \ell(\ell+1)\mathrm{Y}^{j\ell s}_\mu(\hat{\boldsymbol{n}}), \qquad S^2 \mathrm{Y}^{j\ell s}_\mu(\hat{\boldsymbol{n}}) = s(s+1)\mathrm{Y}^{j\ell s}_\mu(\hat{\boldsymbol{n}}). \end{aligned} \tag{4.186}$$

对 1/2 阶旋量, $s=1/2$ 是固定的, 不必标出. 对确定的 j, 有两个可能的 ℓ 值, $\ell = j \pm 1/2$. 因为

$$J^2 = \left(\overrightarrow{L} + \overrightarrow{S}\right)^2 = L^2 + S^2 + 2\overrightarrow{L}\cdot\overrightarrow{S}, \tag{4.187}$$

定义物理量 κ,

$$\kappa = 2\overrightarrow{L}\cdot\overrightarrow{S} + 1 = \left(J^2 - L^2 - S^2\right) + 1. \tag{4.188}$$

它在球旋函数中的本征值 (也记为 κ) 是非零整数

$$\kappa = j(j+1) - \ell(\ell+1) + \frac{1}{4} = \begin{cases} j + 1/2 > 0, & \ell = j - 1/2, \\ -j - 1/2 < 0, & \ell = j + 1/2. \end{cases} \tag{4.189}$$

一个量子数 κ 同时确定了三个量子数 $j = |\kappa| - 1/2$, $\ell = j - \kappa/(2|\kappa|)$ 和 $s = 1/2$. 把具体 CG 系数式 (4.163) 代入式 (4.185), 得自旋为 1/2 的球旋函数是

$$\Psi_{|\kappa|\mu}(x) = \begin{pmatrix} \left(\dfrac{j+\mu}{2j}\right)^{1/2} \mathrm{Y}^{j-1/2}_{\mu-1/2}(\hat{\boldsymbol{n}}) \\ \left(\dfrac{j-\mu}{2j}\right)^{1/2} \mathrm{Y}^{j-1/2}_{\mu+1/2}(\hat{\boldsymbol{n}}) \end{pmatrix}, \qquad \begin{aligned} &\kappa = 1, 2, \cdots, \\ &\ell = j - 1/2 = \kappa - 1. \end{aligned}$$

$$\Psi_{-|\kappa|\mu}(x) = \begin{pmatrix} -\left(\dfrac{j-\mu+1}{2j+2}\right)^{1/2} \mathrm{Y}^{j+1/2}_{\mu-1/2}(\hat{\boldsymbol{n}}) \\ \left(\dfrac{j+\mu+1}{2j+2}\right)^{1/2} \mathrm{Y}^{j+1/2}_{\mu+1/2}(\hat{\boldsymbol{n}}) \end{pmatrix}, \qquad \begin{aligned} &\kappa = -1, -2, \cdots, \\ &\ell = j + 1/2 = -\kappa. \end{aligned} \tag{4.190}$$

习 题 4

1. 用数学归纳法证明辅助公式

$$\begin{aligned} \mathrm{e}^{\alpha}\beta\mathrm{e}^{-\alpha} &= \beta + \frac{1}{1!}[\alpha,\ \beta] + \frac{1}{2!}[\alpha,\ [\alpha,\ \beta]] + \cdots \\ &= \sum_{n=0}^{\infty} \frac{1}{n!}[\alpha,\ [\alpha,\ \cdots\ [\alpha,\ \beta]\cdots]], \end{aligned}$$

其中, α 和 β 是同维矩阵. 再利用此辅助公式证明

$$u(\hat{\boldsymbol{n}},\omega)\sigma_a u(\hat{\boldsymbol{n}},\omega)^{-1} = \sum_{b=1}^{3} \sigma_b R_{ba}(\hat{\boldsymbol{n}},\omega),$$

其中

$$u(\hat{\boldsymbol{n}},\omega) = \exp\left(-\mathrm{i}\omega\vec{\sigma}\cdot\hat{\boldsymbol{n}}/2\right), \quad R(\hat{\boldsymbol{n}},\omega) = \exp\left(-\mathrm{i}\omega\hat{\boldsymbol{n}}\cdot\vec{T}\right).$$

T_1, T_2 和 T_3 由式 (4.10) 给出. 进一步根据 $u(\hat{\boldsymbol{n}},\omega)$ 和 $R(\hat{\boldsymbol{n}},\omega)$ 的这一对应关系, 证明 SO(3) $\sim$ SU(2).

2. 把上式的 $R(\hat{\boldsymbol{n}},\omega) = \exp\left(-\mathrm{i}\omega\hat{\boldsymbol{n}}\cdot\vec{T}\right)$ 展开成有限项矩阵之和.

提示: $T_a^3 = T_a$.

3. 证明在 SU(2) 群中, 相同 ω 的元素 $u(\hat{\boldsymbol{n}},\omega)$ 互相共轭, 构成一类.

4. 利用 SO(3) 群和 SU(2) 群的同态关系, 验算 O 群元素的乘积公式: $T_zR_1 = S_3$, $T_zT_x = R_1$ 和 $R_1R_2 = R_3^2$.

5. 分别计算下列转动变换矩阵 R 的欧拉角:

$$\text{(1)} \quad R(\alpha,\beta,\gamma) = \frac{1}{4}\begin{pmatrix} -\sqrt{3}-2 & \sqrt{3}-2 & -\sqrt{2} \\ \sqrt{3}-2 & -\sqrt{3}-2 & \sqrt{2} \\ -\sqrt{2} & \sqrt{2} & 2\sqrt{3} \end{pmatrix};$$

$$\text{(2)} \quad R(\alpha,\beta,\gamma) = \frac{1}{8}\begin{pmatrix} \sqrt{6}+2\sqrt{3} & 3\sqrt{2}-2 & 2\sqrt{6} \\ \sqrt{2}-6 & \sqrt{6}+2\sqrt{3} & 2\sqrt{2} \\ -2\sqrt{2} & -2\sqrt{6} & 4\sqrt{2} \end{pmatrix};$$

$$\text{(3)} \quad R(\alpha,\beta,\gamma) = \frac{1}{2}\begin{pmatrix} \sqrt{3} & 1 & 0 \\ 1 & -\sqrt{3} & 0 \\ 0 & 0 & -2 \end{pmatrix}.$$

6. 分别计算下列转动变换 $R(\hat{\boldsymbol{n}},\omega)$ 的欧拉角:

(1) $R[(\overrightarrow{e_1}\sin\theta+\overrightarrow{e_3}\cos\theta),\pi]$; (2) $R[(\overrightarrow{e_1}+\overrightarrow{e_2}+\overrightarrow{e_3})/\sqrt{3},2\pi/3]$;

(3) $R[(\overrightarrow{e_1}\sin\theta+\overrightarrow{e_2}\cos\theta),\pi]$.

7. 分别计算 I 群元素 T_0, T_2, R_1, R_2, R_6, S_1, S_2, S_6, S_{11} 和 S_{12} 的欧拉角.

提示: 参看 1.5.2 节. 答案是 $T_0=(0,0,2\pi/5)$, $T_2=(0,\theta_1,\pi/5)$, $R_1=(0,\theta_1,3\pi/5)$, $R_2=(2\pi/5,\theta_1,\pi/5)$, $R_6=(-\pi/5,\pi-\theta_1,2\pi/5)$, $S_1=(0,\theta_1,\pi)$, $S_2=(2\pi/5,\theta_1,3\pi/5)$, $S_6=(\pi/5,\pi-\theta_1,4\pi/5)$, $S_{11}=(0,\pi,4\pi/5)$, $S_{12}=(0,\pi,0)$, 其中, $\tan\theta_1=2$.

8. 试用 SU(2) 群的表示矩阵 $D^j(\overrightarrow{e_3},\omega)$ 和 $d^j(\omega)$ 表出绕 $\hat{\boldsymbol{n}}$ 方向转动 ω 角元素的表示矩阵 $D^j(\hat{\boldsymbol{n}},\omega)$.

提示: 参看式 (4.13).

9. 把 SO(3) 群的不可约表示 D^3 关于子群 D_3 的分导表示, 按子群不可约表示约化, 找出约化的相似变换矩阵.

10. 分别计算 SO(3) 群的不可约表示 D^1, D^2 和 D^3 关于正二十面体固有点群 I 的分导表示, 按子群 I 不可约表示约化的展开式.

11. 计算 SO(3) 群的不可约表示 D^{18} 关于正二十面体固有点群 I 的分导表示, 按子群 I 不可约表示约化的展开式.

12. 试用数学归纳法证明球谐多项式 $\mathcal{Y}^{\ell}_m(\boldsymbol{r})$ 的一般表达式 (4.92), 并计算 $\ell=0$, 1, 2 和 $0\leqslant m\leqslant\ell$ 的球谐多项式展开式.

13. 对任何一阶李群, 组合函数为 $f(r,s)$, 试选择新参数 r', 使新的组合函数为相加关系, $f'(r',s')=r'+s'$. 沿 x_3 方向相对速度为 v 的两惯性系间的洛伦兹变换 $A(v)$ 取如下形式, 它的集合构成一阶李群

$$A(v)=\begin{pmatrix}1&0&0&0\\0&1&0&0\\0&0&\gamma&-\mathrm{i}\gamma v/c\\0&0&\mathrm{i}\gamma v/c&\gamma\end{pmatrix},\qquad \begin{aligned}&\gamma=\left(1-v^2/c^2\right)^{-1/2},\\&f(v_1,v_2)=\frac{v_1+v_2}{1+v_1v_2/c^2}.\end{aligned}$$

请选择新参数, 使新的组合函数为相加关系.

14. 设总角动量算符 J_a 是 SU(2) 群的微量算符, 满足共同的对易关系 (4.104), 由 $J^2=\sum\limits_a J_a^2$ 同一本征值的有限个本征函数 $|j,m\rangle$ 架设对 SU(2) 群的不可约表示空间, 即对角动量算符 J_a 的作用保持不变的最小函数空间, 试计算 j 和 m 的可能取值和 J_a 的表示矩阵.

15. 试证明伴随表示的生成元 (4.107) 满足对易关系 (4.100).

16. 试由球函数 $\mathrm{Y}^{\ell}_m(\hat{\boldsymbol{n}})$ (ℓ 固定) 线性组合出轨道角动量沿 $\hat{\boldsymbol{m}}=(\overrightarrow{e_1}-\overrightarrow{e_2})/\sqrt{2}$ 方向的本征值为 m 的本征函数.

17. 设函数 $\psi^{\ell}_m(x)$ 是属于 SO(3) 群不可约表示 D^{ℓ} m 行的函数, 试由 $\psi^{\ell}_m(x)^*$ 线性组合出轨道角动量沿 $\overrightarrow{e_2}$ 方向的本征值为 m 的本征函数.

提示: 先利用式 (4.74).

18. 试计算 $\left\{d^{\ell}(\theta)\left(I^{\ell}_3\right)^2 d^{\ell}(\theta)^{-1}\right\}_{mm}$, 其中 $d^{\ell}(\theta)$ 是转动群的表示矩阵, I^{ℓ}_3 是该表示的第三个生成元.

提示: 利用伴随表示的性质.

19. 试证明式 (4.115) 定义的协变结构常数 $C_{ABD} = \sum_{PQS} C_{AB}{}^P C_{PQ}{}^S C_{DS}{}^Q$ 对三个下标完全反对称.

20. 对紧致半单李群, 选择实参数使结构常数对三个指标完全反对称, 证明生成元平方和 $\sum_j I_j^2$ 可以和所有生成元对易, 因而在不可约表示 D^λ 中取常数矩阵. 此算符常称二阶卡西米尔算子 $C_2(\lambda)\mathbf{1} = \sum_A I_A^\lambda I_A^\lambda$.

21. 对阶数为 g 的李群 G, 定义 g 维矩阵 $T_{AB}(\lambda) = \text{Tr}(I_A^\lambda I_B^\lambda)$, 其中 I_A^λ 是群 G 不可约表示 D^λ 的生成元, 证明 T 矩阵能和李群伴随表示所有生成元对易. 对紧致单纯李群, 伴随表示是不可约表示 (式 (4.106) 和 4.5.4 节), 因此 T 是常数矩阵, $T_{AB}(\lambda) = T_2(\lambda)\delta_{AB}$. 试由 $T_2(\lambda)$ 计算卡西米尔不变量 $C_2(\lambda)$.

22. 在 I 群中, 计算下列直乘表示约化的克莱布什–戈登级数:

(1) $D^{T_1} \times D^{T_1}$; (2) $D^{T_1} \times D^{T_2}$; (3) $D^{T_1} \times D^G$;

(4) $D^{T_1} \times D^H$; (5) $D^{T_2} \times D^G$; (6) $D^{T_2} \times D^H$;

(7) $D^G \times D^G$; (8) $D^G \times D^H$; (9) $D^H \times D^H$.

提示: 参看表 3.6.

23. 试用 SU(2) 群升降算符的性质 (4.71) 计算下列直乘表示的克莱布什–戈登系数:

(1) $D^{1/2} \times D^{1/2}$, 并计算两个电子系统总自旋角动量本征函数;

(2) $D^{1/2} \times D^1$;

(3) $D^1 \times D^1$;

(4) $D^1 \times D^{3/2}$;

(5) $D^{1/2} \times D^{1/2} \times D^{1/2}$, 并计算三个电子系统总自旋角动量本征函数.

24. 试计算下列三组互相对易的物理量算符的共同本征函数:

(1) L^2, L_3, S^2 和 S_3;

(2) J^2, J_3, L^2 和 S^2;

(3) J^2, J_3, S^2 和 $\mathbf{S} \cdot \hat{\boldsymbol{r}}$;

其中, L_a, S_a 和 J_a 分别是轨道角动量算符、自旋角动量算符和总角动量算符, $\hat{\boldsymbol{r}}$ 是沿位置径向量方向的单位矢量.

第 5 章　晶体的对称性

晶体对称性的研究是群论方法在物理中应用的一个典型的例子. 仅仅根据晶体具有平移不变性, 通过系统的群论研究, 就可以对晶体进行分类, 计算出晶体可能有的 11 种固有点群、32 种点群、7 种晶系、14 种布拉菲 (Bravais) 格子、73 种简单空间群和 230 种空间群. 本章将从群论的角度研究晶体的对称变换群及其表示, 系统研究晶体的分类.

5.1　晶体的对称变换群

晶体的基本特征就是组成晶体的原子在三维空间有周期性的排列, 这种周期性的排列称为晶格. 就是说, 晶格对三维空间一定的平移变换保持不变

$$\vec{r} \longrightarrow \vec{r'} = T(\vec{\ell})\vec{r} = \vec{r} + \vec{\ell}. \tag{5.1}$$

这样的平移矢量 $\vec{\ell}$ 称为晶格矢量. 晶格最小的周期单元称为晶格的原胞, 沿它的不共面的三条棱方向的最短晶格矢量, 可选为描述晶格的基本矢量, 称为晶格基矢 $\vec{a_i}$. 如果晶格矢量都可表为晶格基矢的整数线性组合, 这样的晶格基矢称为原始的 (primitive). 除非特别声明, 我们约定所选取的晶格基矢都是原始的.

$$\vec{\ell} = \vec{a_1}\ell_1 + \vec{a_2}\ell_2 + \vec{a_3}\ell_3 = \sum_{i=1}^{3} \vec{a_i}\ell_i, \quad \ell_i \text{ 是整数}. \tag{5.2}$$

选定了晶格基矢, 晶格矢量可以用三个整数 ℓ_i 来描写. 保持晶体不变的平移变换 $T(\vec{\ell})$ 的集合构成群, 称为晶体的平移群, 简称平移群, 记为 $\mathcal{T}$.

除了平移不变性外, 晶体往往还有平移、转动和反演的协同变换的不变性, 这些对称变换在晶体理论里称为晶体的对称操作, 一般记为 $g(R, \vec{\alpha})$,

$$\vec{r} \longrightarrow \vec{r'} = g(R, \vec{\alpha})\vec{r} = R\vec{r} + \vec{\alpha}, \quad \vec{\alpha} = \sum_{i=1}^{3} \vec{a_i}\alpha_i, \tag{5.3}$$

其中, R 是三维实正交变换, 包括固有转动和非固有转动, 它保持原点不变, α_i 是实常数, 描写原点的平移. **如果 $\vec{\alpha} = 0$, 则 $g(R, 0) = R$ 是固有或非固有转动变换. 当 $R = E$ 时, α_i 必须取整数 ℓ_i, $g(E, \vec{\ell}) = T(\vec{\ell})$ 是平移变换.** 对称变换的乘积定义为相继作两次对称变换:

$$g(R,\overrightarrow{\alpha})g(R',\overrightarrow{\beta})\overrightarrow{r}=g(R,\overrightarrow{\alpha})\left\{R'\overrightarrow{r}+\overrightarrow{\beta}\right\}=RR'\overrightarrow{r}+\overrightarrow{\alpha}+R\overrightarrow{\beta},$$

$$g(R,\overrightarrow{\alpha})g(R',\overrightarrow{\beta})=g(RR',\overrightarrow{\alpha}+R\overrightarrow{\beta}),\tag{5.4}$$

$$g(R,\overrightarrow{\alpha})^{-1}=g(R^{-1},-R^{-1}\overrightarrow{\alpha}).\tag{5.5}$$

在乘积中, 平移部分对转动变换的乘积没有影响, 但平移部分乘积受到转动变换的影响, 不是作简单的相加. 正因为转动变换独立地作乘积, 所以对于给定的晶体, 在它的对称变换 $g(R,\overrightarrow{\alpha})$ 中出现的所有实正交变换 R 的集合构成群, 称为晶格点群, 简称点群, 记为 G.

晶体对称变换的集合构成晶体对称群, 称为空间群, 记为 $\mathcal{S}$. 平移群 $\mathcal{T}$ 是空间群 $\mathcal{S}$ 的不变子群, 因为平移变换的共轭元素仍是平移变换,

$$g(R,\overrightarrow{\alpha})T(\overrightarrow{\ell})g(R,\overrightarrow{\alpha})^{-1}=g\left(E,\overrightarrow{\alpha}+R(\overrightarrow{\ell}-R^{-1}\overrightarrow{\alpha})\right)=T(R\overrightarrow{\ell}),$$

$$R\overrightarrow{\ell}=\overrightarrow{\ell'}.\tag{5.6}$$

设 ℓ_i 是 α_i 中的整数部分, 则

$$\begin{aligned}&\alpha_i=\ell_i+t_i,\quad 0\leqslant t_i<1,\\&g(R,\overrightarrow{\alpha})=T(\overrightarrow{\ell})g(R,\overrightarrow{t}).\end{aligned}\tag{5.7}$$

可以证明, **对于给定的晶体和选定的晶格基矢, 在对称变换中, 每一个 R 只能对应一个 $\overrightarrow{t}$.** 用反证法. 设 $g(R,\overrightarrow{t})$ 和 $g(R,\overrightarrow{t}')$ 都是晶体的对称变换, 则

$$g(R,\overrightarrow{t})^{-1}g(R,\overrightarrow{t}')=T(-R^{-1}\overrightarrow{t}+R^{-1}\overrightarrow{t}')=T(\overrightarrow{\ell}),$$

$$\overrightarrow{t}'-\overrightarrow{t}=R\overrightarrow{\ell}=\overrightarrow{\ell'}.$$

由于式 (5.7) 对 $\overrightarrow{t}$ 的限制, 只能 $\overrightarrow{t}'=\overrightarrow{t}$. 证完.

式 (5.7) 是平移群陪集的一般形式, 它给出平移群陪集与点群元素 R 间的一个一一对应关系, 平移群和恒元 E 对应. 由式 (5.4) 和式 (5.5), 这种对应关系对它们的乘积保持不变, 因而平移群的商群 $\mathcal{S}/\mathcal{T}$ 同构于点群 G:

$$\mathcal{S}/\mathcal{T}\approx \mathrm{G}.\tag{5.8}$$

注意, R **不一定是晶体的对称变换**, 点群一般也不是空间群的子群. 若 $g(R,\overrightarrow{t})$ 中的矢量 $\overrightarrow{t}=0$, R 才是晶体的对称变换, 只有当点群所有元素对应的矢量 $\overrightarrow{t}$ 都是零时, 点群才是空间群的子群. 这样的空间群称为简单空间群 (symmorphic space group). 由于平移不变性的存在, 通过式 (5.6), 晶格点群受到很大的限制, 对于给定的晶格点群, 式 (5.6) 又使晶格基矢的方向和大小受到限制, 从而决定晶体的可能晶系和布拉菲格子, 决定晶体可能的空间群. 这就是晶体的周期性排列决定晶体分类的基本思想.

5.2 晶格点群

本节研究平移不变性对点群元素 R 的限制, 从而确定晶体可能有的全部晶格点群.

5.2.1 点群元素 R 的可能形式

先介绍晶体理论中对实正交变换 R 常用的描写方式. 以前常在正交归一的基 $\vec{e_a}$ 中描写实正交变换, 在此基中实正交变换 R 的矩阵形式是实正交矩阵. 在晶体理论中, 晶格基矢 $\vec{a_i}$ 处于特殊的地位, 因为晶格矢量都是晶格基矢的整数线性组合. 取晶格基矢为基会给计算带来很多方便. 在这一章里, 我们很少用正交归一的基 $\vec{e_a}$, 而采用晶格基矢 $\vec{a_i}$ 为基. 为了书写方便, 我们把 R 在正交归一基 $\vec{e_a}$ 中的矩阵形式记为 $\overline{D}(R)$, 在晶格基矢 $\vec{a_i}$ 中的矩阵形式记为 $D(R)$,

$$\begin{aligned}&\vec{e_a}\cdot\vec{e_b}=\delta_{ab},\quad R\vec{e_a}=\sum_{b=1}^{3}\vec{e_b}\overline{D}_{ba}(R),\quad \overline{D}(R)^{\mathrm{T}}\overline{D}(R)=\mathbf{1},\\&R\vec{a_i}=\sum_{j=1}^{3}\vec{a_j}D_{ji}(R)=\vec{\ell},\quad D_{ji}(R)=\text{整数}.\end{aligned}\tag{5.9}$$

式 (5.6) 指出, 晶格矢量经变换 R 后仍是晶格矢量, 因而 $D_{ji}(R)$ 都是整数. 为了弥补 $D(R)$ 不是实正交矩阵的缺点, 引入倒晶格基矢 $\vec{b_i}$:

$$\begin{aligned}&\vec{a_i}=\sum_{d=1}^{3}\vec{e_d}X_{di},\quad \det X\neq 0,\quad D(R)=X^{-1}\overline{D}(R)X,\\&\vec{b_i}=\sum_{a=1}^{3}\left(X^{-1}\right)_{ia}\vec{e_a},\quad \vec{b_i}\cdot\vec{a_j}=\delta_{ij},\quad R\vec{b_i}=\sum_{d=1}^{3}D'_{ij}(R)\vec{b_j},\\&D'(R)^T=X^T\overline{D}(R)\left(X^T\right)^{-1},\quad D'(R)=D(R)^{-1}.\end{aligned}\tag{5.10}$$

倒晶格基矢的整数线性组合称为倒晶格矢量, 记为 $\vec{K}$. 倒晶格矢量和晶格矢量的点乘是整数. 由于矢量点乘后变成标量, 在实正交变换中保持不变. 取 R 为晶格点群的元素

$$\vec{b_i}\cdot R^{-1}\vec{a_j}=\left(R\vec{b_i}\right)\cdot\vec{a_j}=\text{整数},$$

则 $R\vec{b_i}$ 仍是倒晶格矢量,

$$R\vec{K}=\vec{K}'.\tag{5.11}$$

因此 $D'(R)$ 的矩阵元素也是整数, **在晶格空间和倒晶格空间, 晶格点群是相同的**, 且

$$D_{ij}(R)=\vec{b_i}\cdot R\vec{a_j}=\vec{a_j}\cdot R^{-1}\vec{b_i}.$$

在晶体理论中常用并矢来代替矩阵形式. 所谓并矢可以直观地理解为两个矢量并在一起, 两矢量分别称为左矢和右矢. 每个矢量都可以独立地做矢量运算. 并矢用上面带两个箭头的符号标记. 写在并矢左面或右面的矢量运算, 分别是和并矢的左矢或右矢进行运算的. 并矢与矢量做叉乘运算后仍是并矢, 与矢量做点乘运算后变成矢量, 并矢与并矢做点乘运算后仍是并矢. 实正交变换 R 的并矢为

$$\begin{aligned} D_{ij}(R) &= \vec{b_i} \cdot \overleftrightarrow{R} \cdot \vec{a_j} = \vec{a_j} \cdot \overleftrightarrow{R}^{-1} \cdot \vec{b_i}, \\ \overleftrightarrow{R} &= \sum_{ij} D_{ij}(R)\vec{a_i}\vec{b_j} = \sum_{ij} D_{ij}(R^{-1})\vec{b_j}\vec{a_i}. \end{aligned} \tag{5.12}$$

恒等变换的并矢是

$$\overleftrightarrow{1} = \sum_{j} \vec{a_j}\vec{b_j} = \sum_{j} \vec{b_j}\vec{a_j}. \tag{5.13}$$

空间反演 σ 的并矢添一负号. 容易验算, 绕空间 $\hat{\boldsymbol{n}}$ 方向转动 ω 角的变换 $R(\hat{\boldsymbol{n}},\omega)$ 的并矢形式为

$$\overleftrightarrow{R}(\hat{\boldsymbol{n}},\omega) = \hat{\boldsymbol{n}}\hat{\boldsymbol{n}} + \left(\overleftrightarrow{1} - \hat{\boldsymbol{n}}\hat{\boldsymbol{n}}\right)\cos\omega + \left(\overleftrightarrow{1} \times \hat{\boldsymbol{n}}\right)\sin\omega. \tag{5.14}$$

$\hat{\boldsymbol{n}}\hat{\boldsymbol{n}}$ 是沿 $\hat{\boldsymbol{n}}$ 方向的投影算符, $\left(\overleftrightarrow{1} - \hat{\boldsymbol{n}}\hat{\boldsymbol{n}}\right)$ 是垂直 $\hat{\boldsymbol{n}}$ 方向的投影算符.

现在讨论平移不变性对点群元素 R 的限制. 由式 (5.6), $D(R)$ 的矩阵迹是整数, 从而对转动角度 ω 给出限制

$$\pm(1 + 2\cos\omega) = \text{整数}, \tag{5.15}$$

其中, 正号对应固有转动, 负号对应非固有转动. 这样, $\cos\omega$ 是半整数, 即等于 0, $\pm 1/2$ 和 ± 1, 转动角度 ω 只能取

$$\omega = 2\pi m/N, \quad N = 1,\ 2,\ 3,\ 4 \text{ 或 } 6, \quad 0 \leqslant m < N. \tag{5.16}$$

这就是说, 晶格点群元素只能是固有或非固有的 N 次转动, N 等于 1, 2, 3, 4 或 6.

5.2.2 晶体的固有点群

如果固有点群只包含一个固有转动轴, 则它是循环群. 这样的固有点群只有五种, 按熊夫利 (Schoenflies) 符号记为 C_N, $N = 1, 2, 3, 4$ 和 6. 按点群的国际符号, 它们就用数 N 标记. 通常把转动轴取为 x_3 轴. C_N 群是阿贝尔群, 含 N 个元素, 有一个生成元 C_N, 它是绕 x_3 轴转动 $2\pi/N$ 角的变换, 并矢记为 $\overleftrightarrow{C}_N$. 群中其他元素是它的幂次. C_N 群有 N 个一维不等价不可约表示, 生成元的表示矩阵为

$$D^m(C_N) = \exp(-\mathrm{i}2\pi m/N), \quad 0 \leqslant m < N.$$

对于包含两个或两个以上转动轴的点群, 先研究转动轴数量上的限制. 设固有点群 G 包含 n_2 二次轴, n_3 个三次轴, n_4 个四次轴和 n_6 个六次轴, 这些转动轴对应的转动, 除恒元外没有公共元素, 因而点群 G 包含的元素数目为

$$g = 1 + n_2 + 2n_3 + 3n_4 + 5n_6. \tag{5.17}$$

对每个 N 次轴, 循环群元素之和的并矢记为 $\{\overleftrightarrow{C}_N\}$, 显然, 它作用在 $\hat{\boldsymbol{n}}$ 上得 $N\hat{\boldsymbol{n}}$, 而作用在垂直 $\hat{\boldsymbol{n}}$ 的矢量上得零, 因而 $\left\{\overleftrightarrow{C}_N\right\}$ 正比于 $\hat{\boldsymbol{n}}$ 方向的投影算符:

$$\{\overleftrightarrow{C}_N\} = N\hat{\boldsymbol{n}}\hat{\boldsymbol{n}}.$$

取包含 $\hat{\boldsymbol{n}}$ 在内的一组正交归一的矢量基, 容易算得这算符矩阵形式的矩阵迹为 N. 扣除恒元的矩阵迹为 3, 其余元素之和的矩阵迹为 $N-3$. 这样, 点群全部元素之和对应的矩阵, 矩阵迹为

$$3 + (2-3)n_2 + (3-3)n_3 + (4-3)n_4 + (6-3)n_6 = 3 - n_2 + n_4 + 3n_6.$$

另一方面, 根据重排定理, 对点群任一元素 S 和任何非零矢量 $\vec{r}$, 有

$$S\left\{\sum_{R\in\mathrm{G}} R\right\}\vec{r} = \left\{\sum_{R\in\mathrm{G}} R\right\}\vec{r}.$$

只要点群 G 包含有两个不同方向的转动轴, 等式右面只能是零矢量, 即点群全部元素之和对应零矩阵,

$$3 - n_2 + n_4 + 3n_6 = 0. \tag{5.18}$$

这条件限制了点群 G 包含的转动轴数目.

在具体研究包含两个以上转动轴的固有点群时, 会遇到计算绕不同轴转动元素的乘积问题. 按三维转动矩阵相乘的计算太复杂. 利用 SO(3) 群和 SU(2) 群的同态关系, 计算相应 SU(2) 群元素的乘积, 计算量就会大大减少. 由于 $\pm u$ 对应同一个转动变换, 对于 u 矩阵及其乘积的符号不必在意. 计算中用到的基本公式是

$$\begin{aligned}
&u(\hat{\boldsymbol{n}},\omega) = \mathbf{1}\cos(\omega/2) - \mathrm{i}\,(\vec{\sigma}\cdot\hat{\boldsymbol{n}})\sin(\omega/2),\\
&\cos(\omega/2) = \frac{1}{2}\mathrm{Tr}\,\{u(\hat{\boldsymbol{n}},\omega)\},\\
&(\vec{\sigma}\cdot\hat{\boldsymbol{n}}_1)\,(\vec{\sigma}\cdot\hat{\boldsymbol{n}}_2) = \mathbf{1}\,(\hat{\boldsymbol{n}}_1\cdot\hat{\boldsymbol{n}}_2) + \mathrm{i}\,\vec{\sigma}\cdot(\hat{\boldsymbol{n}}_1\times\hat{\boldsymbol{n}}_2)\,.
\end{aligned} \tag{5.19}$$

因为允许的只有二、三、四和六次轴, 所以 $\cos(\omega/2)$ 只能取如下允许值:

$$\cos(\omega/2) = 0, \quad \pm\frac{1}{2}, \quad \pm\frac{1}{\sqrt{2}}, \quad \pm\frac{\sqrt{3}}{2}, \quad \pm 1. \tag{5.20}$$

首先, 若群 G 不包含高于二次的转动轴, 则由式 (5.18) 得 $n_2 = 3$. 二次转动对应的 u 矩阵为

$$u(\hat{\boldsymbol{n}}, \pi) = -\mathrm{i}\,(\overrightarrow{\sigma} \cdot \hat{\boldsymbol{n}}),$$

$$u(\hat{\boldsymbol{n}}_1, \pi)u(\hat{\boldsymbol{n}}_2, \pi) = -\mathbf{1}\,(\hat{\boldsymbol{n}}_1 \cdot \hat{\boldsymbol{n}}_2) - \mathrm{i}\overrightarrow{\sigma} \cdot (\hat{\boldsymbol{n}}_1 \times \hat{\boldsymbol{n}}_2). \tag{5.21}$$

既然乘积元素仍是二次转动, 则

$$\hat{\boldsymbol{n}}_1 \cdot \hat{\boldsymbol{n}}_2 = 0, \quad \hat{\boldsymbol{n}}_3 = \hat{\boldsymbol{n}}_1 \times \hat{\boldsymbol{n}}_2.$$

三个二次轴互相垂直. 这点群正是 D_2 群, 它是阿贝尔群, 同构于四阶反演群 V_4, 乘法表如表 1.4 所示, 特征标表如表 2.3 所示.

其次, 讨论点群只含有一个高于二次的转动轴, 设为 N 次轴, 称为主轴. 通常把主轴方向取为 x_3 轴. 点群中的其他转动元素只能使主轴反向, 因而只能是轴向与主轴垂直的二次转动. 由式 (5.18) 知, 二次轴的数目正好等于高次轴的次数 N. 既然两二次转动的乘积是 N 次转动, 由式 (5.21) 知, 相邻两二次轴的夹角为 π/N. 此群正是 D_N 群, $N = 3$, 4 和 6. D_N 群包含 $2N$ 个元素, 乘积规则见式 (1.12), 特征标表如表 2.4, 表 2.7 和表 2.8 所示. D_N 群元素都可表为两个子群元素的乘积: $\mathrm{C}_N\mathrm{C}_2'$, 其中 C_2' 是沿 x_1 轴方向的二次转动群. D_N 群的国际符号为 $N2'$.

第三, 设 G 包含两个以上三次转动轴, 但不含高于三次的转动轴. 三次转动对应的 u 矩阵为

$$u(\hat{\boldsymbol{n}}, \pm 2\pi/3) = \mathbf{1}/2 \mp \mathrm{i}\,(\overrightarrow{\sigma} \cdot \hat{\boldsymbol{n}})\,\sqrt{3}/2.$$

对两个不同轴向的三次转动的乘积, 乘积元素转角之半的余弦为

$$\frac{1}{2}\mathrm{Tr}\,\{u(\hat{\boldsymbol{n}}_1, \pm 2\pi/3)u(\hat{\boldsymbol{n}}_2, 2\pi/3)\} = 1/4 \mp 3\,(\hat{\boldsymbol{n}}_1 \cdot \hat{\boldsymbol{n}}_2)\,/4. \tag{5.22}$$

要使这些取值都在式 (5.20) 给出的范围内, 允许的解只有 $\hat{\boldsymbol{n}}_1 \cdot \hat{\boldsymbol{n}}_2 = \pm 1/3$. 矢量点乘改号代表一个轴反向, 不失普遍性, 可取

$$\hat{\boldsymbol{n}}_1 \cdot \hat{\boldsymbol{n}}_2 = \cos\theta = -1/3, \quad \theta = 109°28'. \tag{5.23}$$

由三次转动的乘积, 可得四个对称分布的等价的三次转动轴, $n_3 = 4$. 三次轴是极性轴, 相邻三次轴的夹角为 θ. 由式 (5.18) 得 $n_2 = 3$, 三个二次轴只能沿两个相邻三次轴的角平分线方向, 互相等价. 相邻二次轴与三次轴的夹角余弦为 $1/\sqrt{3}$. 事实上

$$u(\hat{\boldsymbol{n}}_1, -2\pi/3)u(\hat{\boldsymbol{n}}_2, 2\pi/3) = \mathrm{i}\overrightarrow{\sigma} \cdot \left(\sqrt{3}\hat{\boldsymbol{n}}_1 - \sqrt{3}\hat{\boldsymbol{n}}_2 + 3\hat{\boldsymbol{n}}_1 \times \hat{\boldsymbol{n}}_2\right)/4,$$

$$\hat{\boldsymbol{n}}_1 \cdot \left(\sqrt{3}\hat{\boldsymbol{n}}_1 - \sqrt{3}\hat{\boldsymbol{n}}_2 + 3\hat{\boldsymbol{n}}_1 \times \hat{\boldsymbol{n}}_2\right)/4 = 1/\sqrt{3}.$$

通常让三个二次轴沿坐标轴方向, 四个三次轴沿如下四个方向

$$\left(\overrightarrow{\boldsymbol{e_1}} \pm \overrightarrow{\boldsymbol{e_2}} \pm \overrightarrow{\boldsymbol{e_3}}\right)/\sqrt{3} \text{ 和 } \left(-\overrightarrow{\boldsymbol{e_1}} \pm \overrightarrow{\boldsymbol{e_2}} \mp \overrightarrow{\boldsymbol{e_3}}\right)/\sqrt{3}.$$

这固有点群就是正四面体对称群 T, 它的乘法表可通过 T 群和四阶置换群的交变子群 S_4' 间的同构关系 (见 1.5 节) 来计算, 特征标表见表 2.10. T 群元素都可表为三个子群元素的乘积, $C_3'C_2C_2'$. T 群的国际符号为 $3'22'$.

最后, 一般地讨论包含两个以上高于三次转动轴的点群. 点群显然不能包含两个以上的六次轴, 因为六次轴同时又是三次轴和二次轴, 三次轴间的夹角必须是 $109°28'$, 而若两个二次轴以此为夹角, 它们元素乘积的转角就不满足式 (5.20) 的条件. 因此剩下的可能点群只能包含两个以上四次转动轴. 四次转动对应的 u 矩阵为

$$\begin{aligned} u(\hat{\boldsymbol{n}}, \pm\pi/2) &= \boldsymbol{1}/\sqrt{2} \mp \mathrm{i}\left(\overrightarrow{\sigma} \cdot \hat{\boldsymbol{n}}\right)/\sqrt{2}, \\ u(\hat{\boldsymbol{n}}, \pi) &= -\mathrm{i}\left(\overrightarrow{\sigma} \cdot \hat{\boldsymbol{n}}\right). \end{aligned}$$

对两个不同轴向的四次转动的乘积, 乘积元素转角之半的余弦为

$$\begin{aligned} \mathrm{Tr}\left\{u(\hat{\boldsymbol{n}}_1, \pm\pi/2)u(\hat{\boldsymbol{n}}_2, \pi/2)\right\}/2 &= 1/2 \mp \left(\hat{\boldsymbol{n}}_1 \cdot \hat{\boldsymbol{n}}_2\right)/2, \\ \mathrm{Tr}\left\{u(\hat{\boldsymbol{n}}_1, \pi)u(\hat{\boldsymbol{n}}_2, \pi/2)\right\}/2 &= -\left(\hat{\boldsymbol{n}}_1 \cdot \hat{\boldsymbol{n}}_2\right)/\sqrt{2}. \end{aligned}$$

要使上式的余弦值都满足式 (5.20) 的条件, 只有 $\hat{\boldsymbol{n}}_1 \cdot \hat{\boldsymbol{n}}_2 = 0$, 即四次轴互相垂直. 由于四次轴的转动, 三个四次轴是双向的和互相等价的. 两个轴向垂直的四次转动的乘积会产生三次转动和二次转动

$$\begin{aligned} &u(\hat{\boldsymbol{n}}_1, \pi/2)u(\hat{\boldsymbol{n}}_2, \pi/2) = \boldsymbol{1}/2 - \mathrm{i}\overrightarrow{\sigma} \cdot \left(\hat{\boldsymbol{n}}_1 + \hat{\boldsymbol{n}}_2 + \hat{\boldsymbol{n}}_1 \times \hat{\boldsymbol{n}}_2\right)/2, \\ &\hat{\boldsymbol{n}}_1 \cdot \left(\hat{\boldsymbol{n}}_1 + \hat{\boldsymbol{n}}_2 + \hat{\boldsymbol{n}}_1 \times \hat{\boldsymbol{n}}_2\right)/\sqrt{3} = 1/\sqrt{3}. \end{aligned}$$

三次轴和四次轴的相对位置正好与 T 群中三次轴和二次轴的相对位置一样. 现在四个等价的三次轴都是双向轴. 让这三个四次轴沿坐标轴方向, 四个三次轴仍与 T 群中的三次轴一样取向. 由

$$u(\hat{\boldsymbol{n}}_1, \pi)u(\hat{\boldsymbol{n}}_2, \pi/2) = -\overrightarrow{\sigma} \cdot \left(\hat{\boldsymbol{n}}_1 + \hat{\boldsymbol{n}}_1 \times \hat{\boldsymbol{n}}_2\right)/\sqrt{2}.$$

可见这二次轴与 $\hat{\boldsymbol{n}}_2$ 垂直, 但与 $\hat{\boldsymbol{n}}_1$ 和 $\hat{\boldsymbol{n}}_1 \times \hat{\boldsymbol{n}}_2$ 的夹角都是 $\pi/4$. 由四次转动, 得六个等价的二次轴, 分布在各坐标平面上坐标轴的角平分线方向. 二次轴都处在相邻的四次轴和相邻的三次轴的角平分线方向. 这些转动轴个数满足条件 (5.18). 这固有点群就是立方体对称群 O, 它的乘法表可通过 O 群和四阶置换群 S_4 的同构关系 (见 1.5 节) 来计算, 特征标表见表 2.9. O 群元素都可表为三个子群元素的乘积, $C_3'C_4C_2''$. O 群的国际符号为 $3'42''$.

这样, 可能的晶格固有点群共有 11 个, 它们的结构列于表 5.1. 在晶体理论中, 沿 $\overrightarrow{a_3}$ 方向的转动轴用不带撇的符号标记, 不沿 $\overrightarrow{a_3}$ 方向的高于二次的转动轴和沿 $\overrightarrow{a_1}$ 方向的二次转动轴, 用带一撇的符号标记, 沿其他方向的二次转动轴用带两撇的符号标记.

表 5.1　晶格固有点群的结构

点群	阶	类数	包含各次转动轴个数				不等价不可约表示个数			分解为循环点群的乘积	生成元	指数为 2 的不变子群
			2	3	4	6	一维	二维	三维			
C_1	1	1					1			C_1	C_1	
C_2	2	2	1				2			C_2	C_2	C_1
C_3	3	3		1			3			C_3	C_3	
C_4	4	4			1		4			C_4	C_4	C_2
C_6	6	6				1	6			C_6	C_6	C_3
D_2	4	4	3				4			C_2C_2'	C_2, C_2'	C_2
D_3	6	3	3	1			2	1		C_3C_2'	C_3, C_2'	C_3
D_4	8	5	4		1		4	1		C_4C_2'	C_4,C_2'	C_4, D_2
D_6	12	6	6			1	4	2		C_6C_2'	C_6,C_2'	C_6, D_3
T	12	4	3	4			3		1	$C_3'C_2C_2'$	C_3',C_2	
O	24	5	6	4	3		2	1	2	$C_3'C_4C_2''$	C_3',C_4	T

有时在文献中 (陶瑞宝, 2011), 为了描写自旋波函数的变换, 把点群元素 $R(\hat{\boldsymbol{n}}, w)$ 换成相应的 SU(2) 群元素 $\pm u(\hat{n}, w)$. 这样的点群称为双群. 与点群相比, 双群元素数目和类的数目都会增加, 特征标表也要变化.

5.2.3　晶体的非固有点群

在 1.6 节, 我们已讨论过由固有点群 G 找非固有点群的一般方法. 有两种非固有点群. 一种是 I 型非固有点群, 它等于固有点群 G 和二阶反演群 C_i 的直乘, C_i 包含恒元和空间反演变换 σ. 晶体共有 11 种 I 型非固有点群, 它们的命名规则已在 1.6 节介绍过.

$$\begin{array}{lll} C_i, & C_{2h} = C_2 \otimes C_i & C_{3i} = C_3 \otimes C_i, \\ C_{4h} = C_4 \otimes C_i, & C_{6h} = C_6 \otimes C_i, & D_{2h} = D_2 \otimes C_i, \\ D_{3d} = D_3 \otimes C_i, & D_{4h} = D_4 \otimes C_i, & D_{6h} = D_6 \otimes C_i, \\ T_h = T \otimes C_i, & O_h = O \otimes C_i. & \end{array} \tag{5.24}$$

另一种是 P 型非固有点群. 如果固有点群 G 包含指数为 2 的不变子群 H, 保持子群 H 元素不变, 把陪集元素都乘以空间反演 σ, 就得到相应的 P 型非固有点群. 表 5.1 已列出晶体固有点群所包含的指数为 2 的不变子群, 由此可得晶体的如下 10 种 P 型非固有点群:

$$\begin{array}{llll} C_s \approx C_2, & S_4 \approx C_4, & C_{3h} \approx C_6, & C_{2v} \approx D_2, \\ C_{3v} \approx D_3, & C_{4v} \approx D_{2d} \approx D_4, & C_{6v} \approx D_{3h} \approx D_6, & T_d \approx O. \end{array} \tag{5.25}$$

32 种晶格点群的主要性质列于表 5.2.

表 5.2 晶格点群

固有点群			非固有点群			
点群	分解为循子群的乘积	指数为 2 的不变子群	P 型 (不含 σ)		I 型 (含 σ)	
			点群	循环群乘积	点群	循环群乘积
C_1	C_1				C_i	C_i
C_2	C_2	C_1	C_s	C_s	C_{2h}	C_iC_2
C_3	C_3				C_{3i}	C_{3i}
C_4	C_4	C_2	S_4	S_4	C_{4h}	C_iC_4
C_6	C_6	C_3	C_{3h}	C_{3h}	C_{6h}	C_iC_6
D_2	C_2C_2'	C_2	C_{2v}	C_2C_s'	D_{2h}	$C_iC_2C_2'$
D_3	C_3C_2'	C_3	C_{3v}	C_3C_s'	D_{3d}	$C_{3i}C_2'$
D_4	C_4C_2'	C_4	C_{4v}	C_4C_s'	D_{4h}	$C_iC_4C_2'$
		D_2	D_{2d}	S_4C_2'		
D_6	C_6C_2'	C_6	C_{6v}	C_6C_s'	D_{6h}	$C_iC_6C_2'$
		D_3	D_{3h}	$C_{3h}C_2'$		
T	$C_3'C_2C_2'$				T_h	$C_{3i}'C_2C_2'$
O	$C_3'C_4C_2''$	T	T_d	$C_3'S_4C_s''$	O_h	$C_{3i}'C_4C_2''$

P 型非固有点群与相应的固有点群同构, 因而有相同的特征标表. I 型非固有点群是相应固有点群和二阶反演群的直乘, 不等价不可约表示也是两子群不等价不可约表示的直乘. 在晶体理论中, 对固有点群和非固有点群, 采用的不等价不可约表示的名称略有不同, 这里不再列举.

5.3 晶系和布拉菲格子

5.2 节研究了平移不变性对晶格点群的限制, 现在研究在晶格点群确定后, 平移不变性对晶格矢量的限制, 并按照这种限制, 把晶体分为 7 种晶系, 在每种晶系中, 又根据晶格矢量的分布特征, 分为若干个布拉菲 (Bravais) 格子, 共有 14 种布拉菲格子. 本节先研究简单空间群的情况, 即晶格点群是空间群的子群, 点群元素是晶体的对称变换, 晶体的所有对称变换都可表为平移变换和点群元素的乘积. 5.4 节再研究一般空间群的情况.

5.3.1 晶格矢量应满足的条件

式 (5.6) 和式 (5.11) 是晶体平移不变性对晶格点群元素的限制,

$$R\vec{\ell} = \vec{\ell'}, \quad R\vec{K} = \vec{K}'. \tag{5.26}$$

当晶格点群确定后, 平移不变性又反过来对晶格矢量和倒晶格矢量做出限制. 不同的点群, 式 (5.26) 给出的对晶格矢量的限制一般是不同的, 但有些点群给出相似甚至相同的限制. 例如, 空间反演变换 $\sigma = -\mathbf{1}$, 对晶格基矢的选择没有限制, 因而非固有点群与对应的固有点群, 对晶格基矢的限制是相同的. 除了 $N=2$ 外, C_N 群和 D_N 群对晶格基矢的限制类似, T 群和 O 群对晶格基矢的限制相同. 根据这些限制条件, 把晶体分为 7 种晶系 (crystal system):

(1) 三斜晶系 (triclinic), 对应点群 C_1 和 C_i;

(2) 单斜晶系 (monoclinic), 对应点群 C_2, C_s 和 C_{2h};.

(3) 正交晶系 (orthorhombic), 对应点群 D_2, C_{2v} 和 D_{2h};

(4) 三方晶系 (trigonal), 对应点群 C_3, C_{3i}, D_3, C_{3v} 和 D_{3d};

(5) 六方晶系 (hexagonal), 对应点群 C_6, C_{3h}, C_{6h}, D_6, C_{6v}, D_{3h} 和 D_{6h};

(6) 四方晶系 (tetragonal), 对应点群 C_4, S_4, C_{4h}, D_4, C_{4v}, D_{2d} 和 D_{4h};

(7) 立方晶系 (cubic), 对应点群 T, T_h, O, T_d 和 O_h.

在实际计算中发现, 有一类三方晶系, 式 (5.26) 对晶格基矢的限制和六方晶系相同, 归入六方晶系, 另一类三方晶系称为菱方晶系 (rhombohedral).

以前选取的晶格基矢 $\vec{a_i}$ 是原始的, 任何晶格矢量都可表为晶格基矢的整数线性组合. 现在为了对每一晶系, 按照式 (5.26) 对晶格矢量的限制, 用统一的方法引入晶格基矢, 适当选取非原始的晶格基矢会更方便一些. 这里所谓的非原始的晶格基矢指, 在基矢方向晶格基矢仍是最短的晶格矢量, 它们的任何整数线性组合仍是晶格矢量, 但是**允许晶格基矢的某些特殊的分数组合 $\vec{f}$ 也是晶格矢量**, 晶体对平移 $\vec{f}$ 的变换也保持不变. 规定 $\vec{f}$ 的三个分量都取小于 1 的正分数或零:

$$\vec{f}=\vec{a_1}f_1+\vec{a_2}f_2+\vec{a_3}f_3, \quad 0\leqslant f_i<1. \tag{5.27}$$

相应的平移变换记为 $T(\vec{f})\equiv T(f_1,f_2,f_3)$. 根据 $\vec{f}$ 的可能选择, 把一个晶系区分为若干个布拉菲格子. 计算表明, 这些 f_i 只能取 0 或 1/2. 保持晶体不变的所有平移变换的集合构成晶体的平移群 $\mathcal{T}$, 而平移晶格基矢整数线性组合的平移变换集合构成平移群的不变子群, 记为 $\mathcal{T}_\ell$, 陪集由平移变换 $T(\vec{f})$ 描写. 根据 $T(\vec{f})$ 的形式, 把平移群分成四种类型.

(1) 原始平移群 P (primitive):

$$\mathcal{T}=\mathcal{T}_\ell. \tag{5.28}$$

菱方晶系的原始平移群专门记为 R.

(2) 体心平移群 I (body-centered):

$$\mathcal{T}=\mathcal{T}_\ell\otimes\left\{E,\ T\left(\frac{1}{2},\frac{1}{2},\frac{1}{2}\right)\right\}. \tag{5.29}$$

(3) 底心平移群 A, B 和 C (base-centered):

$$\begin{aligned}
A:\quad & \mathcal{T}=\mathcal{T}_\ell\otimes\left\{E,\ T\left(0,\frac{1}{2},\frac{1}{2}\right)\right\},\\
B:\quad & \mathcal{T}=\mathcal{T}_\ell\otimes\left\{E,\ T\left(\frac{1}{2},0,\frac{1}{2}\right)\right\},\\
C:\quad & \mathcal{T}=\mathcal{T}_\ell\otimes\left\{E,\ T\left(\frac{1}{2},\frac{1}{2},0\right)\right\}.
\end{aligned}\tag{5.30}$$

显然, 如果 A, B 和 C 三个底心平移群中, 有两个是晶体的对称变换, 则第三个也一定是晶体的对称变换, 此时的平移群变成面心平移群 F.

(4) 面心平移群 F (face-centered):

$$\mathcal{T}=\mathcal{T}_\ell\otimes\left\{E,\ T\left(0,\frac{1}{2},\frac{1}{2}\right),T\left(\frac{1}{2},0,\frac{1}{2}\right),T\left(\frac{1}{2},\frac{1}{2},0\right)\right\}.\tag{5.31}$$

这些平移群与晶系结合起来, 形成 14 种晶格类型, 称为布拉菲格子. 这样的平移群和相应的点群结合, 形成 73 种简单空间群. 将布拉菲格子符号 P, R, I, A, B, C 和 F 冠在点群符号前面, 就得到简单空间群的符号.

点群的符号有若干种体系, 前面介绍的是熊夫利符号, 在点群范围内它是较方便和应用最广泛的一种符号. 但这种符号没有把点群明显地写成子群或生成元的乘积形式, 应用到空间群时就显得不太方便. 以后在符号上有多次改进, 引入点群国际符号, Mauguin-Hermann 符号和空间群国际符号等, 它们的对应关系如表 5.3 所示. 在处理晶体的空间群问题时, **我们推荐使用空间群国际符号**. 在空间群国际符号体系中, 直接用数字 N 表固有循环点群, 用上面带一横的数字 $\overline{N}$ 表非固有循环点群, 符号 $\pm$ 表二阶反演群 C_i. 不带撇的数字表此循环点群的转动轴沿 $\vec{a_3}$ 方向, 带一撇的数字表沿其他方向的高次转动轴或沿 $\vec{a_1}$ 方向的二次转动轴, 沿其他方向的二次转动轴用带两撇的数字表示. 然后按照点群分解为循环点群乘积的次序来排列这些数字. 对每个点群, 参加乘积的循环点群数目不超过三个. 将这些数字冠以布拉菲格子的符号后, 就得到简单空间群的国际符号. 对一般空间群, 再把不为零的矢量 $\vec{t}$ 注在数字的下标上. 在表 5.3 中看到, 有的点群 (如 D_3 群等) 对应两种不同的空间群国际符号. 本节后面部分将对此作出解释.

在后面的讨论中, 晶格基矢记为 $\vec{a_i}$, 它们的长度记为 a_i, 用 α_1 表 $\vec{a_2}$ 和 $\vec{a_3}$ 的夹角, 下标取 1, 2, 3 循环. 由晶格点群对晶格矢量和倒晶格矢量的限制条件 (5.26), 可证如下重要性质.

定理 5.1 除一次轴外, 晶体沿晶格点群任一转动轴方向, 必有晶格矢量和倒晶格矢量, 在与转动轴垂直的平面内, 晶体至少有两个不共线的晶格矢量和有两个不共线的倒晶格矢量.

证明 容易检验, 除一次轴外, 所有循环点群都包含子群 C_2, C_s 或 C_3. 先设点群包含 C_2, 任取晶格矢量 $\vec{\ell}$, 则 $\vec{\ell}\pm C_2\vec{\ell}$ 也是晶格矢量. $\vec{\ell}+C_2\vec{\ell}$ 平行转动

轴, $\overrightarrow{\ell} - C_2\overrightarrow{\ell}$ 垂直转动轴. 在这两个晶格矢量决定的平面外再找一个晶格矢量 $\overrightarrow{\ell'}$, 则 $\overrightarrow{\ell'} - C_2\overrightarrow{\ell'}$ 垂直转动轴, 且与 $\overrightarrow{\ell} - C_2\overrightarrow{\ell}$ 不共线. 若点群包含 C_s, 证法相同. 若点群包含 C_3, 则 $\overrightarrow{\ell} + C_3\overrightarrow{\ell} + C_3^2\overrightarrow{\ell}$ 平行转动轴, $\overrightarrow{\ell} - C_3\overrightarrow{\ell}$ 和 $\overrightarrow{\ell} - C_3^2\overrightarrow{\ell}$ 垂直转动轴, 且不共线. 因为在晶格空间和倒晶格空间, 晶格点群是相同的, 所以对倒晶格矢量的证明方法完全相同. 证完.

表 5.3　晶格点群各种符号的对照

熊氏符号	点群国际符号	MH符号	空间群国际符号	熊氏符号	点群国际符号	MH符号	空间群国际符号
C_1	1	1	1	C_{3v}	$3m$	$31m$	$3\bar{2}''$
C_i	$\bar{1}$	$\bar{1}$	$\bar{1}$	D_{3d}	$\bar{3}m$	$\bar{3}\frac{2}{m}1$	$\bar{3}2'$
C_2	2	2	2	D_{3d}	$\bar{3}m$	$\bar{3}1\frac{2}{m}$	$\bar{3}2''$
C_s	m	m	$\bar{2}$	D_4	422	422	$42'$
C_{2h}	$2/m$	$2/m$	± 2	C_{4v}	$4mm$	$4mm$	$4\bar{2}'$
C_3	3	3	3	D_{2d}	$\bar{4}2m$	$\bar{4}2m$	$\bar{4}2'$
C_{3i}	$\bar{3}$	$\bar{3}$	$\bar{3}$	D_{2d}	$\bar{4}2m$	$\bar{4}m2$	$\bar{4}2''$
C_4	4	4	4	D_{4h}	$4/mmm$	$\frac{4}{m}\frac{2}{m}\frac{2}{m}$	$\pm 42'$
S_4	$\bar{4}$	$\bar{4}$	$\bar{4}$	D_6	622	622	$62'$
C_{4h}	$4/m$	$4/m$	± 4	C_{6v}	$6mm$	$6mm$	$6\bar{2}'$
C_6	6	6	6	D_{3h}	$\bar{6}m2$	$\bar{6}2m$	$\bar{6}2'$
C_{3h}	$\bar{6}$	$\bar{6}$	$\bar{6}$	D_{3h}	$\bar{6}m2$	$\bar{6}m2$	$\bar{6}2''$
C_{6h}	$6/m$	$6/m$	± 6	D_{6h}	$6/mmm$	$\frac{6}{m}\frac{2}{m}\frac{2}{m}$	$\pm 62'$
D_2	222	222	$22'$	T	23	23	$3'22'$
C_{2v}	$2mm$	$2mm$	$2\bar{2}'$	T_h	$m3$	$\frac{2}{m}3$	$\bar{3}'22'$
D_{2h}	mmm	$\frac{2}{m}\frac{2}{m}\frac{2}{m}$	$\pm 22'$	O	432	432	$3'42''$
D_3	32	321	$32'$	T_d	$\bar{4}3m$	$\bar{4}3m$	$3'\bar{4}\bar{2}''$
D_3	32	312	$32''$	O_h	$m3m$	$\frac{4}{m}3\frac{2}{m}$	$\bar{3}'42''$
C_{3v}	$3m$	$3m1$	$3\bar{2}'$				

下面我们对每一种晶系, 先规定选择晶格基矢的标准方法, 然后讨论作为晶格基矢非整数线性组合 $\overrightarrow{f}$ 的可能性. 根据条件 (5.26), 限制 f_j 的可能选择, 定出在这晶系中可能的布拉菲格子和简单空间群.

5.3.2　三斜晶系

三斜晶系对应点群 C_1 (1) 和 C_i ($\bar{1}$). 括号里的是国际符号. 恒等变换和空间反演变换的矩阵形式是常数矩阵, 它们对晶格基矢的选择没有限制. 取不在同一平面的三个晶格矢量作为晶格基矢, 要求晶格基矢是原始的. 晶格基矢的长度和基矢间的夹角都没有限制, 平移群是原始的. 这样, 单斜晶系只有一种 P 型布拉菲格子,

两种简单空间群 $P1$ 和 $P\bar{1}$.

5.3.3 单斜晶系

单斜晶系对应点群 C_2 (2), C_s ($\bar{2}$) 和 C_{2h} (± 2). 这些晶格点群含一个二次转动轴. 取沿转动轴方向的最短晶格矢量为晶格基矢 $\vec{a_3}$, 在垂直转动轴平面内, 取两个不共线的最小晶格矢量为 $\vec{a_1}$ 和 $\vec{a_2}$, 并要求 $\vec{a_1}\times\vec{a_2}$ 沿 $\vec{a_3}$ 正向. 这里所谓**平面中的最小晶格矢量指, 在此平面内任何晶格矢量都是它们的整数线性组合, 并不要求它们是此平面内最短的晶格矢量.** 按此方法选取的晶格基矢, 它们的长度没有限制, 夹角限制为

$$\alpha_1=\alpha_2=\pi/2. \tag{5.32}$$

在这组晶格基矢中, 点群生成元的并矢形式和矩阵形式分别为

$$\overleftrightarrow{2}=-\vec{a_1}\vec{b_1}-\vec{a_2}\vec{b_2}+\vec{a_3}\vec{b_3},\qquad D\left(C_2\right)=\begin{pmatrix}-1&0&0\\0&-1&0\\0&0&1\end{pmatrix}. \tag{5.33}$$

写变换所对应并矢形式的方法是, 并矢中 $\vec{b_i}$ 的系数, 就是在此变换中 $\vec{a_i}$ 变成的矢量. 由并矢写变换矩阵形式时, 矩阵第 i 行第 j 列的元素就是并矢中 $\vec{a_i}\vec{b_j}$ 的系数.

设有晶格矢量 $\vec{f}$

$$\vec{f}=\vec{a_1}f_1+\vec{a_2}f_2+\vec{a_3}f_3,\qquad 0\leqslant f_j<1. \tag{5.34}$$

讨论 f_j 的可能取值. 利用式 (5.33) 计算下式:

$$\vec{f}+\overleftrightarrow{2}\cdot\vec{f}=\vec{a_3}\left(2f_3\right),\quad \vec{f}-\overleftrightarrow{2}\cdot\vec{f}=\vec{a_1}\left(2f_1\right)+\vec{a_2}\left(2f_2\right),$$

由式 (5.26), 此两式都仍是晶格矢量, 因而三个 f_j 都只能分别取 0 或 1/2. 根据我们选择晶格基矢的原则, 当 $f_3=0$ 时, 必须 $f_1=f_2=0$, 反之, 当 $f_1=f_2=0$ 时, $f_3=0$. 这样, $\vec{f}$ 有下面几种类型的解:

$$\begin{aligned}&P\text{型格子}:\quad \vec{f}=0,\\&A\text{型格子}:\quad \vec{f}=\left(\vec{a_2}+\vec{a_3}\right)/2,\\&B\text{型格子}:\quad \vec{f}=\left(\vec{a_1}+\vec{a_3}\right)/2,\\&I\text{型格子}:\quad \vec{f}=\left(\vec{a_1}+\vec{a_2}+\vec{a_3}\right)/2.\end{aligned} \tag{5.35}$$

因为不能有 C 型格子, 所以 A 型和 B 型格子不能同时存在, 也不能有 F 型格子. 由于 $\vec{a_1}$ 和 $\vec{a_2}$ 的地位是平等的, 对 B 型格子, 可以把 $\vec{a_2}$ 称为 $\vec{a_1}$, 而把 $-\vec{a_1}$ 称为 $\vec{a_2}$, 则 B 型格子变成了 A 型格子. 同样, 对 I 型格子, 可以把 $\vec{a_1}+\vec{a_2}$ 称为 $\vec{a_1}$, 而 $\vec{a_2}$ 不变, 则 I 型格子变成了 A 型格子.

这样, 单斜晶系有两种布拉菲格子: P 型和 A 型, 六种简单空间群: $P2$, $P\overline{2}$, $P\pm2$, $A2$, $A\overline{2}$ 和 $A\pm2$.

5.3.4 正交晶系

正交晶系对应点群 D_2 $(22')$, C_{2v} $(2\overline{2}')$ 和 D_{2h} $(\pm22')$. 这些点群都包含三个互相垂直的二次轴, 取沿一个二次固有转动轴方向的最短晶格矢量为 $\overrightarrow{a_3}$, 沿另两个垂直的二次转动轴方向的最短晶格矢量分别为 $\overrightarrow{a_1}$ 和 $\overrightarrow{a_2}$, 并要求 $\overrightarrow{a_1}\times\overrightarrow{a_2}$ 沿 $\overrightarrow{a_3}$ 正向. 三个晶格基矢长度没有限制, 但方向互相垂直:

$$\alpha_1=\alpha_2=\alpha_3=\pi/2. \tag{5.36}$$

在这组晶格基矢中, 沿 $\overrightarrow{a_3}$ 方向的二次转动元素的并矢形式和矩阵形式仍如式 (5.33) 所示, 沿 $\overrightarrow{a_1}$ 方向的二次转动元素的并矢形式和矩阵形式为

$$\overleftrightarrow{2}'=\overrightarrow{a_1}\overrightarrow{b_1}-\overrightarrow{a_2}\overrightarrow{b_2}-\overrightarrow{a_3}\overrightarrow{b_3},\quad D\left(C_2'\right)=\begin{pmatrix}1&0&0\\0&-1&0\\0&0&-1\end{pmatrix}. \tag{5.37}$$

与单斜晶系的讨论类似, 若式 (5.34) 形式的 $\overrightarrow{f}$ 是晶格矢量, 则 $\overrightarrow{f}\pm\overleftrightarrow{R}\cdot\overrightarrow{f}$ 也都是晶格矢量, 其中 $\overleftrightarrow{R}$ 可取 $\overleftrightarrow{2}$, $\overleftrightarrow{2}'$ 和 $\overleftrightarrow{2}\cdot\overleftrightarrow{2}'$. 由此解得三个 f_j 都分别可取 0 或 1/2. 现在除式 (5.35) 给出的类型外, 还有

$$\begin{aligned}&C\text{型格子}:\quad \overrightarrow{f}=\left(\overrightarrow{a_1}+\overrightarrow{a_2}\right)/2;\\&F\text{型格子}:\quad \overrightarrow{f}=\left(\overrightarrow{a_1}+\overrightarrow{a_2}\right)/2;\quad \left(\overrightarrow{a_1}+\overrightarrow{a_3}\right)/2\ \text{和}\ \left(\overrightarrow{a_2}+\overrightarrow{a_3}\right)/2.\end{aligned} \tag{5.38}$$

对点群 D_2 和 D_{2h} 情况, A, B 和 C 型格子没有区别, 对点群 C_{2v} 情况, $\overrightarrow{a_3}$ 沿固有二次轴方向, 而 $\overrightarrow{a_1}$ 和 $\overrightarrow{a_2}$ 沿非固有二次轴方向, A 型格子和 B 型格子虽然仍然相同, C 型格子则与它们不一样, 但仍算同一种布拉菲格子.

这样, 正交晶系有四种布拉菲格子: P, C(或 A), I 和 F 型, 13 种简单空间群: $P22'$, $P2\overline{2}'$, $P\pm22'$, $C22'$, $C2\overline{2}'$, $A2\overline{2}'$, $C\pm22'$, $I22'$, $I2\overline{2}'$, $I\pm22'$, $F22'$, $F2\overline{2}'$, $F\pm22'$.

5.3.5 三方晶系和六方晶系

三方晶系对应点群 C_3 (3), C_{3i} $(\overline{3})$, D_3 $(32')$, C_{3v} $(3\overline{2}')$ 和 D_{3d} $(\overline{3}2')$. 取沿三次转动轴方向的最短晶格矢量为 $\overrightarrow{a_3}$. 在垂直 $\overrightarrow{a_3}$ 的平面内, 对点群 C_3 和 C_{3i} 的情况, 取一长度最短的晶格矢量为 $\overrightarrow{a_1}$, 对点群 D_3, C_{3v} 和 D_{3d} 的情况, 取沿等价的固有或非固有二次轴方向的最短晶格矢量为 $\overrightarrow{a_1}$. 取 $\overrightarrow{a_2}=\overleftrightarrow{3}\cdot\overrightarrow{a_1}$. 因此

$$a_1=a_2,\quad \alpha_1=\alpha_2=\pi/2,\quad \alpha_3=2\pi/3. \tag{5.39}$$

在这组晶格基矢中, 点群生成元的并矢形式和矩阵形式分别为

$$\overleftrightarrow{3}=\overrightarrow{a_2}\overrightarrow{b_1}-\left(\overrightarrow{a_1}+\overrightarrow{a_2}\right)\overrightarrow{b_2}+\overrightarrow{a_3}\overrightarrow{b_3},\qquad \overleftrightarrow{2}'=\overrightarrow{a_1}\overrightarrow{b_1}-\left(\overrightarrow{a_1}+\overrightarrow{a_2}\right)\overrightarrow{b_2}-\overrightarrow{a_3}\overrightarrow{b_3},$$

$$D\left(C_3\right)=\begin{pmatrix}0&-1&0\\1&-1&0\\0&0&1\end{pmatrix},\qquad D\left(C_2'\right)=\begin{pmatrix}1&-1&0\\0&-1&0\\0&0&-1\end{pmatrix}.\tag{5.40}$$

设式 (5.34) 形式的 $\overrightarrow{f}$ 是晶格矢量, 则

$$\overrightarrow{f}+\overleftrightarrow{3}\cdot\overrightarrow{f}+\overleftrightarrow{3}\cdot\overleftrightarrow{3}\cdot\overrightarrow{f}=3f_3\overrightarrow{a_3}$$

也是晶格矢量, 解得

$$f_3=0,\ 1/3\ \text{或}\ 2/3.\tag{5.41}$$

对点群 D_3, C_{3v} 和 D_{3d} 的情况, 下面两式也是晶格矢量

$$\overrightarrow{f}+\overleftrightarrow{2}'\cdot\overrightarrow{f}=\left(f_1+f_1-f_2\right)\overrightarrow{a_1}+\left(f_2-f_2\right)\overrightarrow{a_2}=\left(2f_1-f_2\right)\overrightarrow{a_1},$$

$$\overrightarrow{f}+\left(\overleftrightarrow{3}\cdot\overleftrightarrow{2}'\cdot\overleftrightarrow{3}\cdot\overleftrightarrow{3}\right)\cdot\overrightarrow{f}=\left(f_1-f_1\right)\overrightarrow{a_1}+\left(f_2-f_1+f_2\right)\overrightarrow{a_2}=\left(2f_2-f_1\right)\overrightarrow{a_2}.$$

因此 $2f_1-f_2$ 和 $2f_2-f_1$ 只能分别等于 0 或 1. 它们不能同时为 1, 因为 f_1 和 f_2 都小于 1. 由此得三个解

$$f_1=f_2=0,\quad f_1=2f_2=2/3,\quad 2f_1=f_2=2/3.\tag{5.42}$$

注意, 当 $f_1=f_2=0$ 时, f_3 也只能为零.

对点群 C_3 和 C_{3i} 的情况, 虽然没有二次轴, 但选取基矢 $\overrightarrow{a_1}$ 的原则仍可用来限制 $\overrightarrow{f}$, 使它取式 (5.42) 的解. 事实上, 由于下面矢量是晶格矢量,

$$\overrightarrow{f}-\overleftrightarrow{3}\cdot\overrightarrow{f}=\left(f_1+f_2\right)\overrightarrow{a_1}+\left(2f_2-f_1\right)\overrightarrow{a_2}.\tag{5.43}$$

若 (f_1+f_2) 和 $(2f_2-f_1)$, 减去整数部分后不都为零, 则得到的晶格矢量长度小于 a_1, 与选取 $\overrightarrow{a_1}$ 矢量的原则矛盾. 若 $f_1+f_2=0$, 则得式 (5.42) 的第一个解. 若 $f_1+f_2=1$ 和 $2f_2-f_1$ 等于 0 或 1, 则得式 (5.42) 的后两个解. 有一点不同的是, 现在当 $f_3=0$ 时, 由于选取基矢 $\overrightarrow{a_1}$ 的原则, f_1 和 f_2 也只能为零.

这样, 根据式 (5.41) 和式 (5.42), 三方晶系 $\overrightarrow{f}$ 的可能形式列举如下, 其中 $\overrightarrow{f}'$ 由 $2\overrightarrow{f}$ 除去晶格基矢的整数组合部分后得到:

$$\begin{aligned}
&(1)\ \overrightarrow{f}=0,\quad P\text{型格子};\\
&(2)\ \overrightarrow{f}=\left(2\overrightarrow{a_1}+\overrightarrow{a_2}\right)/3\ \text{和}\ \overrightarrow{f}'=\left(\overrightarrow{a_1}+2\overrightarrow{a_2}\right)/3;\\
&(3)\ \overrightarrow{f}=\left(2\overrightarrow{a_1}+\overrightarrow{a_2}+\overrightarrow{a_3}\right)/3\ \text{和}\ \overrightarrow{f}'=\left(\overrightarrow{a_1}+2\overrightarrow{a_2}+2\overrightarrow{a_3}\right)/3;\\
&(4)\ \overrightarrow{f}=\left(\overrightarrow{a_1}+2\overrightarrow{a_2}+\overrightarrow{a_3}\right)/3\ \text{和}\ \overrightarrow{f}'=\left(2\overrightarrow{a_1}+\overrightarrow{a_2}+2\overrightarrow{a_3}\right)/3.
\end{aligned}\tag{5.44}$$

其中, (2) 给出的 $\vec{f}$, 长度比 a_1 小, 对点群 C_3 和 C_{3i} 的情况, 它不是晶格矢量, 对其余情况, 可改取晶格基矢 $\vec{a_1}'$ 和 $\vec{a_2}'$ (图 5.1):

$$\begin{aligned}
&\vec{a_1}' = (2\vec{a_1} + \vec{a_2})/3, \\
&\vec{a_2}' = (-\vec{a_1} + \vec{a_2})/3 = \overset{\rightrightarrows}{3} \cdot \vec{a_1}', \\
&\vec{a_1} = \vec{a_1}' - \vec{a_2}', \\
&\vec{a_2} = \vec{a_1}' + 2\vec{a_2}'.
\end{aligned} \tag{5.45}$$

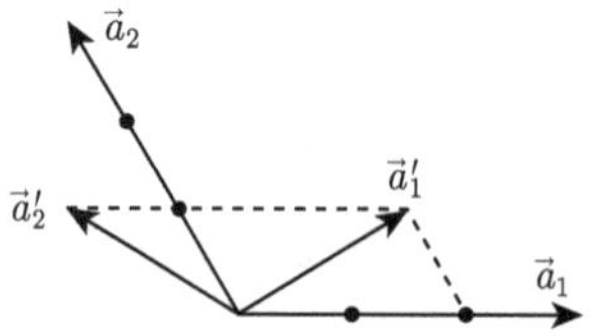

图 5.1　晶格基矢间的关系

则新的晶格基矢是原始的, 只是 $\vec{a_1}'$ 不沿二次轴方向, 而与二次轴夹 π/6 的角. 略去新晶格基矢上的撇, 现在二次轴转动变换的并矢和矩阵形式为

$$\overset{\rightrightarrows}{2}'' = -\vec{a_2}\vec{b_1} - \vec{a_1}\vec{b_2} - \vec{a_3}\vec{b_3}, \quad D(C_2'') = \begin{pmatrix} 0 & -1 & 0 \\ -1 & 0 & 0 \\ 0 & 0 & -1 \end{pmatrix}. \tag{5.46}$$

(1) 和 (2) 都给出 P 型格子, 但对点群 D_3, C_{3v} 和 D_{3d} 的情况, $\vec{a_1}$ 是不是沿二次轴方向, 对应两种不同的空间群. 因为这种格子和六方晶系的 P 型格子相同, 合并称为六方晶系 P 型布拉菲格子, 对应 8 种简单空间群: $P3$, $P\bar{3}$, $P32'$, $P32''$, $P3\bar{2}'$, $P3\bar{2}''$, $P\bar{3}2'$ 和 $P\bar{3}2''$.

适当选择晶格基矢, 可以证明 (3) 和 (4) 是等价的. 因为 $\vec{a_1} + \vec{a_2}$ 是和 $\vec{a_1}$ 长度相同的晶格矢量, 而且对点群 D_3, C_{3v} 和 D_{3d} 的情况, 它也沿着一个二次轴方向. 把 $\vec{a_1} + \vec{a_2}$ 选作新的晶格基矢 $\vec{a_1}'$, 仍取 $\vec{a_2}' = \overset{\rightrightarrows}{3} \cdot \vec{a_1}' = -\vec{a_1}$, 则 (4) 变成了 (3). 对 (3), 取新的晶格基矢

$$\begin{aligned}
&\vec{a_1}' = (2\vec{a_1} + \vec{a_2} + \vec{a_3})/3 = \overset{\rightrightarrows}{3} \cdot \vec{a_3}', && \vec{a_3} = \vec{a_1}' + \vec{a_2}' + \vec{a_3}', \\
&\vec{a_2}' = (-\vec{a_1} + \vec{a_2} + \vec{a_3})/3 = \overset{\rightrightarrows}{3} \cdot \vec{a_1}', && \vec{a_1} = \vec{a_1}' - \vec{a_2}', \\
&\vec{a_3}' = (-\vec{a_1} - 2\vec{a_2} + \vec{a_3})/3 = \overset{\rightrightarrows}{3} \cdot \vec{a_2}', && \vec{a_2} = \vec{a_2}' - \vec{a_3}'.
\end{aligned} \tag{5.47}$$

则新的晶格基矢是原始的. 略去基矢上的撇, 在这组晶格基矢中点群生成元取如下形式:

$$\overrightarrow{\overrightarrow{3}} = \overrightarrow{a_2}\overrightarrow{b_1} + \overrightarrow{a_3}\overrightarrow{b_2} + \overrightarrow{a_1}\overrightarrow{b_3}, \qquad \overrightarrow{\overrightarrow{2}}' = -\overrightarrow{a_2}\overrightarrow{b_1} - \overrightarrow{a_1}\overrightarrow{b_2} - \overrightarrow{a_3}\overrightarrow{b_3},$$

$$D(C_3) = \begin{pmatrix} 0 & 0 & 1 \\ 1 & 0 & 0 \\ 0 & 1 & 0 \end{pmatrix}, \qquad D(C_2') = \begin{pmatrix} 0 & -1 & 0 \\ -1 & 0 & 0 \\ 0 & 0 & -1 \end{pmatrix}. \tag{5.48}$$

这种晶格称为菱方晶系 (rhombohedral) R 型布拉菲格子, 三个晶格基矢长度相等, 夹角相等

$$a_1 = a_2 = a_3, \quad \alpha_1 = \alpha_2 = \alpha_3.$$

这样的菱方晶系 R 型布拉菲格子有 5 种简单空间群: $R3$, $R\overline{3}$, $R32'$, $R3\overline{2}'$ 和 $R\overline{3}2'$.

六方晶系对应点群 C_6 (6), C_{3h} ($\overline{6}$), C_{6h} (± 6), D_6 ($62'$), C_{6v} ($6\overline{2}'$), D_{3h} ($\overline{6}2'$) 和 D_{6h} ($\pm 62'$). 取沿六次转动轴方向的最短晶格矢量为 $\overrightarrow{a_3}$. 在垂直 $\overrightarrow{a_3}$ 平面内, 对点群 C_6, C_{3h} 和 C_{6h} 的情况, 取一长度最短的晶格矢量为 $\overrightarrow{a_1}$, 对点群 D_6, C_{6v}, D_{3h} 和 D_{6h} 的情况, 在沿各二次轴方向的晶格矢量中取一长度最短的晶格矢量为 $\overrightarrow{a_1}$. 取 $\overrightarrow{a_2} = \overrightarrow{\overrightarrow{3}} \cdot \overrightarrow{a_1}$. 因此晶格基矢满足式 (5.39). 注意, 对点群 D_{3h} 的情况, 在垂直 $\overrightarrow{a_3}$ 平面内有两组二次轴, 一组是固有二次轴, 另一组是非固有二次轴. $\overrightarrow{a_1}$ 是沿固有二次轴还是非固有二次轴方向, 对应两种不同的空间群.

在这组晶格基矢中, $\overrightarrow{\overrightarrow{2}}'$ 的形式如式 (5.40) 所示, 而

$$\overrightarrow{\overrightarrow{6}} = (\overrightarrow{a_1} + \overrightarrow{a_2})\overrightarrow{b_1} - \overrightarrow{a_1}\overrightarrow{b_2} + \overrightarrow{a_3}\overrightarrow{b_3}, \quad D(C_6) = \begin{pmatrix} 1 & -1 & 0 \\ 1 & 0 & 0 \\ 0 & 0 & 1 \end{pmatrix}. \tag{5.49}$$

设式 (5.34) 形式的 $\overrightarrow{f}$ 是晶格矢量, 则下式都是晶格矢量:

$$\begin{aligned} &\overrightarrow{f} + \overrightarrow{\overrightarrow{2}} \cdot \overrightarrow{f} = 2f_3\overrightarrow{a_3}, \\ &\overrightarrow{f} + \overrightarrow{\overrightarrow{3}} \cdot \overrightarrow{f} + \overrightarrow{\overrightarrow{3}} \cdot \overrightarrow{\overrightarrow{3}} \cdot \overrightarrow{f} = 3f_3\overrightarrow{a_3}, \\ &\overrightarrow{f} - \overrightarrow{\overrightarrow{6}} \cdot \overrightarrow{f} = f_2\overrightarrow{a_1} + (f_2 - f_1)\overrightarrow{a_2}. \end{aligned}$$

因此 $f_3 = 0$. 对点群 C_6, C_{3h} 和 C_{6h} 的情况, 要求第三式右面矢量长度不小于 a_1, 得 $f_1 = f_2 = 0$. 对点群 D_6, C_{6v}, D_{3h} 和 D_{6h} 的情况, 与三方晶系一样可解得式 (5.42). 但现在两矢量 $\overrightarrow{f} = (2\overrightarrow{a_1} + \overrightarrow{a_2})/3$ 和 $\overrightarrow{f}' = (\overrightarrow{a_1} + 2\overrightarrow{a_2})/3$ 都沿一个二次轴方向, 且长度比 a_1 短, 与选取 $\overrightarrow{a_1}$ 的原则矛盾, 故也有 $f_1 = f_2 = 0$.

总之, 这里又得到六方晶系 P 型布拉菲格子的另外 8 种简单空间群: $P6$, $P\overline{6}$, $P\pm 6$, $P62'$, $P6\overline{2}'$, $P\overline{6}2'$, $P\overline{6}2''$ 和 $P\pm 62'$.

5.3.6　四方晶系

四方晶系对应点群 C_4 (4), S_4 ($\bar{4}$), C_{4h} (± 4), D_4 ($42'$), C_{4v} ($4\bar{2}'$), D_{2d} ($\bar{4}2'$) 和 D_{4h} ($\pm 42'$). 取沿四次转动轴方向的最短晶格矢量为 $\vec{a_3}$. 在垂直 $\vec{a_3}$ 平面内, 对点群 C_4, S_4 和 C_{4h} 的情况, 取一长度最短的晶格矢量为 $\vec{a_1}$, 对点群 D_4, C_{4v}, D_{2d} 和 D_{4h} 的情况, 在沿各二次轴方向的晶格矢量中取一长度最短的晶格矢量为 $\vec{a_1}$. 取 $\vec{a_2} = \overset{\rightrightarrows}{4} \cdot \vec{a_1}$. 因此

$$a_1 = a_2, \quad \alpha_1 = \alpha_2 = \alpha_3 = \pi/2. \tag{5.50}$$

注意, 对点群 D_{2d} 的情况, 在垂直 $\vec{a}_4$ 平面内有两组二次轴, 一组是固有二次轴, 另一组是非固有二次轴. $\vec{a_1}$ 是沿固有二次轴还是非固有二次轴方向, 对应两种不同的空间群.

在这组晶格基矢中, 点群生成元的并矢形式和矩阵形式分别为

$$\begin{gathered}
\overset{\rightrightarrows}{4} = \vec{a_2}\vec{b_1} - \vec{a_1}\vec{b_2} + \vec{a_3}\vec{b_3}, \qquad D(C_4) = \begin{pmatrix} 0 & -1 & 0 \\ 1 & 0 & 0 \\ 0 & 0 & 1 \end{pmatrix}, \\
\overset{\rightrightarrows}{2}' = \vec{a_1}\vec{b_1} - \vec{a_2}\vec{b_2} - \vec{a_3}\vec{b_3}, \qquad \overset{\rightrightarrows}{2}'' = \vec{a_2}\vec{b_1} + \vec{a_1}\vec{b_2} - \vec{a_3}\vec{b_3}, \\
D(C_2') = \begin{pmatrix} 1 & 0 & 0 \\ 0 & -1 & 0 \\ 0 & 0 & -1 \end{pmatrix}, \qquad D(C_2'') = \begin{pmatrix} 0 & 1 & 0 \\ 1 & 0 & 0 \\ 0 & 0 & -1 \end{pmatrix}.
\end{gathered} \tag{5.51}$$

设式 (5.34) 形式的 $\vec{f}$ 是晶格矢量, 则 $\vec{f} + \overset{\rightrightarrows}{2} \cdot \vec{f} = 2f_3\vec{a_3}$ 也是晶格矢量, 解得

$$f_3 = 0 \text{ 或 } 1/2. \tag{5.52}$$

对点群 D_4, C_{4v}, D_{2d} 和 D_{4h} 的情况, 下面各式也是晶格矢量:

$$\begin{aligned}
&\vec{f} + \overset{\rightrightarrows}{2}' \cdot \vec{f} = 2f_1\vec{a_1}, \\
&\vec{f} + \left\{ \overset{\rightrightarrows}{4} \cdot \overset{\rightrightarrows}{2}' \cdot \left(\overset{\rightrightarrows}{4} \right)^3 \right\} \cdot \vec{f} = 2f_2\vec{a_2}, \\
&\vec{f} + \overset{\rightrightarrows}{2}'' \cdot \vec{f} = (f_1 + f_2)(\vec{a_1} + \vec{a_2}).
\end{aligned}$$

因此 $f_1 = 0$ 或 $1/2$, $f_2 = 0$ 或 $1/2$, 但 $f_1 + f_2 \neq 1/2$, 即

$$f_1 = f_2 = 0 \text{ 或 } 1/2. \tag{5.53}$$

注意, 当 $f_1 = f_2 = 0$ 时, f_3 也只能为零. 反之, 当 $f_3 = 0$ 时, $(\vec{a_1} + \vec{a_2})/2$ 的长度比 a_1 短, 且沿一个二次轴方向, 与选取 $\vec{a_1}$ 的原则矛盾, 故只能 $f_1 = f_2 = 0$. 这就是说, 只有 P 型和 I 型布拉菲格子.

对点群 C_4, S_4 和 C_{4h} 的情况, 虽然没有二次轴, 但根据选取基矢 $\vec{a_1}$ 的原则, 仍可证明式 (5.53) 成立, 只是证明稍复杂. 注意下面矢量是晶格矢量

$$\begin{aligned} &\vec{f} - \overset{\rightrightarrows}{4} \cdot \vec{f} = \vec{a_1}(f_1 + f_2) + \vec{a_2}(f_2 - f_1) \equiv \vec{f}', \\ &\vec{f}' - \overset{\rightrightarrows}{4} \cdot \vec{f}' = \vec{a_1}(2f_2) + \vec{a_2}(-2f_1). \end{aligned} \tag{5.54}$$

首先, 若 $f_1 = f_2$, 则由式 (5.54) 的前式得式 (5.53), 同样有 P 型和 I 型布拉菲格子. 下面证明当 $f_1 \neq f_2$ 时, 在与 $\vec{a_3}$ 垂直的平面内, 总能找到比 $\vec{a_1}$ 短的晶格矢量, 这与选取 $\vec{a_1}$ 的原则矛盾. 若 f_1 或 f_2 中有一个为零, 则由式 (5.54) 后式知, 另一个必须为 1/2, 从而使 $\vec{f}'$ 的长度比 a_1 小. 若 $f_1 + f_2 \geqslant 1$, 则

$$a_1^2 \left\{(f_1 + f_2 - 1)^2 + (f_2 - f_1)^2\right\} = a_1^2 \left\{1 - 2\left(f_1 + f_2 - f_1^2 - f_2^2\right)\right\} < a_1^2,$$

使 $\vec{f}' - \vec{a_1}$ 的长度比 a_1 小. 把此法用在 $\vec{f}'$ 上, 同理知 $2f_1 < 1$ 和 $2f_2 < 1$. 于是, 即使 $f_1 + f_2 < 1$, 也有

$$|\vec{f}'|^2 = a_1^2 \left\{(f_1 + f_2)^2 + (f_2 - f_1)^2\right\} = a_1^2 \left\{2f_1^2 + 2f_2^2\right\} < a_1^2.$$

这样, 四方晶系有两种布拉菲格子: P 型和 I 型, 16 种简单空间群: $P4$, $P\overline{4}$, $P\pm 4$, $P42'$, $P4\overline{2}'$, $P\overline{4}2'$, $P\overline{4}2''$, $P\pm 42'$, $I4$, $I\overline{4}$, $I\pm 4$, $I42'$, $I4\overline{2}'$, $I\overline{4}2'$, $I\overline{4}2''$, $I\pm 42'$.

5.3.7 立方晶系

立方晶系对应点群 T $(3'22')$, T_h $(\overline{3}'22')$, O $(3'42'')$, T_d $(3'\overline{42}'')$ 和 O_h $(\overline{3}42'')$. 沿三个互相垂直的二次转动轴 (对点群 T 和 T_h) 或四次转动轴 (对点群 O, T_d 和 O_h) 方向, 取最短的晶格矢量, 按右手螺旋方向, 选作三个晶格基矢, 它们长度相等, 且互相垂直

$$a_1 = a_2 = a_3, \quad \alpha_1 = \alpha_2 = \alpha_3 = \pi/2. \tag{5.55}$$

在这组晶格基矢中, 沿 $\vec{a_3}$ 方向的四次转动轴生成元的形式由式 (5.51) 给出, 二次转动轴的生成元为它的平方, 由式 (5.33) 给出, 沿 $(\vec{a_1} + \vec{a_2} + \vec{a_3})$ 方向的三次转动轴生成元由式 (5.48) 给出, 沿 $\vec{a_1}$ 方向和 $(\vec{a_1} + \vec{a_2})$ 方向的二次转动轴生成元由式 (5.51) 给出.

设式 (5.34) 形式的 $\vec{f}$ 是晶格矢量, 则因立方晶系沿三个晶格基矢方向都有互相等价的二次轴, 故 f_1, f_2 和 f_3 分别都只能取 0 或 1/2, 且由于三个方向的等价性, A, B 和 C 型格子必定合成 F 型格子. 因此, 立方晶系有三种布拉菲格子: P

型, I 型和 F 型, 15 种简单空间群: $P3'22'$, $P\bar{3}'22'$, $P3'42''$, $P3'\bar{4}\ \bar{2}''$, $P\bar{3}'42''$, $I3'22'$, $I\bar{3}'22'$, $I3'42''$, $I3'\bar{4}\ \bar{2}''$, $I\bar{3}'42''$, $F3'22'$, $F\bar{3}'22'$, $F3'42''$, $F3'\bar{4}\ \bar{2}''$ 和 $F\bar{3}'42''$.

表 5.4 中列出 7 种晶系, 14 种布拉菲格子和 73 种简单空间群, 并列出晶格基矢的选择及其与转动轴向的关系. 表后面还列出子循环点群生成元在这些晶格基矢中的矩阵形式. 生成元符号上的撇标记它们的转动轴方向, 沿 $\vec{a_3}$ 方向的生成元不带撇, 沿其他方向的高次轴或沿 $\vec{a_1}$ 方向的二次轴的生成元带一撇, 沿其他方向的二次轴生成元带两撇, 菱方晶系例外.

表 5.4　简单空间群的性质

晶系, 布拉菲格子和简单空间群数	点群		表成循环子群的乘积形式	基矢的关连	转动轴向和基矢的关系		
	熊氏符号	国际符号					
三斜晶系 P	C_1	1	C_1				
空间群数 2	C_i	$\bar{1}$	C_i				
单斜晶系					$\vec{a_3}$		
P, A	C_2	2	C_2	$\alpha_1=\alpha_2$	2		
简单空间	C_s	$\bar{2}$	C_s	$=\pi/2$	$\bar{2}$		
群数 6	C_{2h}	± 2	C_iC_2		± 2		
正交晶系					$\vec{a_3}$	$\vec{a_1}$	
P, C, I, F	D_2	$22'$	C_2C_2'	$\alpha_1=\alpha_2$	2	2	
空间群数 13	D_{2h}	$\pm 22'$	$C_iC_2C_2'$	$=\alpha_3$	± 2	± 2	
P, A, C, I, F	C_{2v}	$2\bar{2}'$	C_2C_s'	$=\pi/2$	2	$\bar{2}$	
					$\vec{a_3}$	$\vec{a_1}$	$\vec{a_1}+\vec{a_2}$
	C_4	4	C_4	$a_1=a_2$	4		
四方晶系	S_4	$\bar{4}$	S_4	$\alpha_1=\alpha_2$	$\bar{4}$		
P, I	C_{4h}	± 4	C_iC_4	$=\alpha_3$	± 4		
简单空间	D_4	$42'$	C_4C_2'	$=\pi/2$	4	2	2
群数 16	C_{4v}	$4\bar{2}'$	C_4C_s'		4	$\bar{2}$	$\bar{2}$
	D_{2d}	$\bar{4}2'$	S_4C_2'		$\bar{4}$	2	$\bar{2}$
	D_{2d}	$\bar{4}2''$	S_4C_2''		$\bar{4}$	$\bar{2}$	2
	D_{4h}	$\pm 42'$	$C_iC_4C_2'$		± 4	± 2	± 2
					$\vec{a_3}$	$\vec{a'}$	$\vec{a_1}+\vec{a_2}$
立方晶系	T	$3'22'$	$C_3'C_2C_2'$	$a_1=a_2$	2	3	
P, I, F	T_h	$\bar{3}22'$	$C_{3i}'C_2C_2'$	$=a_3$	± 2	$\bar{3}$	
简单空间	O	$3'42''$	$C_3'C_4C_2''$	$\alpha_1=\alpha_2$	4	3	2
群数 15	T_d	$3'\bar{4}\ \bar{2}''$	$C_3S_4C_s''$	$=\alpha_3$	$\bar{4}$	3	$\bar{2}$
	O_h	$\bar{3}'42''$	$C_{3i}'C_4C_2''$	$=\pi/2$	± 4	$\bar{3}$	± 2

续表

晶系, 布拉菲格子和简单空间群数	点群		表成循环子群的乘积形式	基矢的关连	转动轴向和基矢的关系		
	熊氏符号	国际符号					
					$\vec{a'}$		$\vec{a_1}-\vec{a_2}$
菱方晶系	C_3	3	C_3	$a_1=a_2$	3		
R	C_{3i}	$\bar{3}$	C_{3i}	$=a_3$	$\bar{3}$		
简单空间	D_3	$32'$	C_3C_2'	$\alpha_1=\alpha_2$	3		2
群数 5	C_{3v}	$3\bar{2}'$	C_3C_s'	$=\alpha_3$	3		$\bar{2}$
	D_{3d}	$\bar{3}2'$	$C_{3i}C_2'$		$\bar{3}$		± 2
					$\vec{a_3}$	$\vec{a_1}$	$\vec{a_1}-\vec{a_2}$
	C_3	3	C_3	$a_1=a_2$	3		
	C_{3i}	$\bar{3}$	C_{3i}	$\alpha_1=\alpha_2$	$\bar{3}$		
	D_3	$32'$	C_3C_2'	$=\pi/2$	3	2	
	D_3	$32''$	C_3C_2''	$\alpha_3=2\pi/3$	3		2
	C_{3v}	$3\bar{2}'$	C_3C_s'		3	$\bar{2}$	
六方晶系	C_{3v}	$3\bar{2}''$	C_3C_s''		3		$\bar{2}$
P	D_{3d}	$\bar{3}2'$	$C_{3i}C_2'$		$\bar{3}$	± 2	
简单空间	D_{3d}	$\bar{3}2''$	$C_{3i}C_2''$		$\bar{3}$		± 2
群数 16	C_6	6	C_6		6		
	C_{3h}	$\bar{6}$	C_{3h}		$\bar{6}$		
	C_{6h}	± 6	C_iC_6		± 6		
	D_6	$62'$	C_6C_2'		6	2	2
	C_{6v}	$6\bar{2}'$	C_6C_s'		6	$\bar{2}$	$\bar{2}$
	D_{3h}	$\bar{6}2'$	$C_{3h}C_2'$		$\bar{6}$	2	$\bar{2}$
	D_{3h}	$\bar{6}2''$	$C_{3h}C_2''$		$\bar{6}$	$\bar{2}$	2
	D_{6h}	$\pm 62'$	$C_iC_6C_2'$		± 6	± 2	± 2

附: 1. 六方晶系循环子群的生成元

$$C_6=\begin{pmatrix}1&-1&0\\1&0&0\\0&0&1\end{pmatrix},\qquad C_3=\begin{pmatrix}0&-1&0\\1&-1&0\\0&0&1\end{pmatrix},$$

$$C_2'=\begin{pmatrix}1&-1&0\\0&-1&0\\0&0&-1\end{pmatrix},\qquad C_2''=\begin{pmatrix}0&-1&0\\-1&0&0\\0&0&-1\end{pmatrix}.$$

2. 菱方晶系循环子群的生成元

$$C_3=\begin{pmatrix}0&0&1\\1&0&0\\0&1&0\end{pmatrix},\quad C_2'=\begin{pmatrix}0&-1&0\\-1&0&0\\0&0&-1\end{pmatrix}.$$

3. 其他各循环子群的生成元

$$C_1 = -C_i = \mathbf{1}, \qquad C_2 = \begin{pmatrix} -1 & 0 & 0 \\ 0 & -1 & 0 \\ 0 & 0 & 1 \end{pmatrix}, \qquad C_2' = \begin{pmatrix} 1 & 0 & 0 \\ 0 & -1 & 0 \\ 0 & 0 & -1 \end{pmatrix},$$

$$C_2'' = \begin{pmatrix} 0 & 1 & 0 \\ 1 & 0 & 0 \\ 0 & 0 & -1 \end{pmatrix}, \qquad C_4 = \begin{pmatrix} 0 & -1 & 0 \\ 1 & 0 & 0 \\ 0 & 0 & 1 \end{pmatrix}, \qquad C_3 = \begin{pmatrix} 0 & 0 & 1 \\ 1 & 0 & 0 \\ 0 & 1 & 0 \end{pmatrix}.$$

4. $\overrightarrow{a'} = \overrightarrow{a_1} + \overrightarrow{a_2} + \overrightarrow{a_3}$.

5.4 空 间 群

本节讨论除简单空间群外的一般空间群, 就是晶格点群中至少有一个元素 R 不是晶体的对称变换, 而 $g(R, \overrightarrow{t})$ 才是晶体的对称变换. 我们先研究点群元素 R 对 $\overrightarrow{t}$ 的限制, 和坐标系原点的选择对 $\overrightarrow{t}$ 的影响, 然后讨论, 为了构成空间群, $\overrightarrow{t}$ 还有哪些更进一步限制, 并介绍空间群的符号, 最后举例说明如何根据晶体空间群的符号, 读出该晶体的具体对称性质.

5.4.1 对称元

晶体的对称变换一般地表为

$$\begin{aligned} & g(R, \overrightarrow{\alpha}) = T(\overrightarrow{L})g(R, \overrightarrow{t}), \quad \overrightarrow{\alpha} = \overrightarrow{L} + \overrightarrow{t}, \\ & \overrightarrow{t} = \sum_{j=1}^{3} \overrightarrow{a_j} t_j, \quad 0 \leqslant t_j < 1. \end{aligned} \tag{5.56}$$

对给定的晶体, 晶格点群 G 已确定, 在选定的坐标系中, 群 G 的每一个元素 R 都对应唯一确定的 $\overrightarrow{t}$. 这一小节我们将研究坐标原点的重新选择对 $\overrightarrow{t}$ 的影响, 研究 R 对矢量 $\overrightarrow{t}$ 的限制, 并介绍对称变换 $g(R, \overrightarrow{t})$ 的对称元概念.

设从 O' 点到 O 点的矢径是 $\overrightarrow{r_0}$, 以 O 为原点的定坐标系是 K, 固定在系统上的动坐标系是 K', K' 系随同系统做平移, 原点从 O 点移到 O' 点. 在系统平移中, 从 K 系看, 变换算符从 $g(R, \overrightarrow{t})$ 变到 g', 按照算符的变换公式 (2.26),

$$g' = T(-\overrightarrow{r_0})g(R, \overrightarrow{t})T(\overrightarrow{r_0}) = g\left[R, \overrightarrow{t} + (R - E)\overrightarrow{r_0}\right]. \tag{5.57}$$

因为 K' 系和系统固定在一起, 所以在平移前后, 变换算符在 K' 系中一直保持 $g(R, \overrightarrow{t})$ 的形式. 现在采用重新选择坐标原点的观点, 也就是坐标系平移的观点. 设在 K' 系有变换算符 $g(R, \overrightarrow{t})$, 重新选择坐标原点, 新坐标系 K 的原点在 K' 系的矢径为 $\overrightarrow{r_0}$, 则在 K 系的算符形式为式 (5.57) 给出的 g'. 这里涉及变换的两种观点, 很容易混淆. 系统平移 $-\overrightarrow{r_0}$, 就是坐标系平移 $\overrightarrow{r_0}$, 希望读者认真想清楚.

由 R 自乘构成的固有或非固有循环点群共有 10 种. 为方便起见, 在这一节, 我们把固有循环点群生成元记为 C_N, 非固有循环点群生成元记为 S_N, N 取 1, 2, 3, 4 和 6. 除了 $(S_1)^2 = (S_3)^6 = E$ 外, 其他点群生成元都满足 $(C_N)^N = (S_N)^N = E$. 一般地表为 $(R)^{N'} = E$,

$$\left[g(R, \vec{t})\right]^{N'} = T\left(\left\{\overleftrightarrow{R}\right\} \cdot \vec{t}\right) = T(\vec{L}), \tag{5.58}$$

其中加上花括号的 $\overleftrightarrow{R}$ 是点群元素相加的并矢, 它作用在任何矢量 $\vec{r}$ 上, 都在 R 转动中保持不变:

$$\left\{\overleftrightarrow{R}\right\} = \sum_{n=1}^{N'} \left(\overleftrightarrow{R}\right)^n, \quad \overleftrightarrow{R} \cdot \left\{\overleftrightarrow{R}\right\} \cdot \vec{r} = \left\{\overleftrightarrow{R}\right\} \cdot \vec{r}.$$

我们知道, C_N $(N \neq 1)$ 只保持转轴 $\hat{\boldsymbol{n}}$ 上的矢量不变, S_2 是平面反射, 它保持反射平面上的矢量不变, 没有非零矢量能在其他非固有转动 S_N $(N \neq 2)$ 中保持不变. 引用在 $\hat{\boldsymbol{n}}$ 方向的投影算符 $\hat{\boldsymbol{n}}\hat{\boldsymbol{n}}$, 和在垂直 $\hat{\boldsymbol{n}}$ 平面的投影算符 $\left(\overleftrightarrow{1} - \hat{\boldsymbol{n}}\hat{\boldsymbol{n}}\right)$, 设 $\vec{t}_{\parallel}$ 和 $\vec{t}_{\perp}$ 分别是 $\vec{t}$ 在平行和垂直 $\hat{\boldsymbol{n}}$ 方向的分量, 则

$$\begin{aligned}
&\vec{t} = \vec{t}_{\parallel} + \vec{t}_{\perp}, && \vec{t}_{\parallel} = (\hat{\boldsymbol{n}}\hat{\boldsymbol{n}}) \cdot \vec{t}, \quad \vec{t}_{\perp} = \left(\overleftrightarrow{1} - \hat{\boldsymbol{n}}\hat{\boldsymbol{n}}\right) \cdot \vec{t}, \\
&\left\{\overleftrightarrow{C}_1\right\} = \overleftrightarrow{1}, && \left\{\overleftrightarrow{C}_N\right\} = N\hat{\boldsymbol{n}}\hat{\boldsymbol{n}}, \qquad N \neq 1, \\
&\left\{\overleftrightarrow{S}_2\right\} = 2\left(\overleftrightarrow{1} - \hat{\boldsymbol{n}}\hat{\boldsymbol{n}}\right), && \left\{\overleftrightarrow{S}_N\right\} = 0, \qquad N \neq 2.
\end{aligned} \tag{5.59}$$

因此式 (5.58) 给出 R 对矢量 $\vec{t}$ 的限制. $R = C_1 = E$ 的情况是平庸的, $\vec{t} = 0$. $R = S_N$ $(N \neq 2)$ 情况, $\vec{t}$ 不受限制, 其他情况受到的限制是

$$\begin{aligned}
&g\left(C_N, \vec{t}\right), \quad N \neq 1, \quad N\left(\hat{\boldsymbol{n}}\hat{\boldsymbol{n}}\right) \cdot \vec{t} = N\vec{t}_{\parallel} = m\vec{a}_{\parallel}, \\
&g\left(S_2, \vec{t}\right), \quad 2\left(\overleftrightarrow{1} - \hat{\boldsymbol{n}}\hat{\boldsymbol{n}}\right) \cdot \vec{t} = 2\vec{t}_{\perp} = m\vec{a}_{\perp},
\end{aligned} \tag{5.60}$$

其中, $\vec{a}_{\parallel}$ 和 $\vec{a}_{\perp}$ 分别是沿 $\vec{t}_{\parallel}$ 和 $\vec{t}_{\perp}$ 方向的最短晶格矢量, m 是非负整数.

在对称变换 $g(R, \vec{t})$ 中保持不变的点称为该变换的对称中心. 有对称中心的对称变换称为封闭变换, 否则称为开变换. 式 (5.58) 指出封闭变换的充要条件是

$$\left[g(R, \vec{t})\right]^{N'} = E, \qquad \left\{\overleftrightarrow{R}\right\} \cdot \vec{t} = 0, \tag{5.61}$$

即式 (5.60) 中的 $m = 0$ 的情况. 因此可能的封闭变换有

$$\begin{aligned}
&C_1 = E, && g(C_N, \vec{t}_{\perp}), && N \neq 1, \\
&g(S_2, \vec{t}_{\parallel}), && g(S_N, \vec{t}), && N \neq 2.
\end{aligned} \tag{5.62}$$

当 $R = C_1 = E$ 时, $\vec{t} = 0$, 空间所有点都是对称中心. 当 $R = C_N$ $(N \neq 1)$ 时, $(C_N - E)$ 在垂直 $\hat{\boldsymbol{n}}$ 的平面内本征值不等于 1, $(C_N - E)\vec{r_0} = -\vec{t}_\perp$ 有解, 通过此 $\vec{r_0}$ 而平行于 $\hat{\boldsymbol{n}}$ 方向的轴是对称直线, 直线上所有点都是对称中心. 当 $R = S_2$ 时, $(S_2 - E)\vec{r_0} = -\vec{t}_\parallel$ 的解为 $\vec{r_0} = \vec{t}_\parallel/2$. 通过此 $\vec{r_0}$ 而垂直 $\hat{\boldsymbol{n}}$ 的平面是对称平面, 平面上所有点都是对称中心. 当 $R = S_N$ $(N \neq 2)$ 时, S_N 没有等于 1 的本征值, 方程 $(S_N - E)\vec{r_0} = -\vec{t}$ 有解. $g(S_N, \vec{t})$ 只有这一个对称中心 $\vec{r_0}$. 式 (5.57) 指出, 取对称中心 $\vec{r_0}$ 为坐标原点时,

$$g(R, \vec{t})\vec{r_0} = R\vec{r_0} + \vec{t} = \vec{r_0},$$

封闭变换变成转动 R, 即 $\vec{t}$ 中不受 R 限制的部分可以通过坐标原点的重新选择而消去, 恰恰是受 R 限制的部分 (5.60) 与坐标原点的选择无关.

对开变换, 式 (5.58) 中的 $\vec{L} \neq 0$. 开变换只有 (5.60) 给出的两种, 其中 $m \neq 0$. **对开变换 $g(C_N, \vec{t})$, $N \neq 1$, 通过 $\vec{r_0}$ 沿 $\hat{\boldsymbol{n}}$ 方向的直线是对称直线, 称为螺旋轴**, 其中 $\vec{r_0}$ 满足 $(C_N - E)\vec{r_0} = -\vec{t}_\perp$. 螺旋轴上的点不是对称中心. 绕螺旋轴转动 $2\pi/N$ 角后, 再沿 $\hat{\boldsymbol{n}}$ 方向滑移 $\vec{t}_\parallel$ 距离, 晶体才保持不变. **对开变换 $g(S_2, \vec{t})$, 通过 $\vec{r_0} = \vec{t}_\parallel/2$ 垂直 $\hat{\boldsymbol{n}}$ 的平面直线是对称平面, 称为滑移平面.** 滑移平面上的点不是对称中心. 对滑移平面做反射, 再在此平面中滑移 $\vec{t}_\perp$ 距离, 晶体才保持不变.

5.4.2　空间群的符号

对给定的晶体, 可以根据它的晶格点群和晶格矢量的分布, 确定它所属的晶系和布拉菲格子, 并以该晶系和布拉菲格子的标准方法选择晶格基矢和定出可能的 $\vec{f}$ 矢量形式. 该晶体的对称变换的一般形式为

$$g(R, \vec{\alpha}) = T(\vec{L})g(R, \vec{t}), \quad \vec{L} = \vec{\ell} \text{ 或 } \vec{\ell} + \vec{f}, \tag{5.63}$$

其中, $\vec{\ell}$ 是晶格基矢 $\vec{a_i}$ 的整数线性组合, 而 $\vec{f}$ 是晶格基矢的分数线性组合, 分数值由布拉菲格子决定. 当晶格点群为 C_1 时, 只有简单空间群. 对其它 31 种点群, 根据表 5.3, 点群元素都可以表为一个, 两个或三个循环子群元素的乘积. 对一般空间群, 每个循环子群生成元都有相应的矢量 $\vec{t}$, 把它们补在子群元素上, 就得空间群元素的一般形式

$$T(\vec{L})\left\{g(R, \vec{t})\right\}^n, \tag{5.64a}$$

$$T(\vec{L})\left\{g(R, \vec{t})\right\}^n \{g(R_1, \vec{p})\}^{n_1}, \tag{5.64b}$$

$$T(\vec{L})\left\{g(R, \vec{t})\right\}^n \{g(R_2, \vec{q})\}^{n_2} \{g(R_1, \vec{p})\}^{n_1}, \tag{5.64c}$$

其中, n, n_1 和 n_2 是整数, $\vec{t}$, $\vec{p}$ 和 $\vec{q}$ 是晶格基矢 $\vec{a_i}$ 的非负分数线性组合, 组合系数小于 1

$$0 \leqslant t_j < 1, \quad 0 \leqslant p_j < 1, \quad 0 \leqslant q_j < 1. \tag{5.65}$$

采用空间群国际符号, 在相应的简单空间群符号中, 代表三个循环子群的数字右下角, 分别注上矢量 $\vec{t}$, $\vec{q}$ 和 $\vec{p}$ 的分量, 就得到一般空间群的符号. 当这些作为下标的矢量为零时予以省略. 5.4.1 节, 讨论了由于晶体的平移不变性, 点群元素 R 对矢量 $\vec{t}$ 的限制, 也就是矢量 $\vec{t}$, $\vec{p}$ 和 $\vec{q}$ 要满足的必要条件. 为了构成空间群, 这些矢量还会受到进一步的限制, 就是说, 式 (5.64) 给出的群元素, 在相乘以后, 移去平移变换 $T(\vec{L})$, 必须仍然得到这些矢量 $\vec{t}$, $\vec{p}$ 和 $\vec{q}$. 此外, 对给定晶体, 只能选择统一的坐标原点. 式 (5.57) 指出, 坐标原点的不同选择会改变这些矢量. 由于原点的不同选择产生的不同的空间群符号称为等价的符号. 在等价的符号中, 尽可能选取最简单的符号. **需要找出所有可能的不等价的空间群符号, 最后得到的不等价的空间群共有 230 种**, 列于表 5.5. 为了看得清楚, 表中把空间群国际符号里应作为下标的量用括号表出, 例如, 空间群 D_{2h}^{24}, 应表为 $F \pm 2_{\frac{1}{4}\frac{1}{4}0}2'_{0\frac{1}{4}\frac{1}{4}}$, 现表为 $F \pm 2\left(\frac{1}{4}\,\frac{1}{4}\,0\right)2'\left(0\,\frac{1}{4}\,\frac{1}{4}\right)$. 表中带星号的空间群是简单空间群.

表 5.5 空间群

三斜晶系					
序号	熊氏符号	国际符号	序号	熊氏符号	国际符号
∗1	C_1^1	$P1$	∗2	C_i^1	$P\bar{1}$

单斜晶系					
序号	熊氏符号	国际符号	序号	熊氏符号	国际符号
∗3	C_2^1	$P2$	∗10	C_{2h}^1	$P\pm2$
4	C_2^2	$P2\left(0\frac{1}{2}0\right)$	11	C_{2h}^2	$P\pm2\left(0\frac{1}{2}0\right)$
∗5	C_2^3	$A2$	∗12	C_{2h}^3	$A\pm2$
∗6	C_s^1	$P\bar{2}$	13	C_{2h}^4	$P\pm2\left(\frac{1}{2}00\right)$
7	C_s^2	$P\bar{2}\left(\frac{1}{2}00\right)$	14	C_{2h}^5	$P\pm2\left(\frac{1}{2}\,\frac{1}{2}0\right)$
∗8	C_s^3	$A\bar{2}$	15	C_{2h}^6	$A\pm2\left(\frac{1}{2}00\right)$
9	C_s^4	$A\bar{2}\left(\frac{1}{2}00\right)$			

正交晶系					
序号	熊氏符号	国际符号	序号	熊氏符号	国际符号
∗16	D_2^1	$P22'$	20	D_2^5	$A22'\left(\frac{1}{2}00\right)$
17	D_2^2	$P22'\left(0\frac{1}{2}0\right)$	∗21	D_2^6	$A22'$
18	D_2^3	$P22'\left(\frac{1}{2}\,\frac{1}{2}0\right)$	∗22	D_2^7	$F22'$
19	D_2^4	$P2\left(00\frac{1}{2}\right)2'\left(\frac{1}{2}\,\frac{1}{2}0\right)$	∗23	D_2^8	$I22'$

续表

正交晶系					
序号	熊氏符号	国际符号	序号	熊氏符号	国际符号
24	D_2^9	$I2\left(00\frac{1}{2}\right)2'\left(\frac{1}{2}\frac{1}{2}0\right)$	50	D_{2h}^4	$P\pm2\left(\frac{1}{2}\frac{1}{2}0\right)2'\left(0\frac{1}{2}0\right)$
*25	C_{2v}^1	$P2\overline{2}'$	51	D_{2h}^5	$P\pm22'\left(\frac{1}{2}00\right)$
26	C_{2v}^2	$P2\left(00\frac{1}{2}\right)\overline{2}'$	52	D_{2h}^6	$P\pm2\left(\frac{1}{2}\frac{1}{2}0\right)2'\left(\frac{1}{2}\frac{1}{2}\frac{1}{2}\right)$
27	C_{2v}^3	$P2\overline{2}'\left(00\frac{1}{2}\right)$	53	D_{2h}^7	$P\pm22'\left(\frac{1}{2}0\frac{1}{2}\right)$
28	C_{2v}^4	$P2\overline{2}'\left(\frac{1}{2}00\right)$	54	D_{2h}^8	$P\pm2\left(\frac{1}{2}0\frac{1}{2}\right)2'\left(00\frac{1}{2}\right)$
29	C_{2v}^5	$P2\left(00\frac{1}{2}\right)\overline{2}'\left(\frac{1}{2}0\frac{1}{2}\right)$	55	D_{2h}^9	$P\pm22'\left(\frac{1}{2}\frac{1}{2}0\right)$
30	C_{2v}^6	$P2\overline{2}'\left(0\frac{1}{2}\frac{1}{2}\right)$	56	D_{2h}^{10}	$P\pm2\left(\frac{1}{2}\frac{1}{2}0\right)2'\left(\frac{1}{2}0\frac{1}{2}\right)$
31	C_{2v}^7	$P2\left(00\frac{1}{2}\right)\overline{2}'\left(\frac{1}{2}00\right)$	57	D_{2h}^{11}	$P\pm2\left(00\frac{1}{2}\right)2'\left(0\frac{1}{2}0\right)$
32	C_{2v}^8	$P2\overline{2}'\left(\frac{1}{2}\frac{1}{2}0\right)$	58	D_{2h}^{12}	$P\pm22'\left(\frac{1}{2}\frac{1}{2}\frac{1}{2}\right)$
33	C_{2v}^9	$P2\left(00\frac{1}{2}\right)\overline{2}'\left(\frac{1}{2}\frac{1}{2}\frac{1}{2}\right)$	59	D_{2h}^{13}	$P\pm2\left(00\frac{1}{2}\right)2'\left(0\frac{1}{2}\frac{1}{2}\right)$
34	C_{2v}^{10}	$P2\overline{2}'\left(\frac{1}{2}\frac{1}{2}\frac{1}{2}\right)$	60	D_{2h}^{14}	$P\pm2\left(\frac{1}{2}\frac{1}{2}0\right)2'\left(\frac{1}{2}\frac{1}{2}0\right)$
*35	C_{2v}^{11}	$\mathrm{C}2\overline{2}'$	61	D_{2h}^{15}	$P\pm2\left(\frac{1}{2}0\frac{1}{2}\right)2'\left(\frac{1}{2}\frac{1}{2}0\right)$
36	C_{2v}^{12}	$\mathrm{C}2\left(00\frac{1}{2}\right)\overline{2}'$	62	D_{2h}^{16}	$P\pm2\left(00\frac{1}{2}\right)2'\left(\frac{1}{2}\frac{1}{2}\frac{1}{2}\right)$
37	C_{2v}^{13}	$\mathrm{C}2\overline{2}'\left(00\frac{1}{2}\right)$	63	D_{2h}^{17}	$A\pm22'\left(\frac{1}{2}00\right)$
*38	C_{2v}^{14}	$A2\overline{2}'$	64	D_{2h}^{18}	$A\pm22'\left(\frac{1}{2}\frac{1}{2}0\right)$
39	C_{2v}^{15}	$A2\overline{2}'\left(0\frac{1}{2}0\right)$	*65	D_{2h}^{19}	$A\pm22'$
40	C_{2v}^{16}	$A2\overline{2}'\left(\frac{1}{2}00\right)$	66	D_{2h}^{20}	$A\pm2\left(\frac{1}{2}00\right)2'$
41	C_{2v}^{17}	$A2\overline{2}'\left(\frac{1}{2}\frac{1}{2}0\right)$	67	D_{2h}^{21}	$A\pm22'\left(0\frac{1}{2}0\right)$
*42	C_{2v}^{18}	$F2\overline{2}'$	68	D_{2h}^{22}	$A\pm2\left(\frac{1}{2}00\right)2'\left(0\frac{1}{2}0\right)$
43	C_{2v}^{19}	$F2\overline{2}'\left(\frac{1}{4}\frac{1}{4}\frac{1}{4}\right)$	*69	D_{2h}^{23}	$F\pm22'$
*44	C_{2v}^{20}	$I2\overline{2}'$	70	D_{2h}^{24}	$F\pm2\left(\frac{1}{4}\frac{1}{4}0\right)2'\left(0\frac{1}{4}\frac{1}{4}\right)$
45	C_{2v}^{21}	$I2\overline{2}'\left(\frac{1}{2}\frac{1}{2}0\right)$	*71	D_{2h}^{25}	$I\pm22'$
46	C_{2v}^{22}	$I2\overline{2}'\left(\frac{1}{2}00\right)$	72	D_{2h}^{26}	$I\pm22'\left(\frac{1}{2}\frac{1}{2}0\right)$
*47	D_{2h}^1	$P\pm22'$	73	D_{2h}^{27}	$I\pm2\left(\frac{1}{2}0\frac{1}{2}\right)2'\left(\frac{1}{2}\frac{1}{2}0\right)$
48	D_{2h}^2	$P\pm2\left(\frac{1}{2}\frac{1}{2}0\right)2'\left(0\frac{1}{2}\frac{1}{2}\right)$	74	D_{2h}^{28}	$I\pm22'\left(\frac{1}{2}00\right)$
49	D_{2h}^3	$P\pm22'\left(00\frac{1}{2}\right)$			

续表

四方晶系					
序号	熊氏符号	国际符号	序号	熊氏符号	国际符号
*75	C_4^1	$P4$	101	C_{4v}^3	$P4\left(00\frac{1}{2}\right)\bar{2}'\left(00\frac{1}{2}\right)$
76	C_4^2	$P4\left(00\frac{1}{4}\right)$	102	C_{4v}^4	$P4\left(00\frac{1}{2}\right)\bar{2}'\left(\frac{1}{2}\frac{1}{2}\frac{1}{2}\right)$
77	C_4^3	$P4\left(00\frac{1}{2}\right)$	103	C_{4v}^5	$P4\bar{2}'\left(00\frac{1}{2}\right)$
78	C_4^4	$P4\left(00\frac{3}{4}\right)$	104	C_{4v}^6	$P4\bar{2}'\left(\frac{1}{2}\frac{1}{2}\frac{1}{2}\right)$
*79	C_4^5	$I4$	105	C_{4v}^7	$P4\left(00\frac{1}{2}\right)\bar{2}'$
80	C_4^6	$I4\left(00\frac{1}{4}\right)$	106	C_{4v}^8	$P4\left(00\frac{1}{2}\right)\bar{2}'\left(\frac{1}{2}\frac{1}{2}0\right)$
*81	S_4^1	$P\bar{4}$	*107	C_{4v}^9	$I4\bar{2}'$
*82	S_4^2	$I\bar{4}$	108	C_{4v}^{10}	$I4\bar{2}'\left(00\frac{1}{2}\right)$
*83	C_{4h}^1	$P\pm4$	109	C_{4v}^{11}	$I4\left(00\frac{1}{4}\right)\bar{2}'\left(\frac{1}{2}00\right)$
84	C_{4h}^2	$P\pm4\left(00\frac{1}{2}\right)$	110	C_{4v}^{12}	$I4\left(00\frac{1}{4}\right)\bar{2}'\left(\frac{1}{2}0\frac{1}{2}\right)$
85	C_{4h}^3	$P\pm4\left(\frac{1}{2}00\right)$	*111	D_{2d}^1	$P\bar{4}2'$
86	C_{4h}^4	$P\pm4\left(0\frac{1}{2}\frac{1}{2}\right)$	112	D_{2d}^2	$P\bar{4}2'\left(00\frac{1}{2}\right)$
*87	C_{4h}^5	$I\pm4$	113	D_{2d}^3	$P\bar{4}2'\left(\frac{1}{2}\frac{1}{2}0\right)$
88	C_{4h}^6	$I\pm4\left(\frac{1}{4}\frac{1}{4}\frac{1}{4}\right)$	114	D_{2d}^4	$P\bar{4}2'\left(\frac{1}{2}\frac{1}{2}\frac{1}{2}\right)$
*89	D_4^1	$P42'$	*115	D_{2d}^5	$P\bar{4}2''$
90	D_4^2	$P42'\left(\frac{1}{2}\frac{1}{2}0\right)$	116	D_{2d}^6	$P\bar{4}2''\left(00\frac{1}{2}\right)$
91	D_4^3	$P4\left(00\frac{1}{4}\right)2'$	117	D_{2d}^7	$P\bar{4}2''\left(\frac{1}{2}\frac{1}{2}0\right)$
92	D_4^4	$P4\left(00\frac{1}{4}\right)2'\left(\frac{1}{2}\frac{1}{2}0\right)$	118	D_{2d}^8	$P\bar{4}2''\left(\frac{1}{2}\frac{1}{2}\frac{1}{2}\right)$
93	D_4^5	$P4\left(00\frac{1}{2}\right)2'$	*119	D_{2d}^9	$I\bar{4}2''$
94	D_4^6	$P4\left(00\frac{1}{2}\right)2'\left(\frac{1}{2}\frac{1}{2}0\right)$	120	D_{2d}^{10}	$I\bar{4}2''\left(00\frac{1}{2}\right)$
95	D_4^7	$P4\left(00\frac{3}{4}\right)2'$	*121	D_{2d}^{11}	$I\bar{4}2'$
96	D_4^8	$P4\left(00\frac{3}{4}\right)2'\left(\frac{1}{2}\frac{1}{2}0\right)$	122	D_{2d}^{12}	$I\bar{4}2'\left(0\frac{1}{2}\frac{1}{4}\right)$
*97	D_4^9	$I42'$	*123	D_{4h}^1	$P\pm42'$
98	D_4^{10}	$I4\left(00\frac{1}{4}\right)2'$	124	D_{4h}^2	$P\pm42'\left(00\frac{1}{2}\right)$
*99	C_{4v}^1	$P4\bar{2}'$	125	D_{4h}^3	$P\pm4\left(\frac{1}{2}00\right)2'\left(0\frac{1}{2}0\right)$
100	C_{4v}^2	$P4\bar{2}'\left(\frac{1}{2}\frac{1}{2}0\right)$	126	D_{4h}^4	$P\pm4\left(\frac{1}{2}00\right)2'\left(0\frac{1}{2}\frac{1}{2}\right)$

续表

四方晶系

序号	熊氏符号	国际符号	序号	熊氏符号	国际符号
127	D_{4h}^5	$P\pm 42'\left(\frac{1}{2}\frac{1}{2}0\right)$	135	D_{4h}^{13}	$P\pm 4\left(00\frac{1}{2}\right)2'\left(\frac{1}{2}\frac{1}{2}0\right)$
128	D_{4h}^6	$P\pm 42'\left(\frac{1}{2}\frac{1}{2}\frac{1}{2}\right)$	136	D_{4h}^{14}	$P\pm 4\left(00\frac{1}{2}\right)2'\left(\frac{1}{2}\frac{1}{2}\frac{1}{2}\right)$
129	D_{4h}^7	$P\pm 4\left(\frac{1}{2}00\right)2'\left(\frac{1}{2}00\right)$	137	D_{4h}^{15}	$P\pm 4\left(0\frac{1}{2}\frac{1}{2}\right)2'\left(\frac{1}{2}00\right)$
130	D_{4h}^8	$P\pm 4\left(\frac{1}{2}00\right)2'\left(\frac{1}{2}0\frac{1}{2}\right)$	138	D_{4h}^{16}	$P\pm 4\left(0\frac{1}{2}\frac{1}{2}\right)2'\left(\frac{1}{2}0\frac{1}{2}\right)$
131	D_{4h}^9	$P\pm 4\left(00\frac{1}{2}\right)2'$	*139	D_{4h}^{17}	$I\pm 42'$
132	D_{4h}^{10}	$P\pm 4\left(00\frac{1}{2}\right)2'\left(00\frac{1}{2}\right)$	140	D_{4h}^{18}	$I\pm 42'\left(00\frac{1}{2}\right)$
133	D_{4h}^{11}	$P\pm 4\left(0\frac{1}{2}\frac{1}{2}\right)2'\left(0\frac{1}{2}0\right)$	141	D_{4h}^{19}	$I\pm 4\left(\frac{1}{4}\frac{1}{4}\frac{1}{4}\right)2'\left(\frac{1}{2}00\right)$
134	D_{4h}^{12}	$P\pm 4\left(0\frac{1}{2}\frac{1}{2}\right)2'\left(0\frac{1}{2}\frac{1}{2}\right)$	142	D_{4h}^{20}	$I\pm 4\left(\frac{1}{4}\frac{1}{4}\frac{1}{4}\right)2'\left(\frac{1}{2}0\frac{1}{2}\right)$

三方晶系

序号	熊氏符号	国际符号	序号	熊氏符号	国际符号
*143	C_3^1	$P3$	*156	C_{3v}^1	$P3\overline{2}'$
144	C_3^2	$P3\left(00\frac{1}{3}\right)$	*157	C_{3v}^2	$P3\overline{2}''$
145	C_3^3	$P3\left(00\frac{2}{3}\right)$	158	C_{3v}^3	$P3\overline{2}'\left(00\frac{1}{2}\right)$
*146	C_3^4	$R3$	159	C_{3v}^4	$P3\overline{2}''\left(00\frac{1}{2}\right)$
*147	C_{3i}^1	$P\overline{3}$	*160	C_{3v}^5	$R3\overline{2}'$
*148	C_{3i}^2	$R\overline{3}$	161	C_{3v}^6	$R3\overline{2}'\left(\frac{1}{2}\frac{1}{2}\frac{1}{2}\right)$
*149	D_3^1	$P32''$	*162	D_{3d}^1	$P\overline{3}2''$
*150	D_3^2	$P32'$	163	D_{3d}^2	$P\overline{3}2''\left(00\frac{1}{2}\right)$
151	D_3^3	$P3\left(00\frac{1}{3}\right)2''$	*164	D_{3d}^3	$P\overline{3}2'$
152	D_3^4	$P3\left(00\frac{1}{3}\right)2'$	165	D_{3d}^4	$P\overline{3}2'\left(00\frac{1}{2}\right)$
153	D_3^5	$P3\left(00\frac{2}{3}\right)2''$	*166	D_{3d}^5	$R\overline{3}2'$
154	D_3^6	$P3\left(00\frac{2}{3}\right)2'$	167	D_{3d}^6	$R\overline{3}2'\left(\frac{1}{2}\frac{1}{2}\frac{1}{2}\right)$
*155	D_3^7	$R32'$			

六方晶系

序号	熊氏符号	国际符号	序号	熊氏符号	国际符号
*168	C_6^1	$P6$	170	C_6^3	$P6\left(00\frac{5}{6}\right)$
169	C_6^2	$P6\left(00\frac{1}{6}\right)$	171	C_6^4	$P6\left(00\frac{1}{3}\right)$

续表

六方晶系					
序号	熊氏符号	国际符号	序号	熊氏符号	国际符号
172	C_6^5	$P6\left(00\frac{2}{3}\right)$	184	C_{6v}^2	$P6\bar{2}'\left(00\frac{1}{2}\right)$
173	C_6^6	$P6\left(00\frac{1}{2}\right)$	185	C_{6v}^3	$P6\left(00\frac{1}{2}\right)\bar{2}'\left(00\frac{1}{2}\right)$
*174	C_{3h}^1	$P\bar{6}$	186	C_{6v}^4	$P6\left(00\frac{1}{2}\right)\bar{2}'$
*175	C_{6h}^1	$P\pm 6$	*187	D_{3h}^1	$P\bar{6}2''$
176	C_{6h}^2	$P\pm 6\left(00\frac{1}{2}\right)$	188	D_{3h}^2	$P\bar{6}2''\left(00\frac{1}{2}\right)$
*177	D_6^1	$P62'$	*189	D_{3h}^3	$P\bar{6}2'$
178	D_6^2	$P6\left(00\frac{1}{6}\right)2'$	190	D_{3h}^4	$P\bar{6}2'\left(00\frac{1}{2}\right)$
179	D_6^3	$P6\left(00\frac{5}{6}\right)2'$	*191	D_{6h}^1	$P\pm 62'$
180	D_6^4	$P6\left(00\frac{1}{3}\right)2'$	192	D_{6h}^2	$P\pm 62'\left(00\frac{1}{2}\right)$
181	D_6^5	$P6\left(00\frac{2}{3}\right)2'$	193	D_{6h}^3	$P\pm 6\left(00\frac{1}{2}\right)2'\left(00\frac{1}{2}\right)$
182	D_6^6	$P6\left(00\frac{1}{2}\right)2'$	194	D_{6h}^4	$P\pm 6\left(00\frac{1}{2}\right)2'$
*183	C_{6v}^1	$P6\bar{2}'$			

立方晶系					
序号	熊氏符号	国际符号	序号	熊氏符号	国际符号
*195	T^1	$P3'22'$	*207	O^1	$P3'42''$
*196	T^2	$F3'22'$	208	O^2	$P3'4\left(\frac{1}{2}\frac{1}{2}\frac{1}{2}\right)2''\left(\frac{1}{2}\frac{1}{2}\frac{1}{2}\right)$
*197	T^3	$I3'22'$	*209	O^3	$F3'42''$
198	T^4	$P3'2\left(\frac{1}{2}0\frac{1}{2}\right)2'\left(\frac{1}{2}\frac{1}{2}0\right)$	210	O^4	$F3'4\left(\frac{1}{4}\frac{1}{4}\frac{1}{4}\right)2''\left(\frac{1}{4}\frac{1}{4}\frac{1}{4}\right)$
199	T^5	$I3'2\left(\frac{1}{2}0\frac{1}{2}\right)2'\left(\frac{1}{2}\frac{1}{2}0\right)$	*211	O^5	$I3'42''$
*200	T_h^1	$P\bar{3}'22'$	212	O^6	$P3'4\left(\frac{3}{4}\frac{1}{4}\frac{3}{4}\right)2''\left(\frac{1}{4}\frac{3}{4}\frac{3}{4}\right)$
201	T_h^2	$P\bar{3}'2\left(\frac{1}{2}\frac{1}{2}0\right)2'\left(0\frac{1}{2}\frac{1}{2}\right)$	213	O^7	$P3'4\left(\frac{1}{4}\frac{3}{4}\frac{1}{4}\right)2''\left(\frac{3}{4}\frac{1}{4}\frac{1}{4}\right)$
*202	T_h^3	$F\bar{3}'22'$	214	O^8	$I3'4\left(\frac{1}{4}\frac{3}{4}\frac{1}{4}\right)2''\left(\frac{3}{4}\frac{1}{4}\frac{1}{4}\right)$
203	T_h^4	$F\bar{3}'2\left(\frac{1}{4}\frac{1}{4}0\right)2'\left(0\frac{1}{4}\frac{1}{4}\right)$	*215	T_d^1	$P3'\bar{4}\bar{2}''$
*204	T_h^5	$I\bar{3}'22'$	*216	T_d^2	$F3'\bar{4}\bar{2}''$
205	T_h^6	$P\bar{3}'2\left(\frac{1}{2}0\frac{1}{2}\right)2'\left(\frac{1}{2}\frac{1}{2}0\right)$	*217	T_d^3	$I3'\bar{4}\bar{2}''$
206	T_h^7	$I\bar{3}'2\left(0\frac{1}{2}0\right)2'\left(00\frac{1}{2}\right)$	218	T_d^4	$P3'\bar{4}\left(\frac{1}{2}\frac{1}{2}\frac{1}{2}\right)\bar{2}''\left(\frac{1}{2}\frac{1}{2}\frac{1}{2}\right)$

续表

立方晶系					
序号	熊氏符号	国际符号	序号	熊氏符号	国际符号
219	T_d^5	$F3'\overline{4}\left(00\frac{1}{2}\right)\overline{2}''\left(00\frac{1}{2}\right)$	*225	O_h^5	$F\overline{3}'42''$
220	T_d^6	$I3'\overline{4}\left(\frac{1}{4}\frac{1}{4}\frac{1}{4}\right)\overline{2}''\left(\frac{1}{4}\frac{1}{4}\frac{3}{4}\right)$	226	O_h^6	$F\overline{3}'4\left(00\frac{1}{2}\right)2''\left(00\frac{1}{2}\right)$
*221	O_h^1	$P\overline{3}'42''$	227	O_h^7	$F\overline{3}'4\left(0\frac{1}{4}\frac{1}{4}\right)2''\left(\frac{1}{4}\frac{1}{4}0\right)$
222	O_h^2	$P\overline{3}'4\left(\frac{1}{2}00\right)2''\left(00\frac{1}{2}\right)$	228	O_h^8	$F\overline{3}'4\left(\frac{1}{2}\frac{1}{4}\frac{1}{4}\right)2''\left(\frac{1}{4}\frac{1}{4}\frac{1}{2}\right)$
223	O_h^3	$P\overline{3}'4\left(\frac{1}{2}\frac{1}{2}\frac{1}{2}\right)2''\left(\frac{1}{2}\frac{1}{2}\frac{1}{2}\right)$	*229	O_h^9	$I\overline{3}'42''$
224	O_h^4	$P\overline{3}'4\left(0\frac{1}{2}\frac{1}{2}\right)2''\left(\frac{1}{2}\frac{1}{2}0\right)$	230	O_h^{10}	$I\overline{3}'4\left(\frac{1}{4}\frac{3}{4}\frac{1}{4}\right)2''\left(\frac{3}{4}\frac{1}{4}\frac{1}{4}\right)$

5.4.3 空间群的性质

从实用上讲, 对我们最重要的是如何根据晶体的空间群符号, 了解该晶体的对称性质. 本小节就是要通过一个例子来说明这方法.

设晶体的空间群是

$$I \pm 4_{\frac{1}{4}\frac{1}{4}\frac{1}{4}} 2'_{\frac{1}{2}00},$$

则知它属四方晶系 I 型格子, 晶格点群是 D_{4h}. $\vec{a_3}$ 沿四次轴方向, $\vec{a_1}$ 和 $\vec{a_2}$ 沿两个等价的二次轴方向, $\vec{a_2} = C_4\vec{a_1}$. 沿另一对二次轴方向的最短晶格矢量为 $\vec{a_1} \pm \vec{a_2}$, 长度等于 $\sqrt{2}a_1$. 三个晶格基矢互相垂直

$$\alpha_1 = \alpha_2 = \alpha_3 = \pi/2, \quad a_1 = a_2.$$

晶格基矢不是原始的, 可表为晶格基矢非整数线性组合的晶格矢量为 $\vec{f} = (\vec{a_1} + \vec{a_2} + \vec{a_3})/2$. 空间群生成元的并矢形式为

$$\overleftrightarrow{C}_4 = \vec{a_2}\vec{b_1} - \vec{a_1}\vec{b_2} + \vec{a_3}\vec{b_3},$$
$$\overleftrightarrow{C}'_2 = \vec{a_1}\vec{b_1} - \vec{a_2}\vec{b_2} - \vec{a_3}\vec{b_3}.$$

空间群元素的一般形式为

$$T(\vec{\ell})T(\vec{f})^{n_1} S_1^{n_2} g\left[C_4, (\vec{a_1} + \vec{a_2} + \vec{a_3})/4\right]^m g\left(C'_2, \vec{a_1}/2\right)^{n_3},$$

其中, S_1 是空间反演变换, 原点就在空间反演变换的对称中心. n_1, n_2 和 n_3 取 0 或 1, m 取 0, 1, 2 或 3.

$g(C_4, \vec{q})$ 的转动轴平行于 $\vec{a_3}$ 方向, $\vec{q}_{\parallel} = \vec{a_3}/4$, $\vec{q}_{\perp} = (\vec{a_1} + \vec{a_2})/4$. 螺旋轴通过 $\vec{r_0}$ 点, 平行于 $\vec{a_3}$ 方向, $\vec{r_0}$ 可由下式解出:

$$(C_4 - E)\vec{r_0} + \vec{q}_{\perp} = 0, \quad r_{01} + r_{02} = -r_{01} + r_{02} = 1/4,$$

解得 $r_{01} = 0, r_{02} = 1/4$, 即螺旋轴通过 $\vec{a_2}/4$ 点, 平行 $\vec{a_3}$ 方向, 滑移矢量是 $\vec{a_3}/4$.

$g(C_2', \vec{p})$ 的转动轴平行于 $\vec{a_1}$ 方向, $\vec{p} = \vec{p}_{\parallel} = \vec{a_1}/2$. 因此螺旋轴通过原点, 平行 $\vec{a_1}$ 方向, 滑移矢量是 $\vec{a_1}/2$.

因为 $S_1 g(C_2', \vec{a_1}/2) = T(-\vec{a_1}) g(S_2', \vec{a_1}/2)$, S_2' 是沿 $\vec{a_1}$ 方向的非固有二次转动, $\vec{p} = \vec{p}_{\parallel} = \vec{a_1}/2$, 因而通过 $\vec{r_0} = \vec{a_1}/4$ 垂直 $\vec{a_1}$ 的平面是对称平面.

在晶胞中任意点 $\vec{r} = \vec{a_1}x_1 + \vec{a_2}x_2 + \vec{a_3}x_3$, 经对称变换作用, 可得 32 个等价点. 其中在 $g\left[C_4, (\vec{a_1} + \vec{a_2} + \vec{a_3})/4\right]^m g\left(C_2', \vec{a_1}/2\right)^{n_3}$ 的作用下得 8 个点

$$\begin{aligned}
\vec{r}_1 &= \vec{a_1}x_1 + \vec{a_2}x_2 + \vec{a_3}x_3, \\
\vec{r}_2 &= \vec{a_1}\left(-x_2 + 1/4\right) + \vec{a_2}\left(x_1 + 1/4\right) + \vec{a_3}\left(x_3 + 1/4\right), \\
\vec{r}_3 &= -\vec{a_1}x_1 + \vec{a_2}\left(-x_2 + 1/2\right) + \vec{a_3}\left(x_3 + 1/2\right), \\
\vec{r}_4 &= \vec{a_1}\left(x_2 - 1/4\right) + \vec{a_2}\left(-x_1 + 1/4\right) + \vec{a_3}\left(x_3 + 3/4\right), \\
\vec{r}_5 &= \vec{a_1}\left(x_1 + 1/2\right) - \vec{a_2}x_2 - \vec{a_3}x_3, \\
\vec{r}_6 &= \vec{a_1}\left(x_2 + 1/4\right) + \vec{a_2}\left(x_1 + 3/4\right) + \vec{a_3}\left(-x_3 + 1/4\right), \\
\vec{r}_7 &= \vec{a_1}\left(-x_1 + 1/2\right) + \vec{a_2}\left(x_2 + 1/2\right) + \vec{a_3}\left(-x_3 + 1/2\right), \\
\vec{r}_8 &= \vec{a_1}\left(-x_2 - 1/4\right) + \vec{a_2}\left(-x_1 + 3/4\right) + \vec{a_3}\left(-x_3 + 3/4\right).
\end{aligned}$$

再用 $T(\vec{f})$ 和 S_1 作用, 可得全部 32 个等价点.

5.5 空间群的不可约表示

本节讨论空间群的不可约表示. 平移群 $\mathcal{T}$ 是空间群 $\mathcal{S}$ 的阿贝尔不变子群, 只有一维不可约表示. 通过选择表象, 让空间群不可约表示关于平移群的分导表示是对角化的. 从这对角化表示的一般形式, 引入波矢、波矢星和波矢群的概念, 并得到空间群不可约表示的性质. 最后讨论空间群不可约表示的简单应用.

5.5.1 平移群的不可约表示

实际的晶体是有限的, 因此不可能有严格的平移不变性 (见文献 (Ren, 2006)). 通常的解决办法如下. 设想晶体在边界上满足周期性的边界条件, 从而恢复平移不变性, 而且平移群 $\mathcal{T}$ 成为有限群. 为解说方便起见, 本节重新假设晶格基矢 $\vec{a_1}$, $\vec{a_2}$ 和 $\vec{a_3}$ 是原始的, 所有晶格矢量 $\vec{\ell}$ 都是晶格基矢的整数线性组合. 设 $\vec{b_1}$, $\vec{b_2}$ 和 $\vec{b_3}$ 是相应的倒晶格基矢, $\vec{K}$ 是倒晶格矢量,

$$\vec{\ell} = \sum_j \vec{a_j}\ell_j, \quad \vec{K} = \sum_j \vec{b_j}K_j, \quad \vec{K}\cdot\vec{\ell} = \sum_j K_j\ell_j = \text{整数}, \tag{5.66}$$

其中, ℓ_j 和 K_j 都是整数. 因此,

$$\left(R\vec{K}\right)\cdot\vec{\ell} = \vec{K}\cdot\left(R^{-1}\vec{\ell}\right) = \vec{K}\cdot\vec{\ell'} = \text{整数}. \tag{5.67}$$

经过晶格点群元素 R 的作用, 晶格矢量仍变成晶格矢量, 倒晶格矢量也变成倒晶格矢量, 晶格点群和倒晶格点群是一样的.

以三个晶格基矢为边构成的平行六面体是晶格的原胞. 设晶体在三个晶格基矢方向的原胞数分别是 N_1, N_2 和 N_3, 它们都是很大的有限数, 且无公约数, 则晶体的任何平移变换自乘 $(N_1N_2N_3)$ 次后是恒元. 因此, 平移群是有限的阿贝尔群, 它的不可约表示是一维的幺正表示. 当 N_j 趋于无穷大时, 有限晶体接近于无限的理想晶体.

晶格平移群 $\mathcal{T}$ 是沿三个晶格基矢方向平移群的直乘

$$\mathcal{T} = \mathcal{T}^{(1)} \otimes \mathcal{T}^{(2)} \otimes \mathcal{T}^{(3)}, \tag{5.68}$$

以沿 $\vec{a_1}$ 方向的平移群 $\mathcal{T}^{(1)}$ 为例, 它是 N_1 阶循环群, 有 N_1 个一维不等价不可约表示, 用 $k_1 = p_1/N_1$ 标记, 其中 p_1 是整数, $0 \leqslant p_1 < N_1$. 平移变换 $T(\vec{a_1}\ell_1)$ 在这表示中的表示矩阵为

$$D^{k_1}\left(E, \vec{a_1}\ell_1\right) = \exp\left(-\mathrm{i}2\pi p_1\ell_1/N_1\right) = \exp\left(-\mathrm{i}2\pi k_1\ell_1\right). \tag{5.69}$$

因此, 平移群 $\mathcal{T}$ 有 $(N_1N_2N_3)$ 个一维不等价不可约表示, 它们用 $\vec{k}$ 来标记. $\mathcal{T}$ 群元素 $T(\vec{\ell}) = g(E, \vec{\ell})$ 在此表示中的表示矩阵是

$$D^{\vec{k}}(E, \vec{\ell}) = \exp\left(-\mathrm{i}2\pi\vec{k}\cdot\vec{\ell}\right), \quad \vec{k} = \sum_j \vec{b_j}k_j, \quad 0 \leqslant k_j < 1. \tag{5.70}$$

通常把 $\vec{k}$ 矢量称为波矢, 波矢构成的空间称为波矢空间或 $\vec{k}$ 空间. 当 N_j 足够大时, 波矢接近连续分布. 波矢空间每一点都对应平移群 $\mathcal{T}$ 的一个不可约表示. 如果 $\vec{k}$ 矢量变化一个倒晶格矢量, 即 k_j 变化一个整数, 式 (5.70) 给出的表示没有变化. 波矢空间相差倒晶格矢量的两点称为等价点, 它们描写同一个不可约表示, 因而波矢空间存在着平移不变性.

式 (5.70) 给出的 $\vec{k}$ 矢量变化区域满足原胞的性质, 但使用起来不方便, 因为区域内的点通过点群元素的变换, 可能变到区域外面去. 固体物理中引入布里渊区 (Brillouin zone) 作为波矢空间的原胞. 原点和各倒晶格点连线的垂直平分面称为布拉格 (Bragg) 面. 布拉格面与实验上衍射极大现象有关. 布里渊区就是由这些布拉格面围成的特定区域. 波矢空间内由最靠近原点的布拉格面围成的区域称为第一

布里渊区. 由第一布里渊区往外到达另一个布拉格面的区域组成第二布里渊区, 依此类推. 除第一布里渊区外, 其他布里渊区并不是一个连通区域, 它们由若干个连通区域构成, 这些连通区域分别经过平移倒晶格矢量后可以拼成第一布里渊区. 因此各布里渊区的体积相等, 每个布里渊区内包含的波矢数都等于晶体中的原胞数 $(N_1N_2N_3)$. 经点群元素的变换, 在第一布里渊区内部的点仍在区域内, 在边界上的点仍在边界上. 在区域内的点与平移群的不可约表示有一一对应的关系, 但在边界上可能有等价点, 即可能有几个点对应同一个不可约表示.

5.5.2 波矢星和波矢群

设 $D(\mathcal{S})$ 是空间群 $\mathcal{S}$ 的一个 m 维不可约幺正表示, 表示空间记为 $\mathcal{L}$. 选取表象, 使平移群 $\mathcal{T}$ 元素的表示矩阵是对角化的, 对角元都取 $\exp\{-\mathrm{i}2\pi\vec{k}\cdot\vec{\ell}\}$ 形式, 对应函数基记为 $\psi(\vec{r})$,

$$\begin{aligned}&D(E,\vec{\ell})=\operatorname{diag}\left\{\mathrm{e}^{-\mathrm{i}2\pi\vec{k}\cdot\vec{\ell}},\ \cdots\right\},\\&P_{T(\vec{\ell})}\psi(\vec{r})=\psi(\vec{r}-\vec{\ell})=\mathrm{e}^{-\mathrm{i}2\pi\vec{k}\cdot\vec{\ell}}\psi(\vec{r}).\end{aligned}\tag{5.71}$$

因此, 在具有平移不变性 $\mathcal{T}$ 的势场 $V(\vec{r})$ 中运动的电子的定态波函数可表为两部分的乘积, 一部分是关于晶格矢量的周期函数, 另一部分是平面波:

$$\psi(\vec{r})=u(\vec{r})\mathrm{e}^{\mathrm{i}2\pi\vec{k}\cdot\vec{r}},\quad u(\vec{r}-\vec{\ell})=u(\vec{r}).\tag{5.72}$$

这正是作为固体物理基础的布洛赫 (Bloch) 定理 (如见文献 (Burns and Glazer, 1978) 第 211 页).

任取 $D(E,\vec{\ell})$ 的一个对角元, 设 $\vec{k}=\overrightarrow{k^{(1)}}$, 它是 d 重简并的, 对应的函数基 $\psi_{1\tau}(\vec{r})$ 架设表示空间 $\mathcal{L}$ 中的一个 d 维子空间 $\mathcal{L}(\overrightarrow{k^{(1)}})$,

$$\begin{aligned}&\psi_{1\tau}(\vec{r})=u_\tau(\vec{r})\mathrm{e}^{\mathrm{i}2\pi\overrightarrow{k^{(1)}}\cdot\vec{r}}\in\mathcal{L}(\overrightarrow{k^{(1)}}),\qquad u_\tau(\vec{r}-\vec{\ell})=u_\tau(\vec{r}),\\&P_{T(\vec{\ell})}\psi_{1\tau}(\vec{r})=\mathrm{e}^{-\mathrm{i}2\pi\overrightarrow{k^{(1)}}\cdot\vec{\ell}}\psi_{1\tau}(\vec{r}),\qquad 1\leqslant\tau\leqslant d.\end{aligned}\tag{5.73}$$

由于式 (5.6), $D(R,\vec{\alpha})D(E,\vec{\ell})D(R,\vec{\alpha})^{-1}=D(E,R\vec{\ell})$, 点群元素的作用使式 (5.71) 中的各 $\vec{k}$ 值互相变换. 满足下式的点群元素 Q 的集合 $H(\vec{k}^{(1)})$, 构成点群 G 的子群, 设指数为 q, 左陪集记为 $R_\rho H(\vec{k}^{(1)})$. R_ρ 已经选定, 其中 $R_1=E$.

$$Q\vec{k}^{(1)}=\vec{k}^{(1)}+\vec{K}_Q,\quad R_\rho\vec{k}^{(1)}=\vec{k}^{(\rho)}+\vec{K}_\rho.\tag{5.74}$$

只有当 $\overrightarrow{k^{(1)}}$ 在第一布里渊区的边界上时, 式 (5.74) 中才有可能出现倒晶格矢量 $\overrightarrow{K_Q}$ 和 $\vec{K}_\rho$. 可以通过式 (5.74), 由晶格点群元素相联系的波矢 $\vec{k}^{(\rho)}$ 称为互相共轭的波矢, 互相共轭波矢的集合 $\Lambda(\overrightarrow{k^{(1)}})$ 称为波矢星, 波矢星中不等价的互相共轭的波矢数目称为波矢星的支, 记为 q. 共轭的波矢地位是平等的, 在波矢星的符号 $\Lambda(\overrightarrow{k^{(1)}})$ 中, $\overrightarrow{k^{(1)}}$ 可以换成共轭的任一波矢.

所有与子群 $H(\overrightarrow{k^{(1)}})$ 元素相对应的空间群元素 $g(Q,\overrightarrow{\alpha})$ 的集合构成空间群 $\mathcal{S}$ 的子群, 称为波矢群 $\mathcal{S}(\overrightarrow{k^{(1)}})$, 指数仍为 q, 陪集为 $g(R_\rho,\overrightarrow{t_\rho})\mathcal{S}(\overrightarrow{k^{(1)}})$,

$$g(Q,\overrightarrow{\alpha})\in\mathcal{S}(\overrightarrow{k^{(1)}}),\quad \overrightarrow{\alpha}=\overrightarrow{\ell}+\overrightarrow{t_Q},\quad \mathcal{T}\subset\mathcal{S}(\overrightarrow{k^{(1)}})\subset\mathcal{S}. \tag{5.75}$$

因为

$$\begin{aligned}P_{T(\ell)}\left[P_{g(Q,\overrightarrow{t_Q})}\psi_{1\tau}(\overrightarrow{r})\right]&=\left[P_{g(Q,\overrightarrow{t_Q})}P_{T(Q^{-1}\ell)}\psi_{1\tau}(\overrightarrow{r})\right]\\&=\mathrm{e}^{-\mathrm{i}2\pi\overrightarrow{k^{(1)}}\cdot\left(Q^{-1}\overrightarrow{\ell}\right)}\left[P_{g(Q,\overrightarrow{t_Q})}\psi_{1\tau}(\overrightarrow{r})\right]\\&=\mathrm{e}^{-\mathrm{i}2\pi\overrightarrow{k^{(1)}}\cdot\overrightarrow{\ell}}\left[P_{g(Q,\overrightarrow{t_Q})}\psi_{1\tau}(\overrightarrow{r})\right],\end{aligned}\tag{5.76}$$

所以 $P_{g(Q,\overrightarrow{t_Q})}\psi_{1\tau}(\overrightarrow{r})$ 仍是 $P_{T(\overrightarrow{\ell})}$ 的本征值为 $\mathrm{e}^{-\mathrm{i}2\pi\overrightarrow{k^{(1)}}\cdot\overrightarrow{\ell}}$ 的本征函数, 属于子空间 $\mathcal{L}(\overrightarrow{k^{(1)}})$, 可以表为函数基 $\psi_{1\tau}(\overrightarrow{r})$ 的线性组合,

$$\begin{aligned}P_{g(Q,\overrightarrow{t_Q})}\psi_{1\tau}(\overrightarrow{r})&=u_\tau\left[Q^{-1}\left(\overrightarrow{r}-\overrightarrow{t_Q}\right)\right]\mathrm{e}^{\mathrm{i}2\pi\left(\overrightarrow{k^{(1)}}+\overrightarrow{K_Q}\right)\cdot\left(\overrightarrow{r}-\overrightarrow{t_Q}\right)}\\&=\sum_{\tau'=1}^{d}\psi_{1\tau'}(\overrightarrow{r})D^{(11)}_{\tau'\tau}(Q,\overrightarrow{t_Q}),\\D^{(11)}_{\tau'\tau}(Q,\overrightarrow{\alpha})&=\mathrm{e}^{-\mathrm{i}2\pi\overrightarrow{k^{(1)}}\cdot\overrightarrow{\ell}}D^{(11)}_{\tau'\tau}(Q,\overrightarrow{t_Q}).\end{aligned}\tag{5.77}$$

$D^{(11)}[\mathcal{S}(\overrightarrow{k^{(1)}})]$ 是波矢群 $\mathcal{S}(\overrightarrow{k^{(1)}})$ 的 d 维幺正表示, 表示空间是 $\mathcal{L}(\overrightarrow{k^{(1)}})$, 函数基是 $\psi_{1\tau}(\overrightarrow{r})$. 它不是空间群不可约表示 $D(\mathcal{S})$ 关于波矢群 $\mathcal{S}(\overrightarrow{k^{(1)}})$ 的分导表示, 而只是分导表示分解中的一个子表示. 把 $\mathcal{L}(\overrightarrow{k^{(1)}})$ 扩充, 定义

$$\begin{aligned}&\psi_{\rho\tau}(\overrightarrow{r})\equiv P_{g(R_\rho,\overrightarrow{t_\rho})}\psi_{1\tau}(\overrightarrow{r}),\\&P_{T(\ell)}\psi_{\rho\tau}(\overrightarrow{r})=P_{g(R_\rho,\overrightarrow{t_\rho})}P_{T(R_\rho^{-1}\overrightarrow{\ell})}\psi_{1\tau}(\overrightarrow{r})=e^{-\mathrm{i}2\pi\overrightarrow{k^{(\rho)}}\cdot\overrightarrow{\ell}}\psi_{\rho\tau}(\overrightarrow{r}).\end{aligned}\tag{5.78}$$

作为空间群元素的乘积, $g(R,\overrightarrow{t})g(R_\rho,\overrightarrow{t_\rho})$ 还是空间群的元素,

$$g(R,\overrightarrow{t})g(R_\rho,\overrightarrow{t_\rho})=g(R_\lambda,\overrightarrow{t_\lambda})g(Q,\overrightarrow{\alpha}). \tag{5.79}$$

选定 R 和 R_ρ, 其他指标 ($\overrightarrow{t}$, $\overrightarrow{t_\rho}$, R_λ, $\overrightarrow{t_\lambda}$, Q 和 $\overrightarrow{\alpha}$) 就都完全确定. 因此

$$\begin{aligned}P_{g(R,\overrightarrow{t})}\psi_{\rho\tau}(\overrightarrow{r})&=P_{g(R_\lambda,\overrightarrow{t_\lambda})}P_{g(Q,\overrightarrow{\alpha})}\psi_{1\tau}(\overrightarrow{r})\\&=P_{g(R_\lambda,\overrightarrow{t_\lambda})}\sum_{\tau'}^{d}\psi_{1\tau'}(\overrightarrow{r})D^{(11)}_{\tau'\tau}(Q,\overrightarrow{\alpha})\\&=\sum_{\tau'}^{d}\psi_{\lambda\tau'}(\overrightarrow{r})D^{(11)}_{\tau'\tau}(Q,\overrightarrow{\alpha}).\end{aligned}\tag{5.80}$$

既然这 qd 个基 $\psi_{\rho\tau}(\overrightarrow{r})$ 都属于表示空间 $\mathcal{L}$, 而且由这些基架设的空间对空间群 $\mathcal{S}$ 保持不变, 因此它就是 $\mathcal{L}$, 且 $m = qd$. 式 (5.80) 说明, 可以将空间群任意元素 $g(R, \overrightarrow{\alpha})$ 在此不可约表示中的表示矩阵 $D(R, \overrightarrow{\alpha})$, 分割成 q^2 个 d 维小矩阵 $D^{(\rho\sigma)}(R, \overrightarrow{\alpha})$, 这些小矩阵排列起来, 构成 $q \times q$ 方矩阵

$$D(R, \overrightarrow{\alpha}) = \begin{pmatrix} D^{(11)}(R, \overrightarrow{\alpha}) & D^{(12)}(R, \overrightarrow{\alpha}) & \cdots & D^{(1q)}(R, \overrightarrow{\alpha}) \\ D^{(21)}(R, \overrightarrow{\alpha}) & D^{(22)}(R, \overrightarrow{\alpha}) & \cdots & D^{(2q)}(R, \overrightarrow{\alpha}) \\ \vdots & \vdots & & \vdots \\ D^{(q1)}(R, \overrightarrow{\alpha}) & D^{(q2)}(R, \overrightarrow{\alpha}) & \cdots & D^{(qq)}(R, \overrightarrow{\alpha}) \end{pmatrix}, \tag{5.81}$$

由式 (5.78), 式 (5.77) 和式 (5.80) 得

$$\begin{aligned} &D^{(\sigma\rho)}(E, \overrightarrow{\ell}) = \mathbf{1}_d \delta_{\sigma\rho} \exp\left(-\mathrm{i}2\pi \overrightarrow{k}^{(\rho)} \cdot \overrightarrow{\ell}\right), \\ &D^{(\sigma 1)}(R_\rho, \overrightarrow{t_\rho}) = \delta_{\sigma\rho} \mathbf{1}_d, \\ &D^{(\sigma 1)}(Q, \overrightarrow{t_Q}) = \delta_{\sigma 1} D^{(11)}(Q, \overrightarrow{t_Q}), \\ &D^{(\sigma\rho)}(R, \overrightarrow{t}) = \delta_{\sigma\lambda} D^{(11)}(Q, \overrightarrow{\alpha}). \end{aligned} \tag{5.82}$$

再由表示的幺正性知

$$\begin{aligned} &D^{(\rho\sigma)}(R_\rho, \overrightarrow{t_\rho}) = \delta_{\sigma 1} \mathbf{1}_d, \\ &D^{(1\sigma)}(Q, \overrightarrow{t_Q}) = \delta_{\sigma 1} D^{(11)}(Q, \overrightarrow{t_Q}), \\ &D^{(\lambda\sigma)}(R, \overrightarrow{t}) = \delta_{\sigma\rho} D^{(11)}(Q, \overrightarrow{\alpha}). \end{aligned} \tag{5.83}$$

于是, 表示矩阵 $D(R, \overrightarrow{t})$ 的每一行 (列) 都只有一个小矩阵不为零, 而且这个小矩阵可用 $D^{(11)}(Q, \overrightarrow{\alpha})$ 表出. 这样的表示确实满足波矢群元素的乘积规则 (5.79), 因为

$$D^{(\lambda\rho)}(R, \overrightarrow{t}) = \sum_{\lambda'\rho'} D^{(\lambda\lambda')}(R_\lambda, \overrightarrow{t_\lambda}) D^{(\lambda'\rho')}(Q, \overrightarrow{\alpha}) D^{(\rho\rho')}(R_\rho, \overrightarrow{t_\rho})^* = D^{(11)}(Q, \overrightarrow{\alpha}).$$

下面证明: **空间群表示 $D(\mathcal{S})$ 不可约的充要条件是波矢群的表示 $D^{(11)}[\mathcal{S}(\overrightarrow{k^{(1)}})]$** (见式 (5.77)) **是不可约的.** 用反证法. 若有 d 维非常数矩阵 Y 能与所有表示矩阵 $D^{(11)}(Q, \overrightarrow{\alpha})$ 对易, 则 $\mathbf{1}_q \times Y$ 就能和所有表示矩阵 $D(R, \overrightarrow{\alpha})$ 对易. 反之, 若有 m 维非常数矩阵 X 能与所有表示矩阵 $D(R, \overrightarrow{\alpha})$ 对易, 则由 X 与 $D(E, \overrightarrow{\ell})$ 和 $D(R_\rho, \overrightarrow{t_\rho})$ 对易知, $X = \mathbf{1}_q \times Y$, 因此 Y 能与所有表示矩阵 $D^{(11)}(Q, \overrightarrow{\alpha})$ 对易. 证完. 这样, **空间群的不可约表示完全由波矢星 $\Lambda(\overrightarrow{k^{(1)}})$ 和波矢群不可约表示 $D^{(11)}(\mathcal{S}(\overrightarrow{k^{(1)}}))$ 确定.**

5.5.3 波矢群的不可约表示

5.5.2 小节说明, 计算空间群不可约表示的关键是计算波矢群的不可约表示. 波矢群不可约表示 $D^{(11)}(\mathcal{S}(\overrightarrow{k^{(1)}}))$ 是由式 (5.77) 定义和计算的. 困难在于, 在对称变

换 $g(Q,\overrightarrow{t_Q})$ 作用下, 平面波 $\mathrm{e}^{\mathrm{i}2\pi\overrightarrow{k^{(1)}}\cdot\overrightarrow{r}}$ 会产生附加因子 $\mathrm{e}^{-\mathrm{i}\overrightarrow{K_Q}\cdot\overrightarrow{t_Q}}$. 只有在两种特殊情况下这因子才等于 1. 一是波矢在第一布里渊区内部, 所有 $\overrightarrow{K_Q}=0$. 二是空间群 $\mathcal{S}$ 是简单空间群, 所有 $\overrightarrow{t_Q}=0$. 在这两种情况下,

$$
\begin{aligned}
P_{g(Q,\overrightarrow{t_Q})}\mathrm{e}^{\mathrm{i}2\pi\overrightarrow{k^{(1)}}\cdot\overrightarrow{r}} &= \mathrm{e}^{\mathrm{i}2\pi\left(\overrightarrow{k^{(1)}}+\overrightarrow{K_Q}\right)\cdot\left(\overrightarrow{r}-\overrightarrow{t_Q}\right)} \\
&= \mathrm{e}^{-\mathrm{i}2\pi\overrightarrow{k^{(1)}}\cdot\overrightarrow{t_Q}}\mathrm{e}^{\mathrm{i}2\pi\left(\overrightarrow{k^{(1)}}+\overrightarrow{K_Q}\right)\cdot\overrightarrow{r}}, \\
P_{g(Q,\overrightarrow{t_Q})}u_\tau\left(\overrightarrow{r}\right) = P_Q u_\tau\left(\overrightarrow{r}-\overrightarrow{t_Q}\right) &= \mathrm{e}^{-\mathrm{i}2\pi\overrightarrow{K_Q}\cdot\overrightarrow{r}}\sum_{\tau'=1}^{d}u_{\tau'}\left(\overrightarrow{r}\right)\Gamma_{\tau'\tau}(Q),
\end{aligned}
\tag{5.84}
$$

其中, $\Gamma(Q)$ 的集合构成点群 $H(\overrightarrow{k^{(1)}})$ 的 d 维不可约表示. 因此在这两种情况下, 波矢群 $\mathcal{S}(\overrightarrow{k^{(1)}})$ 的不可约表示是

$$
D^{(11)}(E,\overrightarrow{\ell}) = \mathrm{e}^{-\mathrm{i}2\pi\overrightarrow{k^{(1)}}\cdot\overrightarrow{\ell}},\quad D^{(11)}(Q,\overrightarrow{t_Q}) = \mathrm{e}^{-\mathrm{i}2\pi\overrightarrow{k^{(1)}}\cdot\overrightarrow{t_Q}}\Gamma(Q). \tag{5.85}
$$

$D^{(11)}(Q,\overrightarrow{t_Q})$ 显然满足波矢群 $\mathcal{S}(\overrightarrow{k^{(1)}})$ 元素的乘积规则:

$$
\begin{aligned}
&g(Q,\overrightarrow{t_Q})g(Q',\overrightarrow{t_{Q'}}) = g(QQ',Q\overrightarrow{t_{Q'}}+\overrightarrow{t_Q}), \\
&\mathrm{e}^{-\mathrm{i}2\pi\overrightarrow{k^{(1)}}\cdot\left(Q\overrightarrow{t_{Q'}}\right)} = \mathrm{e}^{-\mathrm{i}2\pi\left(Q^{-1}\overrightarrow{k^{(1)}}\right)\cdot\overrightarrow{t_{Q'}}} = \mathrm{e}^{-\mathrm{i}2\pi\left(\overrightarrow{k^{(1)}}-Q^{-1}\overrightarrow{K_Q}\right)\cdot\overrightarrow{t_{Q'}}} = \mathrm{e}^{-\mathrm{i}2\pi\overrightarrow{k^{(1)}}\cdot\overrightarrow{t_{Q'}}}, \\
&D^{(11)}(Q,\overrightarrow{t_Q})D^{(11)}(Q',\overrightarrow{t_{Q'}}) = \mathrm{e}^{-\mathrm{i}2\pi\overrightarrow{k^{(1)}}\cdot\overrightarrow{t_Q}}e^{-\mathrm{i}2\pi\overrightarrow{k^{(1)}}\cdot\overrightarrow{t_{Q'}}}\Gamma(Q)\Gamma(Q') \\
&\qquad = \mathrm{e}^{-\mathrm{i}2\pi\overrightarrow{k^{(1)}}\cdot\left(\overrightarrow{t_Q}+Q\overrightarrow{t_{Q'}}\right)}\Gamma(QQ') \\
&\qquad = D^{(11)}(QQ',Q\overrightarrow{t_{Q'}}+\overrightarrow{t_Q}).
\end{aligned}
$$

对一般空间群 $\mathcal{S}$, 波矢星又在第一布里渊区边界上的情况, 波矢群不可约表示的形式比较复杂, 这里不再讨论. 可以证明, 对给定的波矢星, 取其他 $\overrightarrow{k_\mu}$ 代替 $\overrightarrow{k_1}$, 得到的表示与上面表示等价.

5.5.4 晶体中电子的能带

现在来讨论晶体中电子能量随波矢 $\overrightarrow{k}$ 的变化. 采用自由电子近似, 电子近似地在势场 $V(\overrightarrow{r})$ 中运动. 势场满足空间群 $\mathcal{S}$ 对称性, 并在平均势场 V_0 附近涨落. 平均势场 V_0 与 $\overrightarrow{r}$ 无关. 设 $V_1(\overrightarrow{r})=V(\overrightarrow{r})-V_0$ 很小, 可以做微扰处理. 电子的哈密顿量表为

$$
H(\overrightarrow{r}) = H_0(\overrightarrow{r})+V_1(\overrightarrow{r}),\quad H_0(\overrightarrow{r}) = -\frac{\hbar^2}{2m_e}\nabla^2+V_0, \tag{5.86}
$$

其中, m_e 是电子质量. 如果能级是正则简并的, 则能量的本征函数属空间群确定的不可约表示, 波函数记为 $\psi_{\rho\tau}(\overrightarrow{r})$, 由式 (5.73) 和式 (5.78) 给出. 不同的 ρ 和 τ 对

应相同的能量. 选 $\rho=1$, 并为了简化符号, 把固定的下标 ρ 和 τ 都省略, 把 $\overrightarrow{k^{(1)}}$ 记为 $\overrightarrow{k}$. 现在由式 (5.86) 给出的定态波函数是 $\overrightarrow{k}$ 的函数, 表为

$$\psi(\overrightarrow{r})=\exp\left(\mathrm{i}2\pi\overrightarrow{k}\cdot\overrightarrow{r}\right)u(\overrightarrow{r}),\quad u(\overrightarrow{r}-\overrightarrow{\ell})=u(\overrightarrow{r}). \tag{5.87}$$

由式 (5.87) 的第二式, 波函数 u 部分可按倒晶格矢量 $\overrightarrow{K_n}$ 作傅里叶展开:

$$\begin{aligned} u(\overrightarrow{r})&=\sum_n u_n\exp\left(-\mathrm{i}2\pi\overrightarrow{K_n}\cdot\overrightarrow{r}\right),\\ \psi(\overrightarrow{r})&=\sum_n u_n\exp\left\{\mathrm{i}2\pi\left(\overrightarrow{k}-\overrightarrow{K_n}\right)\cdot\overrightarrow{r}\right\}, \end{aligned} \tag{5.88}$$

其中, u_n 是待定常数. 求和式中的每一项, 即只有一个 u_n 不为零的波函数, 正是哈密顿量 H_0 的本征函数, 是零级波函数, 分别对应零级能量 E_n

$$E_n=\frac{\hbar}{2m_e}\left(\overrightarrow{k}-\overrightarrow{K_n}\right)^2+V_0. \tag{5.89}$$

零级能量随波矢 $\overrightarrow{k}-\overrightarrow{K_n}$ 连续变化. 因为 V_1 在波函数中的平均值已经以平均场的形式提出去了, 所以能量的一级微扰为零, 只需计算能量的二级修正. 不同 $\overrightarrow{k}$ 的波函数属于空间群不等价的不可约表示或属于同一个不可约表示 ($\overrightarrow{k}$ 属同一个波矢星), 在对称微扰作用下, 波函数不混合. 只有当能级出现新的简并, 需要用有简并的微扰方法来处理时, 能级才会分裂, 能量才会出现明显变化.

如果要计算 $n=0$ 的态的能量修正, 则 u_0 是主要的. 当 $\overrightarrow{k}$ 在第一布里渊区中心附近时, 能量差 E_n-E_0 比较大, 因此其他 $u_n(n\neq 0)$ 相对 u_0 都很小, 能量是随波矢 $\overrightarrow{k^2}$ 连续变化的. 但在第一布里渊区的边界上, $\overrightarrow{k^2}$ 和 $\left(\overrightarrow{k}-\overrightarrow{K_n}\right)^2$ 有可能相等, 展开式 (5.88) 至少有两项大小可以比拟, 发生强烈干涉. 能量微扰的结果, 一个能级抬高, 另一个能级降低, 形成能隙. 这种现象在其他布里渊区的边界上也会发生. 这就是晶体中能带形成的基本原理. 当然实际问题还要复杂得多, 例如, 不同能带有可能互相重迭, 使能隙 (禁带) 变窄, 甚至消失. 想要进一步了解这方面的内容, 请读者参考固体物理有关书籍.

顺便我们看到, 布里渊区边界的条件是

$$\overrightarrow{k^2}=\left(\overrightarrow{k}-\overrightarrow{K}\right)^2,$$

解得

$$2\overrightarrow{k}\cdot\overrightarrow{K}=\overrightarrow{K}^2, \tag{5.90}$$

这正是倒晶格矢量垂直平分面的方程, 这垂直平分面在固体物理中称为布拉格 (Bragg) 面 (图 5.2), 各布里渊区正是用布拉格面来分隔的.

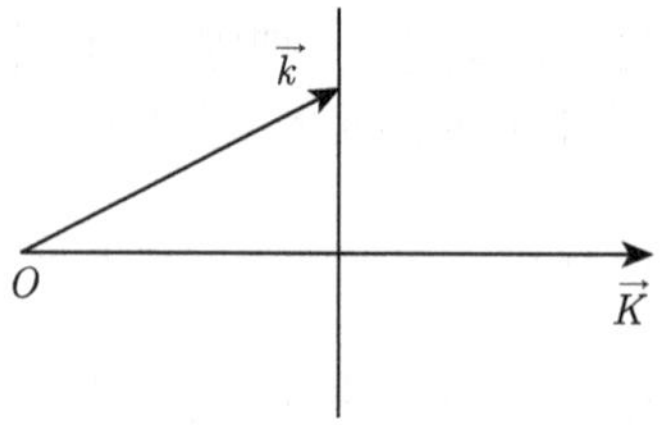

图 5.2 布拉格面

习 题 5

1. 在直角坐标系中, 写出沿 x_3 方向的六次固有和非固有循环群生成元的并矢形式和矩阵形式.

2. 用直角坐标系的单位矢量表出 T_d 群和 O_h 群的各固有和非固有转动轴的方位.

3. 设 R 是绕 $\hat{\boldsymbol{n}}=(\vec{e_1}+\vec{e_2})/\sqrt{2}$ 方向转动 $2\pi/3$ 角的变换, 试找出 $g(R,\vec{t})$ 的对称直线位置, 其中 (1) $\vec{t}=\vec{e_3}$; (2) $\vec{t}=\vec{e_1}+\vec{e_3}$. 如果它是螺旋轴, 请指出沿轴向的滑移矢量, 并通过坐标原点的平移, 把 g 化为标准形式以检验此结论.

4. 设 S_2 是对 x_1x_2 平面的反射变换, 找出 $g(S_2,\vec{t})$ 的对称平面位置, 其中 (1) $\vec{t}=\vec{e_3}$; (2) $\vec{t}=\vec{e_1}+\vec{e_3}$. 如果它是滑移平面, 请指出沿平面的的滑移矢量, 并通过坐标原点的平移, 把 g 化为标准形式以检验此结论.

5. 试分析第 52 号 (D_{2h}^6), 第 161 号 (C_{3v}^6) 和第 199 号 (T^5) 空间群的对称性质, 指出: (1) 一般元素的表达式; (2) 三个晶格基矢的方向和相互间长度的关系; (3) 各生成元的对称直线或对称平面的方位, 如有螺旋轴或滑移平面, 请指出它们的滑移矢量; (4) 在一个晶胞内找出任意点 $\vec{r}=\vec{a_1}x_1+\vec{a_2}x_2+\vec{a_3}x_3$ 的等价点位置.

参考文献

陈金全. 1984. 群表示论的新途径. 上海：上海科学技术出版社.

戴安英. 1983. 计算 SO(N) 群不可约旋量表示维数的一种图形规则. 兰州大学学报 (自然科学版), 19(2): 33.

丁培柱, 王毅. 1990. 群及其表示. 北京: 高等教育出版社.

高崇寿. 1992. 群论及其在粒子物理学中的应用. 北京: 高等教育出版社.

韩其智, 孙洪洲. 1987. 群论. 北京: 北京大学出版社.

侯伯元, 侯伯宇. 1990. 物理学家用微分几何. 2 版. 北京: 科学出版社 (2004).

李世雄. 1981. 代数方程与置换群, 上海: 上海教育出版社.

马中骐, 戴安英. 1982. 计算 SO(N) 群不可约张量表示维数的一种图形规则. 兰州大学学报 (自然科学版), 18(2): 97.

马中骐, 戴安英. 1988. 群论及其在物理中的应用. 北京：北京理工大学出版社.

马中骐. 2002. 群论习题精解. 北京: 科学出版社.

马中骐. 2006. 物理学中的群论. 2 版. 北京: 科学出版社.

马中骐. 1993. 杨–巴克斯特方程和量子包络代数. 北京: 科学出版社.

斯米尔诺夫. 1954. 高等数学教程. (第三卷第一分册). 北京大学数学力学系代数教研室, 译. 北京: 高等教育出版社.

孙洪洲, 韩其智. 1999. 李代数李超代数及在物理中的应用. 北京: 北京大学出版社.

陶瑞宝. 2011. 物理学中的群论. 北京: 高等教育出版社.

万哲先. 1964. 李代数. 北京: 科学出版社.

王仁卉, 郭可信. 1990. 晶体学中的对称群. 北京: 科学出版社.

亚历山大洛夫, 等. 1984. 数学 —— 它的内容、方法和意义 (第三卷). 王元, 万哲先, 裘光明, 等译. 北京: 科学出版社.

严志达, 许以超. 1985. Lie 群及其 Lie 代数. 北京：高等教育出版社.

余文海. 1991. 晶体结构的对称群. 合肥: 中国科学技术大学出版社.

邹鹏程, 黄永畅. 1995. “不可约性假设” 的证明及其应用. 高能物理与核物理, 19: 796, 英文版: 19: 375.

邹鹏程. 2003. 量子力学. 2 版. 北京: 高等教育出版社.

Akutsu Y, Wadati M. 1987. Exactly solvable models and new link polynomials. I. N-state vertex models. J. Phys. Soc. Jpn., 56(9): 3039-3051.

Akutsu Y, Wadati M. 1987. Knot invariants and the critical statistical systems. J. Phys. Soc. Jpn., 56: 839-842.

Alexander J. 1928. Topological invariants of knots and links. Trans. Am. Math. Soc., 30: 275.

Andrews G E. 1976. The Theory of Partitions//Rota G C, ed. Encyclopedia of Mathematics and its Applications. Boston: Addison-Wesley.

Bayman B F. 1960. Some Lectures on Groups and Their Applications to Spectroscopy. Nordita.
(中译本: 贝衣曼 B F. 1963. 群论及其在核谱学中的应用. 石生明, 译. 上海: 上海科学技术出版社出版)

Berenson R, Birman J L. 1975. Clebsch-Gordan coefficients for crystal space group. J. Math. Phys., 16: 227.

Biedenharn L C, Giovannini A, Louck J D. 1970. Canonical definition of Wigner coefficients in $U(n)$. J. Math. Phys., 11: 2368.

Biedenharn L C, Louck J D. 1981. Angular Momentum in Quantum Physics, Theory and application// Rota G C, ed. Encyclopedia of Mathematics and its Application. Massachusetts: Addison-Wesley.

Biedenharn L C, Louck J D. 1981. The Racah-Wigner algebra in Quantum Theory, Encyclopedia of Mathematics and its Application. Massachusetts: Addison-Wesley.

Birman J, Wenzl H. 1989. Braids, link polynomials and a new algebra. Trans. Amer. Math. Soc., 313: 249.

Birman J. 1985. On the Jones polynomial of closed 3-braids. Invent. Math., 81: 287.

Bjorken J D, Drell S D. 1964. Relativistic Quantum Mechanics. New York: McGraw-Hill Book Co..

Boerner H. 1963. Representations of Groups. Amsterdam: North-Holland.

Bourbaki N. 1989. Elements of Mathematics, Lie Groups and Lie Algebras. New York: Springer-Verlag.

Bradley C J, Cracknell A P. 1972. The Mathematical Theory of Symmetry in Solids. Oxford: Clarendon Press.

Bremner M R, Moody R V, Patera J. 1985. Tables of Dominant Weight Multiplicities for Representations of Simple Lie Algebras. Pure and Applied Mathematics, A Series of Monographs and Textbooks 90. New York: Marcel Dehker.

Burns G, Glazer A M. 1978. Space Groups for Solid State Scientists. New York: Academic Press.

Chen J Q, Wang P N, Lu Z M, Wu X B. 1987. Tables of the Clebsch-Gordan, Racah and Subduction Coefficients of SU(n) Groups. Singapore: World Scientific.

Chen J Q, Ping J L, Wang F. 2002. Group Representation Theory for Physicsts. 2nd ed. Singapore: World Scientific.

ChenJ Q, Ping J L. 1997. Algebraic expressions for irreducible bases of icosahedral group, J. Math. Phys., 38: 387.

Cotton F A. 1971. Chemical Applications of Group Theory. New York: Wiley.
(中译本: 科顿 F A. 1987. 群论在化学中的应用. 刘春万, 游效曾, 赖伍江, 译. 北京: 科学出版社).

de Swart J J. 1963. The octet model and its Clebsch-Gordan coefficients. Rev. Mod. Phys., 35: 916.

Deng Y F, Yang C N. 1992. Eigenvalues and eigenfunctions of the Hückel Hamiltonian for carbon-60. Phys. Lett., A170: 116.

Dirac P A M. 1958. The Principle of Quantum Mechanics. Oxford: Clarendon Press.
(中译本: 狄拉克 PAM. 1979. 量子力学原理. 陈咸亨, 译. 北京: 科学出版社).

Dong S H, Hou X W, Ma Z Q. 1998. Irreducible bases and correlations of spin states for double point groups. Inter. J. Theor. Phys., 37: 841.

Dong S H, Xie M, Ma Z Q. 1998. Irreducible bases in icosahedral group space, Inter. J. Theor. Phys., 37: 2135.

Dynkin E B. 1947. The structure of semisimple algebras, Usp. Mat. Nauk. (N. S.), 2: 59. Transl. in Am. Math. Soc. Transl. (I), 1962, 9: 308.
(中译本: 邓金. 1954. 半单纯李氏代数的结构. 曾肯成, 译. 北京: 科学出版社).

Edmonds A R. 1957. Angular Momentum in Quantum Mechanics. Princeton: Princeton University Press.

Elliott J P, Dawber P G. 1979. Symmetry in Physics. London: McMillan Press.
(中译本: 艾立阿特, 道伯尔. 1986. 物理学中的对称性. 仝道荣, 译. 北京: 科学出版社).

Feng Kang. 1991. The Hamiltonian way for computing Hamiltonian dynamics//Spigler R, ed. Applied and Industrial Mathematics. Kluwer: Academic Publishers.

Fronsdal C. 1962. Group theory and applications to particle physics. Brandies Lectures, K W Ford ed. New York: Benjamin. 1963. 1: 427.

Gel'fand I M, Minlos R A, Ya Shapiro Z. 1963. Representations of the Rotation and Lorentz Groups and Their Applications. translated from Russian by Cummins G, Boddington T. New York: Pergamon Press.

Gel'fand I M, Zetlin M L. 1950. Matrix elements for the unitary groups. Dokl. Akad. Nauk., 71: 825.

Gell-Mann M, Ne'eman Y. 1964. The Eightfold Way. New York: Benjamin.

Georgi H. 1982. Lie Algebras in Particle Physics. New York: Benjamin.

Gilmore R. 1974. Lie Groups, Lie Algebras and Some of Their Applications. New York: Wiley.

Gradshteyn I S, Ryzhik I M. 2007. Table of Integrals, Series, and Products, 7th Ed., Ed. A Jeffrey and D Zwillinger. New York: Academic Press.

Gu C H, Yang C N. 1989. A one-dimensional N fermion problem with factorized S matrix. Commun. Math. Phys., 122: 105.

Gu X Y, Duan B, Ma Z Q. 2001. Conservation of angular momentum and separation of global rotation in a quantum N-body system, Phys. Lett., A281: 168.

Gu X Y, Duan B, Ma Z Q. 2001. Independent eigenstates of angular momentum in a quantum N-body system. Phys. Rev., A64: 042108(1-14).

Gu X Y, Ma Z Q, Dong S H. 2002. Exact solutions to the Dirac equation for a Coulomb potential in $D+1$ dimensions. Inter. J. Mod. Phys. E., 11: 335.

Gu X Y, Ma Z Q, Dong S H. 2003. The Levinson theorem for the Dirac equation in $D+1$ dimensions. Phys. Rev., A67: 062715(1-12).

Gu X Y, Ma Z Q, Sun J Q. 2003. Quantum four-body system in D dimensions. J. Math. Phys., 44: 3763.

Gyoja A. 1986. A q-analogue of Young symmetrizer. Osaka J. Math., 23: 841.

Hamermesh M. 1962. Group Theory and its Application to Physical Problems. Massachusetts: Addison-Wesley.

Heine V. 1960. Group Theory in Quantum Mechanics. London: Pergamon Press.

Hou B Y, Hou B Y, Ma Z Q. 1990. Clebsch-Gordan coefficients, Racah coefficients and braiding fusion of quantum $s\ell(2)$ enveloping algebra I. Commun. Theor. Phys., 13: 181.

Hou B Y, Hou B Y, Ma Z Q. 1990. Clebsch-Gordan coefficients, Racah coefficients and braiding fusion of quantum $s\ell(2)$ enveloping algebra II. Commun. Theor. Phys., 13: 341.

Hou, B Y, Hou B Y. 1997. Differential Geometry for Physicists. Singapore: World Scientific.

Huang K S. 1963. Statistical Mechanics. New York: Wiley.

Itzykson C, Nauenberg M. 1966. Unitary groups: Representations and decompositions. Rev. Mod. Phys., 38: 95.

Joshi A W. 1977. Elements of Group Theory for Physicists. New York: Wiley.
(中译本: 约什 A W. 1985. 物理学中的群论基础. 王锡绂, 刘秉正, 赵展岳, 吴兆颜, 译. 北京: 科学出版社).

Koster G F. 1957. Space Groups and Their Representations in Solid State Physics. ed. by F. Seitz and D. Turnbull. New York: Academic Press. 5: 174.

Kovalev O V. 1961. Irreducible Representations of Space Groups. Gross A M, translat. Reading: Gordon & Breach.

Lipkin H J. 1965. Lie Groups for Pedestrians. Amsterdam: North-Holland.

Littlewood D E. 1958. The Theory of Group Characters. Oxford: Oxford University Press.

Liu F, Ping J L, Chen J Q. 1990. Application of the eigenfunction method to the icosahedral group. J. Math. Phys., 31: 1065.

Ma Z Q, Gu X Y. 2004. Problems and Solutions in Group Theory for Physicists. Singapore: World Scientific.

Ma Z Q, Tong D M, Zhou B. 1992. Finite dimensional representations of braid groups. Commun. Theor. Phys., 18: 369.

Ma Z Q. 1993. Yang-Baxter Equation and Quantum Enveloping Algebras. Singapore: World Scientific.

Marshak R E, Riazuddin, Ryan C P. 1969. Theory of Weak Interactions in Particle Physics. New York: Wiley.

Miller Jr W. 1972. Symmetry Groups and Their Applications. New York: Academic Press. (中译本: 密勒 W. 1981. 对称性群及其应用. 栾德怀, 冯承天, 张民生, 译. 北京: 科学出版社).

Racah G. 1951. Group Theory and Spectroscopy. Lecture Notes in Princeton.
(中译本: 拉卡 G. 1959. 群论和核谱. 梅向明, 译. 北京: 高等教育出版社).

Ren S Y. 2002. Two types of electronic states in one-dimensional crystals of finite length. Ann. Phys., 301: 22.

Ren S Y. 2006. Electronic States in Crystals of Finite Size, Quantum confinement of Bloch waves. New York: Springer.

Rolfsen D. 1976. Knots and Links. Mathematics Lecture Series, Publish or Perish, Berkeley.

Roman P. 1964. Theory of Elementary Particles. Amsterdam: North-Holland.
(中译本：罗曼 P. 1966. 基本粒子理论. 蔡建华, 龚昌德, 孙景李, 译. 上海: 上海科学技术出版社).

Rose M E. 1957. Elementary Theory of Angular Momentum, New York: Wiley.
(中译本: 洛斯 M E. 1963. 角动量理论. 万乙, 译. 上海: 上海科学技术出版社).

Salam A. 1963. The formalism of Lie groups//Salam A, direct. Theoretical Physics. International Atomic Energy Agency, Vienna. 173.
(中译本: 1964. 李群概论. 王佩, 译. 物理译丛, 核物理和理论物理, (12): 78).

Schiff L I. 1968. Quantum Mechanics. 3rd ed. New York: McGraw-Hill.
(中译本: 席夫 L I. 1982. 量子力学. 李淑娴, 陈崇光, 译. 北京: 人民教育出版社).

Serre J P. 1965. Lie Algebras and Lie Groups. New York: Benjamin.

Tinkham M. 1964. Group Theory and Quantum Mechanics. New York: McGraw-Hill.

Tong D M, Yang S D, Ma Z Q. 1996. A new class of representations of braid groups. Commun. Theor. Phys., 26: 483.

Tong D M, Zhu C J, Ma Z Q. 1992. Irreducible representations of braid groups. J. Math. Phys., 33: 2660.

Tung W K. 1985. Group Theory in Physics. Singapore: World Scientific.

Wadati M, Akutsu Y. 1988. From solitons to knots and links. Progr. Theor. Phys. Supp. 94: 1.

Wadati M, Yamada Y, Deguchi T. 1989. Knot theory and conformal field theory: reduction relations for braid generators. J. Phys. Soc Jpn., 58: 1153.

Weyl H. 1931. The Theory of Groups and Quantum Mechanics. Roberston H P. translat. Dover Publications.

Weyl H. 1946. The Classical Groups. Princeton: Princeton University Press.

Wigner E P. 1959. Group Theory and its Applications to the Quantum Mechanics of Atomic Spectra. New York: Academic Press.

Wybourne B G. 1974. Classical Groups for Physicists. New York: Wiley.
(中译本: 小不邦 B G. 1982. 典型群及其在物理学上的应用. 冯承天, 金元望, 张民生, 栾德怀, 译. 北京: 科学出版社).

Yamanouchi T. 1937. On the construction of unitary irreducible representation of the symmetric group. Proc. Phys. Math. Soc. Japan, 19: 436.

Yamanouchi T. 1937. On the construction of unitary irreducible representation of the symmetric group. Proc. Phys. Math. Soc. Jpn., 19: 436.

Yang C N. 1967. Some exact results for the many-body problem in one dimension with repulsive delta-function interaction. Phys. Rev. Lett., 19: 1312.

Zachariasen W H. 1951. Theory of X Ray Diffraction in Crystals. New York: Wiley.

Zhu C J, Chen J Q. 1983. A new approach to permutation group representations II. J. Math. Phys., 24: 2266.

索　引

L

O

P

Q

《现代物理基础丛书》已出版书目

（按出版时间排序）

1. 现代声学理论基础	马大猷 著	2004.03
2. 物理学家用微分几何 (第二版)	侯伯元，侯伯宇 著	2004.08
3. 数学物理方程及其近似方法	程建春 编著	2004.08
4. 计算物理学	马文淦 编著	2005.05
5. 相互作用的规范理论 (第二版)	戴元本 著	2005.07
6. 理论力学	张建树，等 编著	2005.08
7. 微分几何入门与广义相对论 (上册 · 第二版)	梁灿彬，周彬 著	2006.01
8. 物理学中的群论 (第二版)	马中骐 著	2006.02
9. 辐射和光场的量子统计	曹昌祺 著	2006.03
10. 实验物理中的概率和统计 (第二版)	朱永生 著	2006.04
11. 声学理论与工程应用	朱海潮，等 编著	2006.05
12. 高等原子分子物理学 (第二版)	徐克尊 著	2006.08
13. 大气声学 (第二版)	杨训仁，陈宇 著	2007.06
14. 输运理论 (第二版)	黄祖洽 著	2008.01
15. 量子统计力学 (第二版)	张先蔚 编著	2008.02
16. 凝聚态物理的格林函数理论	王怀玉 著	2008.05
17. 激光光散射谱学	张明生 著	2008.05
18. 量子非阿贝尔规范场论	曹昌祺 著	2008.07
19. 狭义相对论 (第二版)	刘 辽，等 编著	2008.07
20. 经典黑洞与量子黑洞	王永久 著	2008.08
21. 路径积分与量子物理导引	侯伯元，等 著	2008.09
22. 量子光学导论	谭维翰 著	2009.01
23. 全息干涉计量——原理和方法	熊秉衡，李俊昌 编著	2009.01
24. 实验数据多元统计分析	朱永生 编著	2009.02
25. 微分几何入门与广义相对论(中册 · 第二版)	梁灿彬，周彬 著	2009.03

26. 中子引发轻核反应的统计理论	张竞上 著	2009.03
27. 工程电磁理论	张善杰 著	2009.08
28. 微分几何入门与广义相对论(下册 · 第二版)	梁灿彬, 周彬 著	2009.08
29. 经典电动力学	曹昌祺 著	2009.08
30. 经典宇宙和量子宇宙	王永久 著	2010.04
31. 高等结构动力学(第二版)	李东旭 著	2010.09
32. 粉末衍射法测定晶体结构(第二版 · 上、下册)	梁敬魁 编著	2011.03
33. 量子计算与量子信息原理	Giuliano Benenti 等 著	
——第一卷：基本概念	王文阁, 李保文 译	2011.03
34. 近代晶体学(第二版)	张克从 著	2011.05
35. 引力理论(上、下册)	王永久 著	2011.06
36. 低温等离子体	B. M. 弗尔曼, И. M. 扎什京 编著	
——等离子体的产生、工艺、问题及前景	邱励俭 译	2011.06
37. 量子物理新进展	梁九卿，韦联福 著	2011.08
38. 电磁波理论	葛德彪，魏 兵 著	2011.08
39. 激光光谱学	W. 戴姆特瑞德 著	
——第 1 卷：基础理论	姬 扬 译	2012.02
40. 激光光谱学	W. 戴姆特瑞德 著	
——第 2 卷：实验技术	姬 扬 译	2012.03
41. 量子光学导论(第二版)	谭维翰 著	2012.05
42. 中子衍射技术及其应用	姜传海, 杨传铮 编著	2012.06
43. 凝聚态、电磁学和引力中的多值场论	H. 克莱纳特 著	
	姜 颖 译	2012.06
44. 反常统计动力学导论	包景东 著	2012.06
45. 实验数据分析(上册)	朱永生 著	2012.06
46. 实验数据分析(下册)	朱永生 著	2012.06
47. 有机固体物理	解士杰, 等 著	2012.09
48. 磁性物理	金汉民 著	2013.01
49. 自旋电子学	翟宏如, 等 编著	2013.01

50.	同步辐射光源及其应用(上册)	麦振洪，等 著	2013.03
51.	同步辐射光源及其应用(下册)	麦振洪，等 著	2013.03
52.	高等量子力学	汪克林 著	2013.03
53.	量子多体理论与运动模式动力学	王顺金 著	2013.03
54.	薄膜生长（第二版）	吴自勤，等 著	2013.03
55.	物理学中的数学物理方法	王怀玉 著	2013.03
56.	物理学前沿——问题与基础	王顺金 著	2013.06
57.	弯曲时空量子场论与量子宇宙学	刘 辽，黄超光 著	2013.10
58.	经典电动力学	张锡珍，张焕乔 著	2013.10
59.	内应力衍射分析	姜传海，杨传铮 编著	2013.11
60.	宇宙学基本原理	龚云贵 著	2013.11
61.	B 介子物理学	肖振军 著	2013.11
62.	量子场论与重整化导论	石康杰，等 编著	2014.06
63.	粒子物理导论	杜东生，杨茂志 著	2015.01
64.	固体量子场论	史俊杰，等 著	2015.03
65.	**物理学中的群论（第三版）——有限群篇**	**马中骐 著**	**2015.04**